智能化露天矿建设规划研究与实践

张瑞新　孙健东　马远平　主编

中国矿业大学出版社
· 徐州 ·

内容提要

本书通过分析智能化露天矿建设的必要性、紧迫性、复杂性和现实性，以及在国内外智能化露天矿发展现状的基础上，研究提出了智能化露天矿的基本定义、建设原则，建立了智能化露天矿基础支撑系统、智能化露天矿时空演化系统、智能化露天矿设备及工艺系统、智能化露天矿生产计划与工程管理系统、智能化露天矿综合管理系统等5个系统的智能化露天矿总体框架；结合实际露天矿详细阐述了智能化露天矿5个系统规划建设的目标、主要内容、分期方案、风险评估及效益预测等；最后以典型案例呈现了智能化露天矿规划建设研究理论的具体应用。

本书可作为煤炭行业主管部门制定关于智能化露天矿产业政策决策的依据，煤炭规划设计单位和大型煤炭企业智能化露天矿规划建设的参考，可供行政管理人员、科学研究人员、企事业管理人员阅读，还可作为高校相关专业研究生、本科生、专科生教学的参考用书。

图书在版编目(CIP)数据

智能化露天矿建设规划研究与实践/张瑞新，孙健东，马远平主编. —徐州：中国矿业大学出版社，2023.5

ISBN 978-7-5646-5641-6

Ⅰ. ①智… Ⅱ. ①张… ②孙… ③马… Ⅲ. ①露天矿—矿山设计—研究 Ⅳ. ①TD216

中国版本图书馆CIP数据核字(2022)第211488号

书　　名　智能化露天矿建设规划研究与实践
主　　编　张瑞新　孙健东　马远平
责任编辑　黄本斌
出版发行　中国矿业大学出版社有限责任公司
（江苏省徐州市解放南路　邮编221008）
营销热线　(0516)83884103　83885105
出版服务　(0516)83995789　83884920
网　　址　http://www.cumtp.com　**E-mail**：cumtpvip@cumtp.com
印　　刷　江苏淮阴新华印务有限公司
开　　本　787 mm×1092 mm　1/16　**印张** 15.5　**字数** 387千字
版次印次　2023年5月第1版　2023年5月第1次印刷
定　　价　68.00元

《智能化露天矿建设规划研究与实践》编委会

主　　编　张瑞新　孙健东　马远平

参　　编　毛善君　赵红泽　郭苏煜　贾宏君

赵学彬　贺希格图　王　群

李　淋　万蒙蒙　张　曌　王　翀

序

当前新一轮科技革命和产业变革与我国加快转变经济发展方式形成历史性交汇，以人工智能、机器人、大数据等技术为代表的第四次工业技术革命给中国煤炭工业带来了新的挑战与机遇。煤炭工业作为关系我国经济命脉和能源安全的重要基础产业，智能化是煤炭技术革命的新方向，是煤炭企业转型发展的必然趋势，也是“十四五”期间我国煤炭科技发展的重要支撑领域。2020 年 2 月，国家发展改革委、能源局等八部门联合印发的《关于加快煤矿智能化发展的指导意见》指出，煤矿智能化建设将人工智能、工业物联网等信息化新技术与现代煤炭开发利用深度融合，形成全面感知、实时互联、分析决策、自主学习、动态预测、协同控制的智能系统，实现煤矿生产、管理等过程的智能化运行，对于提升煤矿安全生产水平、保障煤炭稳定供应具有重要意义。煤矿智能化建设也是碳中和、碳达峰时代背景下提高劳动生产率、实现矿山绿色开发、增加经济效益的有效途径，更是实现煤炭产业高质量发展的必然选择和提升核心竞争力的根本保证。

与煤矿井工开采不同的是，露天开采作业本质上是大型的地面土石方剥离工程，作业空间开放、基础设施的建设成本低，高带宽、高质量的通信传输技术及高精度的定位技术易于实现，加装传感器及装备智能化升级改造中无须考虑易燃易爆气体带来的安全隐患，因此露天矿山的智能化升级改造工作具备无可比拟的优势。然而我国露天采矿工作起步相对较晚，尽管目前生产规模也已经远超美国、澳大利亚等世界露天采矿大国，但由于起步时体量相对较低，产学研用规模也无法与井工开采相提并论。因此与世界发达国家相比仍然落后，露天矿山数字化建设工作尚处于起步阶段，装备的自动化与管理的信息化等尚不能满足智能开采要求，在工业智能化改革浪潮中凸显乏力，转型升级和跨越发展的任务紧迫而艰巨。

随着我国煤炭露天开采快速发展以及矿山智能化的转型升级，带动了对露天矿山智能化技术、智能化产品、智能化服务的新需求。在当前形势下，以需求为导向，针对露天矿山转型升级中对智能化现代高新技术的迫切需要开展规划研究，不仅可以有效推动我国露天矿山高效、安全、绿色与可持续发展，增强我国煤炭工业的核心竞争能力，还可以有效促进我国产业变革的核心技术体系的形成，同时带动电力、冶炼等下游行业的发展。

鉴于此，中国矿业大学（北京）、华北科技学院[应急管理大学（筹）]与北京龙软科技股份有限公司自 2016 年起就着手组织科研团队，全面系统地对智能化露天矿理论、技术和应用进行了大量的调查分析研究，2019 年初编制完成了我国首个系统化的智能化露天矿建设规划的研究报告——《白音华三号露天煤矿智慧露天煤矿建设总体方案研究报告》。该研究报告提出了智能化露天矿的定义、层次关系、建设原则和目标，系统性地规划了智能化露天矿总体架构和体系、分期重点建设的项目、实现途径、预期目标、经费预算、风险评估和效益预测。在此基础上，又结合其他露天矿山智能化规划研究和建设实践最新进展，进一步完善提炼形成本书，分享给广大学者及同行。

本书理论与实践相结合，系统性地提出了露天矿山智能化建设的思路，不仅填补了我国在露天矿山智能化规划方面的空白，同时对我国智能化露天矿的发展建设提供了强有力的科学决策依据，具有重要的指导意义与参考价值。

相信本书的出版发行，将会进一步推动我国露天矿山智能化建设进程，促进我国煤炭工业现代化水平再上一个新台阶。在此，也希望中国矿业大学（北京）、华北科技学院[应急管理大学（筹）]与北京龙软科技股份有限公司不断加强产学研用体系建设，不断创新探索我国煤矿智能化发展的新思路，砥砺前行，继续努力，取得更高水平的科研成果，为我国煤炭工业智能化发展做出新的贡献。

中国煤炭工业协会会长

2022 年 11 月 14 日

前　言

煤炭是世界上最经济的化石能源，也是可以清洁高效利用的能源。煤炭长期以来一直是中国的主体能源，占一次能源产量和消费量的55%以上，预计在2050年以前煤炭仍将是中国的主体能源，可见中国的煤炭开采业必将继续存在相当长的时间。但煤炭产业发展中存在开采对周边环境的污染和破坏、安全生产问题突出等系列问题。因此，如何利用科技进步推动煤炭行业的增效、降费、减人、减排、节能，推动智能矿山建设实现煤矿安全高效绿色开采和清洁高效利用，一直是采矿工作者无法回避的问题。

但究竟什么是智能矿山、怎样建设智能矿山、建成后的智能矿山是什么样？至今还没有形成统一的认识，智能矿山的概念还很笼统，许多学者对智能矿山建设的理论、关键性技术和工程管理等表述不同，露天矿山在智能化露天矿的建设和管理中也各有侧重，难以建立较为全面、合理可行的智能化露天矿整体架构和分步实施方案。如此看来，就会重蹈30年矿山信息化建设重复投入巨大、整体效益不足的覆辙。为此，中国矿业大学(北京)、华北科技学院张瑞新教授带领的露天矿山智能化研究团队与北京龙软科技股份有限公司毛善君教授带领的矿山数字化建设团队联合建立专门课题组，自2016年初开始全面系统地对智能化露天矿理论、技术和应用的国内外现状进行了调研，分析露天矿山智能化建设的实际需要，结合国内外互联网+、物联网、大数据、5G等新技术发展以及在露天矿山的应用趋势，对内蒙古白音华蒙东露天煤业有限公司(白音华三号露天矿)进行全面深入研究，于2019年4月较为系统地撰写了国内首个智能化露天矿建设规划的研究报告。在随后的3年里，课题组结合伊敏河、霍林河、准格尔、平朔等矿区智能化露天矿的规划建设与生产实践，进一步明确了智能化露天矿的定义、层次关系、建设原则和目标，设计了“1+4”的智能化露天矿总体架构和建设体系(“1”是1个基础平台，即智能化露天矿基础支撑系统；“4”是4个业务系统，即智能化露天矿时空演化系统、智能化露天矿设备及工艺系统、智能化露天矿生产计划与工程管理系统、智能化露天矿综合管理系统)；进而，确定了智能化露天矿建设的重点项目构成、实现途径、预期目标；最后，结合典型案例提出了分期建设及5大系统的主要内容、效益预测和风险评估。至此，将相关成果汇集成书，分享于广大读者。

智能化露天矿建设的总体架构包括如下5个部分：

智能化露天矿基础支撑系统是智能化露天矿建设的重要基石，主要有网络环境、硬件环境和软件环境建设。其中网络环境建设主要包括数据通信和网络安全，硬件环境建设主要包括数据中心、管控指挥中心和办公环境建设，软件环境建设主要包括专家知识库、大数据基础及分析平台。智能化露天矿基础支撑系统为后期各业务系统的建设提供全方位服务，保证数据的采集、传输、存储、应用等，并随着智能矿山业务板块的建设，保持一定的先进性，从而为整个智能化露天矿的建设保驾护航。

智能化露天矿时空演化系统是以地质、测量等矿体资源数据为基础，为安全、生产提供集成化服务的集合，露天矿山的所有地质、测量及生产信息都可以通过时空演化模型进行查询并得到直观的体现，如进行露天矿山历史生产状况回溯以及模拟开采、对比检验生产计划方案的优劣、核验工程实施与生产计划的出入等操作，为机电设备管理、生产计划与工程管理等业务提供可视化和智能化应用的服务。

智能化露天矿设备及工艺系统对钻机、装药车、电铲、自卸卡车、排弃及原煤地面生产系统（含破碎站、带式输送机、堆取料机、装车站）进行智能化规划，主要实现设备作业过程的数字化、自动化和作业环节的远程控制及智能作业，达到减少现场人员重复性工作、减少现场作业人员数量的目标。

智能化露天矿生产计划与工程管理系统是在生产与施工一体化逻辑关系规划的基础上，实现穿孔、爆破、采装、运输和排弃环节等的智能化设计，局部作业过程的推演和分析，作业环节关键点的细化和量化，规范施工标准，生产成本的自动核算以及绩效的自动考核，矿山施工质量的智能管控，开采过程的动态仿真，开采设计和施工的交互分析和优化，最优生产目标下各工艺环节自动决策和施工，最终达到智能决策的目的。

智能化露天矿综合管理系统是通过对时空演化系统、设备及工艺系统、生产计划及工程管理系统采集和生产的数据，采用大数据分析、专家评价、专家管理等先进的技术手段，研究实现绿色、安全、高效的智能化生产管理方法的系统，用以实现生产效能的全自动化分析、生产成本的实时管控、绩效考核的无处不在，最大限度降低露天矿山的生产成本；实现生产设备智能指挥、矿山工程智能管理以及工艺系统智能优化，进一步实现少人作业，减少甚至杜绝露天矿山本身的安全隐患，实现露天矿山的本质安全；提高生态复垦的质量、降低生态复垦的成本，实现生态恢复的价值以及露天开采的本质绿色，最终实现建设和谐、美丽、可持续发展的露天矿山。

在本书编撰过程中，无论是资料搜集、需求调研，还是有关智能化理论技术的发展研究、建设的总体设计、重点规划、案例研究等方面，都得到了国家电力投资集团有限公司及其内蒙古公司、国家电投集团内蒙古白音华煤电有限公司露天矿（白音华二号露天矿）、内蒙古白音华蒙东露天煤业有限公司（白音华三号露天矿）等有关领导和部门的大力支持和无私帮助，特别是在典型案例研究和智能化规划设计方面，鲁杰为、郭苏煜、于亚波、于海里、耿立君、贺希格图、贾宏君等都参与了研究工作；在研究报告评审和书稿审核过程中，得到了中国煤炭工业协会张宏副秘书长、北京科技大学李仲学教授、东北大学孙效玉教授、中国矿业大学（北京）张俊文教授、大地工程开发（集团）有限公司董宝弟教授级高工、华能内蒙古东部能源有限公司李树学教授级高工、国际采矿技术专家石宁博士，以及包建军、高永胜、李志英等学友们的大力支持；在国内智能化露天矿建设的现状部分引用了杜善周、丁新启、张波、张玉坤、赵明磊等发表的文献资料；在图表绘制、文字编撰等工作中，本团队的博士研究生王群、李淋、李靖、陶亚彬、吕帅康、刘志高、王翀等付出了诸多努力，在此一并致以衷心的感谢！另外，特别要对长期以来一直关心并指导本研究团队成长的中国煤炭工业协会梁嘉琨会长，能在百忙中审阅本书并欣然作序致以崇高的敬意！最后还要对为本书的审校修改并得以在较短时间付印的中国矿业大学出版社工作人员表示衷心的感谢！此外，书中部分示意图因找不到原著作者信息，难以注明出处，特此对原作者表示歉意。

本书提出的智能化露天矿建设的总体方案，其理论架构、技术框架、重点建设内容、实现途径等对智能化露天矿规划研究和建设实践都具有一定的参考意义。本书可作为煤炭行业主管部门制定关于智能化露天矿产业政策决策的依据，煤炭规划设计单位和大型煤炭企业智能化露天矿规划建设的参考，可供行政管理人员、科学研究人员、企事业管理人员阅读，还可作为高校相关专业研究生、本科生、专科生教学的参考用书。

由于信息技术、采矿工艺设备和露天采矿工程的迅猛发展，智能化矿山规划和建设也处于探索性研究和实践不断总结阶段，加之编者水平有限，书中可能存在疏漏之处，诚请读者批评指正。

张瑞新

2022 年 10 月于北京东燕郊

目 录

1 概　述

1.1 智能化露天矿建设的必要性

矿产资源是人类生存、经济建设和社会发展不可或缺的重要物质基础，煤炭工业作为关系国家经济命脉和能源安全的重要基础产业[1]，开发技术和工程管理的智能化是其可持续发展的必由之路。当前智能化作为颠覆性的创新技术，已经成为世界范围内基础工业产业变革的核心驱动力，正在更大范围和更深层次对各个国家的发展战略和国民经济产生深刻影响，成为重塑世界范围内传统工业发展形态、增强产业国际核心竞争力和提高全要素生产率的核心关键，具有划时代的重要意义。采用智能化高新技术来带动传统矿业的转型和升级，可从本质上提升矿山企业的核心竞争力，从而推动传统矿业向安全、高效、经济、绿色与可持续的目标发展[2]，在日益激烈的国际市场竞争中脱颖而出。

与井工开采不同的是，露天开采作业本质上是大规模地对地面及地下土石方及矿物的搬运工程。因其开发规模大、作业空间开放、装备技术先进、人工智能和现代通信传输、物联网、云计算、大数据及高精度定位技术易于实现，加装传感器及装备智能化改造中无须考虑瓦斯等易燃易爆气体带来的安全隐患，相比井工开采的智能化，露天矿山更需要也更容易实现智能化开采[3]。

鉴于此，从 20 世纪 90 年代开始，美国、加拿大、澳大利亚、德国等发达国家不断加大在露天矿山开采自动化、智能化等方面的研究投入，先后制定了“智能化矿山”和“无人化矿山”的发展规划，经过近 30 年来的研究与发展，国外发达国家的露天矿山生产中已经初步实现了自动化、智能化（图 1-1）。

露天矿山智能化主要体现在如下几个方面：

（1）露天矿山自动化装备及自动化系统的大范围应用。例如露天矿山作业环境的动态感知，穿孔、采掘、运输设备的自动化作业与智能化维检，全工艺系统环节的大数据采集与分析。

（2）生产设计与矿山工程施工的一体化管控。例如自动化辅助设计软件的应用确保了生产设计的最优化，施工计划的自动生成、指令推送及智能化作业引导系统又严格确保了计划的精准化实施。

（3）信息化数据链的集成、数据处理和决策。例如矿山生产过程中人、财、物等生产要素的大数据分析等技术确保了矿山生产高效的信息化管理[4]。

通过上述自动化、智能化、信息化等技术的应用，国外露天矿山逐渐向着安全高效、绿色环保的智能化矿山方向发展。根据美国能源信息署（U. S. Energy Information Administration）公布数据显示，2010 年美国露天矿雇员人数为 28 709 名，平均单工开采效率（全员劳动生产率）为 9.46 t/h；2017 年美国露天矿雇员人数相比 2010 年减少了 25.08%，至

图 1-1 智能化露天矿总体构成示意图

21 509 名，而平均单工开采效率却提高到了 10.92 t/h，增长幅度达 15.43%，“减人增效”成果显著[5]。

近年来，国外露天煤炭工业更是进入跨时代发展的关键阶段，2018 年，力拓集团(Rio Tinto Group)宣布在西澳大利亚州 Koodaideri 矿启动全球首个“纯智能化矿山”项目，项目一经建成，Koodaideri 矿的生产系统将由一个遍布着机器人、无人驾驶矿车、无人卡车、无人钻机和无人运货火车的智能设备网络组成，成为真正意义上的无人化、智能化露天矿。

总的来看，世界范围内露天开采技术发展的趋势是规模大型化、装备自动化、管理集约化、生产绿色化，逐步达到智能化。

1.2 智能化露天矿建设的紧迫性

当前新一轮科技革命和产业变革与我国加快转变经济发展方式形成历史性交汇，以人工智能、机器人、虚拟现实、大数据等技术为代表的第四次工业技术革命给中国煤炭工业带来了新的挑战与机遇。2015 年以来，国家高度重视基础工业智能化转型的重大问题，相继出台《中国制造 2025》《新一代人工智能发展规划》《关于加快煤矿智能化发展的指导意见》等一系列政策措施推进我国工业智能化转型，为企业提高盈利能力、建立差异化竞争优势、应对激烈国际竞争指明了方向。其中，根据《关于加快煤矿智能化发展的指导意见》设定的目标，到 2025 年，大型煤矿和灾害严重的煤矿将基本实现智能化，形成煤矿智能化建设的技术规范和标准体系；到 2035 年，各类煤矿将基本实现智能化，建成多产业链、多系统集成的煤矿智能化系统，建成智能感知、智能决策、自动执行的煤矿智能化体系。近年来我国煤炭市场行情整体下滑，但露天煤炭产量一直保持着良好的增长势头，占全国煤炭总产量的比例稳步升高。2003 年全国露天煤炭产量仅为 0.8 亿 t，随着开采工艺及装备的发展，2021 年全国露天煤炭产量已经达 10.4 亿 t，占全国煤炭产量的 25.2%。据 2021 年不完全统计，全国

376 座露天矿总产能约为 9.50 亿 t/a；全国产能 400 万 t/a 及以上的大型露天矿 53 座，合计产能 6.37 亿 t/a。露天开采在中国煤炭开采中的地位不断上升，生产规模与体量也已经远超美国、澳大利亚等世界露天采矿大国。露天开采产量的占比也将不断增加，与大部分主要产煤国家相比具有广阔的发展空间。

尽管露天开采在中国煤炭开采中的地位不断上升，生产规模也已经远超美国、澳大利亚等世界露天采矿大国，但由于国家及行业相关制度标准实施相对滞后或宽松，部分企业对开发利益的片面追求，矿区不同程度地出现了生态环境恶化、安全事故时有发生、矿山开发效率及效益不高等问题。诸如：在生产过程中造成的地表被开挖、填充和堆积，地下水被疏干、排放等，不仅使地貌形态产生较大的变化，而且使植被、土壤及地下生态、水系遭到破坏；矿山生产过程中产生较大的粉尘、噪声以及车辆尾气等污染环境，甚至危及劳动者的健康；采矿场排弃的岩土或电厂煤灰、洗煤厂产生的废水等可能污染土壤、水域。随着露天矿山开采规模的加大以及大型机械设备的运用，露天矿山开采的安全显得越来越重要。尽管我国露天矿采用的设备大都是世界先进的大型装备，但是，由于安全管理和科技创新及人力资源保障等相对矿业开发速度及需求还有一定的差距，安全生产和矿区开发整体效能存在不和谐的问题[6]。此外，处于大数据时代的矿山开发理论、技术和生产管理等各个方面也存在着信息化、自动化、智能化应用相对滞后或不足等问题[7]。

综上所述，相比于世界露天采矿大国，我国露天矿山的科学技术水平整体落后，数字化矿山建设工作尚处于起步阶段，装备的自动化与管理的信息化等尚不能满足智能开采要求，安全、环保等方面距离绿色矿山建设目标尚有差距，在新一轮工业升级改革浪潮中凸显乏力，转型升级和跨越发展的任务紧迫而艰巨。

1.3 智能化露天矿建设的复杂性

（1）专业学科交叉中存在知识壁垒

露天矿山的智能化建设工作涉及露天采矿、计算机信息科学、管理科学与工程等诸多学科，实际开展过程中既需要露天采矿相关人员围绕露天采矿基本业务提出应用场景的需求，又需要计算机信息科学相关人员针对需求提出解决方案。然而调研时发现这种跨专业合作并不顺利，一方面原因在于露天采矿相关人员不清楚信息化技术可以解决什么问题，提出的需求可能不具备技术可行性；另一方面原因在于露天采矿专业性强、覆盖知识面广，计算机信息科学相关人员对露天采矿的认识缺乏层次性与逻辑性，短时间难以深刻把握矿山某一环节需求与其他诸多生产环节的复杂关系。因此在露天矿山智能化建设过程中，不仅要基于露天采矿专业领域知识体系，还要进一步构建智能化技术知识体系，明确智能化升级中的技术要素、实施手段、关联环节等，从而实现知识领域共享与交叉融通。

（2）缺乏合理的“投入-产出”评价标准

对于企业而言，任何新技术、新工艺、新设备的投资均有很强的目的性，企业经济利益的根本目标是利润最大化。矿山开采本质上也是一种经济行为，露天矿山智能化转型发展的目的是在绿色、安全、高效与可持续发展的前提下，尽可能提高劳动生产率，降低生产成本，增加企业盈利能力。然而各个矿山的自身条件千差万别，盲目的高投入反而会阻碍企业的智能化发展道路。智能化建设工作的重点是结合矿山资源赋存条件、地理位置、煤质条件、现有信息化水平等自身条件，确定合理的投入规模及相关建设项目，即根据自身条件确定合理的智能化程度。但当前矿山智能化改造过程中的投入与产出既无翔实的案例可供参考，又无体系化的分析方法供借鉴，因此急需一套定性与定量相结合的研判方法，科学地确定合理的投入规模及合理的智能化程度，为矿山转型发展规划提供坚实的基础依据。

(3) 缺乏对规划内容优先级的决策依据

露天矿山的智能化升级工作是一项复杂的系统工程，其间涉及研发费用、改造费用、维护费用、培训费用等，整个升级过程投入庞大、周期漫长。考虑到露天矿山智能化升级是从底层到上层逐步建设的过程，必然会存在以下的情况：不同的规划内容都需要对同样的业务单元进行改造、某些规划内容包含其他规划内容；某些规划内容之间无直接关系，但同属于更高一层的规划内容等，上述情况还可能会同时出现。如果不科学地决策各项规划内容的升级改造次序，难免会出现重复建设、重复投入或者出现超前投入、滞后产出等情况，延缓露天矿山智能化升级改造进程。因此，在开展智能化露天矿建设工作前，一方面必须依据实际应用需求在宏观上设定合理的阶段建设目标，另一方面还需要确定阶段内各项智能化功能升级改造的先后次序，所以当前迫切需要科学的决策方法来指导规划内容的优先级问题。

1.4 智能化露天矿建设的现实性

(1) 智能化露天矿的概念与内涵较为模糊

近几年来“矿山信息化”“数字化矿山”“互联网＋矿山”“矿山物联网”“信息物理系统”等新兴概念层出不穷，矿业领域的各方对上述概念的准确含义、实施方法、达成目标等基本问题的理解和把握不尽统一，对煤炭工业智能化升级工作造成了困扰。另外，当前现有研究成果主要集中在井工矿智能化开采问题上，考虑到露天开采与井工开采的情况存在着天壤之别，因此有必要结合露天矿山特点，针对智能化露天矿的概念、内涵等构建相关理论体系，科学合理地阐述智能化露天矿“是什么”“如何实现”“如何建设”等基础问题，形成智能化升级转型的基本建设思路，确定智能化规划的基本原则，以统一认识，凝聚共识。

(2) 露天矿山智能化改造涉及的规划内容、实施途径等尚未体系化

露天矿山是一个复杂的大系统，智能化露天矿建设是大系统各组成环节全面升级改造的过程，智能化不仅体现在“单一部件、单一设备、单一环节”上，更主要体现在“跨部件、跨设备、跨环节、跨系统、跨业务范畴”的全局化信息流动、共通共享、高效应用上。然而露天矿山大系统业务层次多、系统结构复杂，各个环节关联形成的智能化应用场景数量不胜枚举，要求的关键技术及实施途径也不尽相同，对露天矿山科学、系统、有序的升级改造工作造成了极大的困难。因此，当前亟待形成一套涵盖常规业务流程、智能化规划内容、实施途径等方面的专业领域知识体系。

2 国内外露天矿智能化进展概述

2.1 国外露天矿智能化进展概述

2.1.1 露天矿山设计智能化进展

国外矿山关于开发设计信息化的研究始于20世纪70年代，经过40多年的发展，已经取得了相当的规模和应用效果。从历届“计算机和运筹学在矿业中的应用”（APCOM）国际学术会议的资料来看，以矿床模拟为代表的矿业软件发展迅速，西方采矿大国相继推出了用于地质资料处理、矿床建模、采矿设计、计划编制、测绘图形处理等方面的矿用商品化软件，如Datamine，Surpac，Micromine，Mintec，Lynx，MinCom，Vulcan，MineMap等[8]，装备在许多矿山，特别是在澳大利亚、南非、北美地区的一些矿山，取得了很好的应用效果和经济效益。

英国矿业计算有限公司（Mineral Industries Computing Ltd，简称MICL）开发的Datamine软件，包括地质信息处理、矿床建模、采矿设计、矿山调度与计划等模块，主要应用在地质勘探数据处理、露天或井工采矿设计、矿山调度以及生产计划编排等方面。Datamine软件可以直接在3D视图中精确解译和数字化，准确地捕捉钻孔和其他3D数据以及自由形状绘图，具有强大的建模能力。

Surpac国际软件公司（Surpac Software International，简称SSI）开发的Surpac软件是一套三维交互式图形软件（其现在全名为Geovia Surpac，是达索Geovia品牌推出的一款全面集成地质勘探信息管理的软件），具有地表测量数据处理、地质勘探数据分析和采矿设计等功能，主要应用在勘探和地质建模、资源评估、露天和井工采矿设计、生产计划和开采进度计划编制以及尾矿和复垦设计等方面[8]。Surpac软件可以在指定生产参数（出矿品位、剥采比等）以后，根据块体模型中的地质信息，快速生成最优生产计划，创建图形结果、甘特图以及自定义各期生产图表，用来做井下掘进、井下回采、露采计划的方案对比非常简便。

澳大利亚Maptek公司是一家专业计算机软件公司，由其主要计算机人员、采矿人员历时3年多开发的Vulcan软件，将地质矿床建模[9]、采矿设计及进度计划编制融为一体[10]，可以利用地质统计学方法处理原始数据并预测品位变化，可以进行露天或井工采矿设计和生产进度安排[11-12]。Vulcan软件具有强大的生产计划推演能力，能帮助用户充分考虑矿区的地质情况，设计出最优的矿山开采计划，以确保生产阶段能够盈利。在开采前，Vulcan软件能预测机械使用情况、做出最优的道路设计方案和分析生产情况。在计算前，Vulcan软件可以通过生成地表模型和动态演示来预览设计。同时，Vulcan软件还可以利用吊斗铲设计功能模拟抛掷爆破、推土机作业、卡车和挖掘机作业以及各种物料运输，并设计出优化后的作业范围图。

2.1.2 设备及工艺系统智能化进展

2.1.2.1 穿孔环节

牙轮钻机主要生产厂家有卡特彼勒公司、英格索兰公司、阿特拉斯·科普柯公司[13]。

(1) 卡特彼勒公司

卡特彼勒公司应用现代计算机技术更新了钻机控制系统原已实现的自动化,推出了钻机钻孔可编程控制系统(Hole pro 系统)。它是由可编程逻辑控制器和显示器组成的 PLC 视频监控系统,钻机钻孔过程中可随时向司机提供运转的各种性能参数。

(2) 英格索兰公司

以潜孔冲击器和潜孔钻机闻名于世,在矿用牙轮钻机方面主要生产全液压牙轮、潜孔两用钻机。另外,通过公司研发的钻机监测系统,司机能从司机室的控制台监视钻进参数(钻进速度、孔深、总进尺以及已钻出的孔数),也可以诊断出与机械和系统功能有关的故障,关键件的温度、压力以及过滤器状况,并能把数据传输给钻机外的计算机,或者与矿山无线系统联网。

(3) 阿特拉斯·科普柯公司

阿特拉斯·科普柯公司生产的 PV 系列钻机装备了自动化钻机控制系统(RCS),其操作示意图如图 2-1 所示。RCS 基于高度可靠、行之有效的控制器区域网络(CAN)总线系统,通过一根专门的主缆与钻机的一个系列模块互相连接,控制钻机的传感器和执行机构。这个简单的模块化设计使得钻机的自动化级别得到提升,并缩短了钻机的停机时间。RCS 具有全球导航卫星系统(GNSS)定位、随钻测量、数据收集功能,可以辅助、监测和控制钻机并启用本地或远程控制。RCS 还可记录状态、事件和错误信息,以便之后分析使用。

图 2-1　RCS 操作示意图

2.1.2.2 采装环节

(1) Cat 系列

卡特彼勒公司组合推出了 Cat MineStar System 产品和 Cat 电铲技术解决方案。Cat MineStar System 提供了业界最为完善的采矿技术产品,可帮助实现诸多目标,包括改善矿场安全性、提高生产率、降低运营成本和提高利润率。Cat MineStar System 通过车队、地形、探测、健康和命令五大智能模块,帮助露天矿山从物料实时跟踪、设备运行状况、无人驾驶等诸多方面进行生产管理。

(2) P&H 系列

P&H 系列电铲当前最新型号为 P&H4800XPC。P&H4800XPC 的自适应控制系统可以优化调节铲运机的功率,从而提高铲运机的效率,减少操作对机器的影响。此外,设备管理中心通过远程健康管理系统给驾驶员提供及时有效的机器健康和性能数据,并将电铲运行各项数据转化为有价值的知识,以便驾驶员优化设备挖掘、旋转、排弃等各个运行动作。电铲实时运行状态界面如图 2-2 所示。

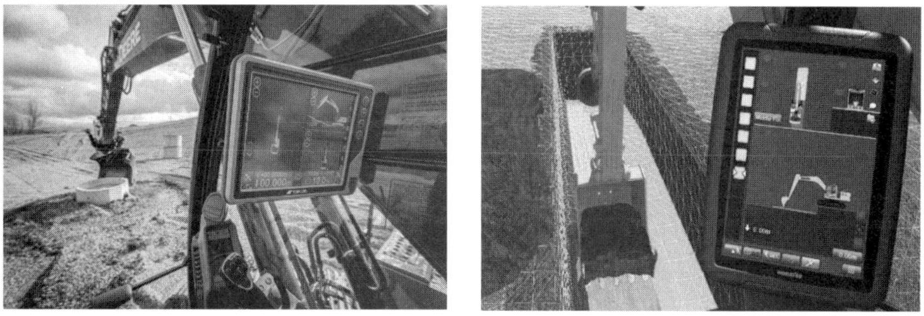

图 2-2 电铲实时运行状态界面

2.1.2.3 运输环节

按照地理围栏(Geofence)的概念,进行无人驾驶区域场景 Geo1～Geo5 的简单分级,其分级标准见表 2-1。随着数据的积累以及技术的提升,无人驾驶卡车可行驶区域从 Geo1 到 Geo5 逐步放大,并最终实现自主驾驶。Geo1 单一场景下可能会最先实现无人驾驶,然后逐步过渡到复杂场景下的无人驾驶。在露天矿山不仅单台卡车早已实现无人驾驶上路运营,而且是以数十辆卡车这样的车队规模成年累月地投入运营[14]。

表 2-1 按地理围栏概念的无人驾驶区域场景分级标准

级别	区域场景
Geo1	无人、低速、车流少,如停车场、矿山等
Geo2	无人、高速、车流少或少人、低速、车流少,如长途高速公路或公司园区
Geo3	少人、低速、车流大或少人、高速、车流大,如城市简单道路或近郊的高速公路
Geo4	少人、高速、车流大或多人、低速、车流大,如城市高架道路或市中心道路
Geo5	多人、杂乱的交通环境,如城乡接合部的道路

(1) 小松公司

小松公司的 AHS 是一个综合性的矿山车队管理系统,此系统下每台卡车都安装有车辆控制器、高精度 GNSS、障碍物侦测系统和无线网络系统。AHS 为每辆车指定运输目的地,车辆通过接收无线指令(信息)以合适的速度按照目标路线运行,并由 GNSS、控制中心无线指令(信息)和其他导引装置来确定卡车在矿山的准确坐标以及周围的情况,使得卡车能在无人操作的情况下实现复杂的装载、运输和卸载循环的自动运行,如图 2-3 所示。

2008 年年底,力拓集团位于澳大利亚的几座铁矿也开始运营小松公司的无人驾驶卡

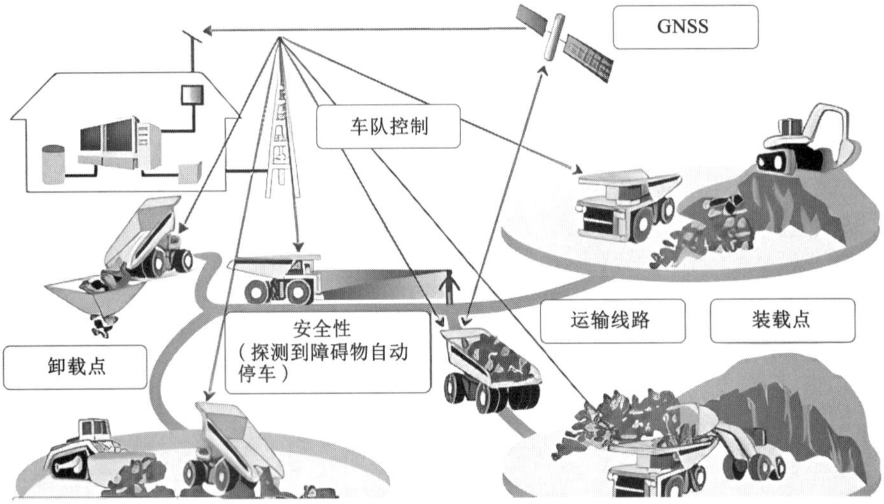

图 2-3　AHS 管理示意图

车。位于澳大利亚西北部的皮尔巴拉地区是闻名于世的铁矿石产区，其自动化操作由珀斯市的计算机控制中心远程控制[15]，如图 2-4 所示。

图 2-4　力拓集团在珀斯市的计算机控制中心

（2）卡特彼勒公司

卡特彼勒公司的自动化系统包括定位、环境（路况）检测、机器控制、无线通信和位置控制，其原理也是基于高精度的 GNSS，卡车在比较固定的路线行驶时，GNSS 接收器连续不断地监测卡车的位置和方向，激光测距仪扫描卡车前面的路面来确定是否有障碍物，数据经过计算机处理后告诉操作机器人如何避开障碍物[16]。

2013 年福特斯克金属集团与卡特彼勒公司合作，在所罗门铁矿区签署无人驾驶卡车协议，无人驾驶的全自动 793F 矿用卡车在矿区投入使用，其远程监控中心如图 2-5 所示。数据监测显示，无人驾驶卡车车队比普通同类车队的生产力提高 20%。同时，无人驾驶卡车系统可以减少人为失误，使生产的安全系数得到提高。

2.1.2.4　排弃环节

卡特彼勒公司开发了基于 GNSS 的计算机辅助铲土运输系统（CAES）和关键信息管理系统（VIMS）。其中推土机生产信息采集系统示意图如图 2-6 所示，它包括机载计算、精确

图 2-5 无人驾驶卡车远程监控中心

定位和高速无线电通信 3 项技术，在运行中，机载系统可接收整个无线网络中的铲土运输数据、工程数据或现场规划数据。通过驾驶室内的显示终端，驾驶员可直观地了解机器的作业位置，并准确地判断需要挖掘、回填或装载的土方量（VIMS 监测机器关键的参数），并通过无线传输将数据发送到管理办公室，实现远程获取推土机位置参数、时间参数、运行参数及故障信息，实现远程实时监控车辆参数状态、控制检测及故障维修等功能。

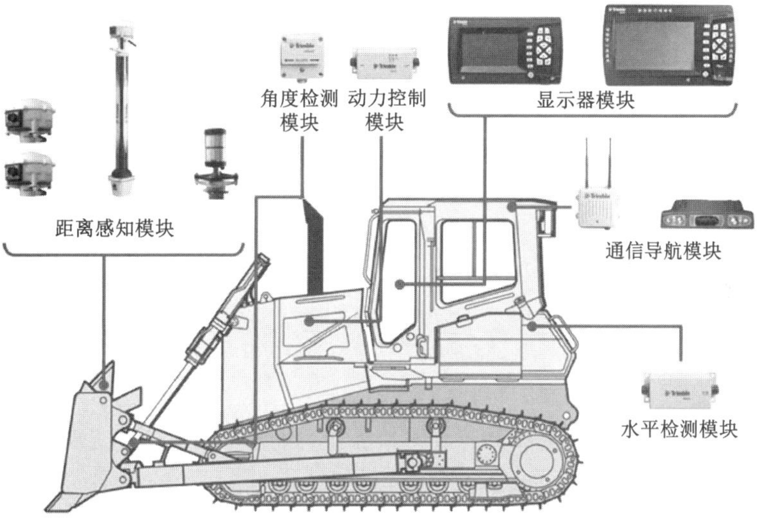

图 2-6 推土机生产信息采集系统示意图

在推土机作业过程中，考虑到露天矿山作业环境的复杂性和恶劣性，定位传感器、姿态传感器的安装方案需要经过严格的测试和科学评估，使之适用于绝大多数的施工工况。此外，为了更加精准地测定推土机机械部位在操作过程中的各项参数，以便驾驶员实时优化操作动作，还在机体侧部安装新型惯性测量仪，与 GNSS 共同对自身位置、车体姿态、铲刀状态、机械臂状态、车速及地表情况等进行更加详尽的实时分析和反馈，并进行自动调整。其中在推土机作业过程中，坡度控制系统示意图如图 2-7 所示。另外，推土机可以根据 VIMS 系统界面显示的铲刀前土量，自动调节铲刀高度，将铲刀与整车始终保持在合理的推进效率上，保证了施工精度和操作的安全性。

图 2-7 推土机坡度控制系统示意图

目前，推土机多为工人驾驶操作，存在工人人身安全问题等，而推土机的远程遥控系统能降低危险系数，进一步保障工人的人身安全。推土机的远程遥控系统包括电控整机、传感器、监控平台、无线终端、车载控制器，可以实现控制参数的远程遥控设置，即通过视频、音频、压力、温度、负载等各种传感器，将现场工况条件、载荷大小、整机状态等动态实时信息通过无线网络传输到监控平台，如卡特智能推土机远程遥控系统根据现场反馈信息输出相应控制信号给机载控制器，通过电磁阀控制整机行走系统和工作系统，实现推土机的远程遥控作业。

2.1.3 生产计划及工程管理智能化进展

生产计划及工程管理智能化主要是解决露天矿山生产计划、工作面推进、运输道路施工等矿山设计与工程的智能化，重点在生产设计和生产组织的智能化，实现生产计划-施工一体化[17]。

自 20 世纪中叶以来，随着世界科技水平和手段的不断提高，矿山企业的生产经营和管理模式发生了翻天覆地的变革，在矿山设计与计划方面，国际矿业界知名度较高的矿业公司大都开发了相应的矿业设计软件，如 Datamine、Minesight、Micromine 等，用于矿山地质建模、生产控制和仿真、进度计划编制等。目前主流的矿业设计软件功能大同小异，大都实现了在矿山生产、设计过程中的地质建模、采场设计、短期及中长期计划、工程量计算等，具体的生产计划工作流程如图 2-8 所示。

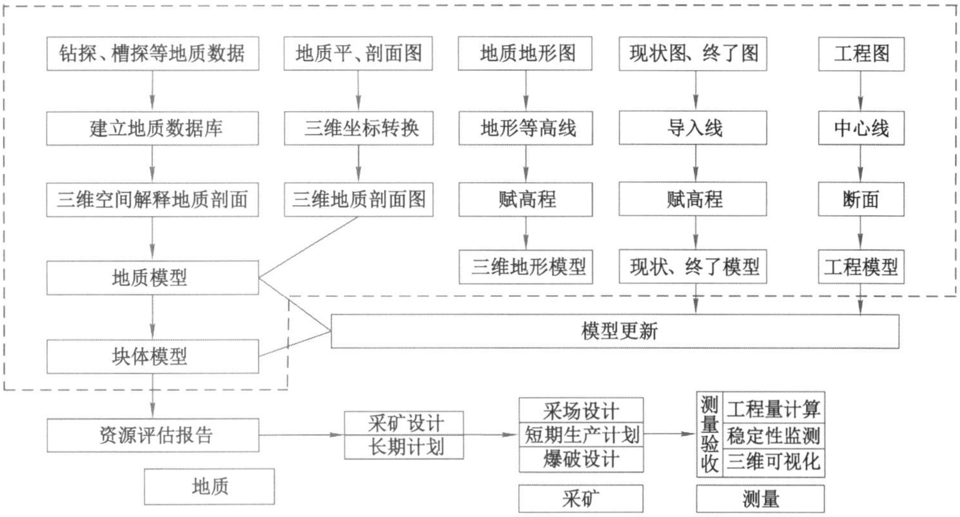

图 2-8　露天矿山生产计划工作流程

但是,这些矿业设计软件仅仅满足了在生产过程中地质数据、测量数据等的管理、地质建模以及采场设计、生产计划的编制等的需求,并不能与现场生产工程相结合,为了解决矿山设计与施工脱节问题、矿山设计和计划精准执行问题,矿山公司和矿业软件开发公司陆续开始研发相应的生产管理软件系统。如 Geovia Block Modeler 软件用于分析矿山土方特性的空间变异性,并创建出整合一系列特性的正则化体积模型(图 2-9)。该模型能够计算所调查区域范围内的材料体积和质量,根据国际标准创建任何地质对象的报告,从而生成体积块模型并执行地理统计分析,最终准确评估矿产资源。

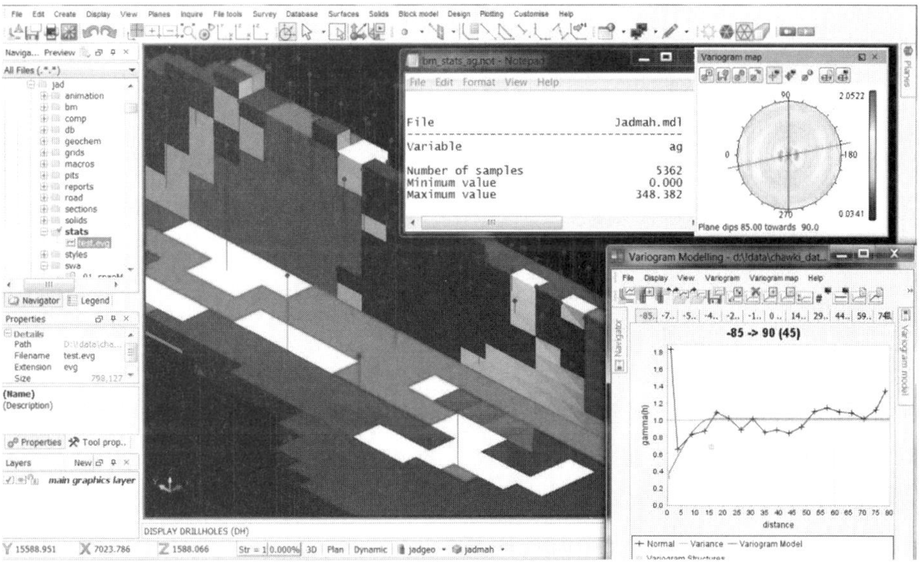

图 2-9　Geovia Block Modeler 软件创建的正则化体积模型

Maptek 旗下 Vulcan 软件能够优化地质和资源模型、采场设计，计算地质储量，制订短期及中长期生产计划、排产计划，进行采矿作业调度安排等，可以合理利用采集到的信息大幅提高矿产资源的价值，更好地完成采矿作业任务(图 2-10)。

图 2-10　Maptek 旗下 Vulcan 软件界面

RPMGlobal 公司开发了一整套服务于矿山设计、储量规划、资产管理、生产执行、调度优化仿真的软件平台，为矿业公司提供一体化软件集成服务，尤其是提供全面的矿山短期生产计划，实现了精确执行的短期计划和推演仿真。

目前应用较多的几种露天矿山设计软件系统的主要功能对比如表 2-2 所列。

2.2 国内露天矿智能化进展概述

伴随新旧动能转换和供给侧结构性改革的不断推进，社会发展已进入智能化发展新时代。在 2018 中国国际矿业大会上，有专家表示，为了实现我国从矿业大国到矿业强国的转变，塑造新时代中国矿业产业形象，矿山建设也必须走创新之路。2020 年 2 月，国家发展改革委等八部门联合印发了《关于加快煤矿智能化发展的指导意见》，为煤炭行业高质量发展明确了主要目标和任务，并提出了保障措施。该意见指出[18-19]：煤矿智能化是煤炭工业高质量发展的核心技术支撑，将人工智能、工业物联网、云计算、大数据、机器人、智能装备等与现代煤炭开发利用深度融合，形成全面感知、实时互联、分析决策、自主学习、动态预测、协同控制的智能系统，实现煤矿开拓、采掘(剥)、运输、通风、分选、安全保障、经营管理等过程的智能化运行，对于提升煤矿安全生产水平、保障煤炭稳定供应具有重要意义。2021 年 12 月，国家能源局印发了《智能化示范煤矿验收管理办法(试行)》，明确了国家级智能化示范煤矿的申请条件、验收程序、验收要求和评分标准等[20-21]。

智能化露天矿的建设就是将信息化技术与露天矿山深度融合，形成全面感知、实时互联、分析决策、自主学习、动态预测、协同控制的智能系统，通过设计、生产、管理等工作的信息化和矿山机械的智能化，实现露天矿山生产安全、劳动生产率的大幅提高，以及整体生产成本的大幅降低，进而实现整个矿山的绿色、安全、高效、无人或少人化开采。当前智能技术已经在各个领域发挥越来越大的作用，矿山智能化已经成为一种必然趋势，已成为全球矿业领域的技术热点和发展方向。

本节主要从国内智能化露天矿的研究现状以及几个重点公司的智能化现状来整体概述国内智能化露天矿的进展。

表 2-2 露天矿山设计软件系统的主要功能对比

编号	功能项目	3DMine 软件	Dimine 软件	Geovia 软件平台	Maptek 软件平台	RPMGlobal 软件平台
1	图形编辑功能	图件中各种工程尺寸可自动标注，可自动生成测点表和工程量	真三维空间下矿山三维建模，可以自动标注各种模型参数以及生成报表； 自动生成平面图、剖面图、组合图等	真三维图形环境，完全真彩效果； 可进行旋转、平移和缩放显示，以及虚拟现实仿真和动画模拟	可对各个视角进行静态或者动态剖切，全景和缩放显示以及动画演示等	可多视窗、多维度查看和缩放模型，可在三维视窗下进行动画模拟
2	露天采场设计	可根据设定参数自动生成坑内公路、台阶，按照实际分区坡面角和平台宽度进行分段设计	采用自动扩展与手动调节的方式进行设计	坡道设计融合于露天坑的设计中，具有多种选项用于台阶入口和坡道坡度设计	功能完善	采用由基坑逐渐外推的方式进行采场设计
3	露天开采境界优化	可调整经济参数，自动生成一系列嵌套境界，用于各种参数在不同情况下的敏感性分析，为露天采场设计提供依据	支持随高程发生变化，并考虑了采矿贫化率和回收率参数	使用单独软件包 Whittle 进行境界优化，通过在地质模型中加入边坡参数、开采方案、生产成本等，采用图论法确定最佳的露天开采境界	使用单独软件包 Vulcan，露天开采境界优化速度得到了大幅提高，同时运行多个设计方案，得出最优设计方案	单独的境界优化模块以独特的模拟仿真手段，模拟整个矿山生命周期，确定最佳的露天开采境界
4	生产计划编制	可结合地质模型，在三维模型上直接进行剥离与采矿预演，并同时自动生成图形与数值结果	可根据现有地质资源、设备情况、生产工序约束等进行生产任务进度优化； 根据任务划分，可以进行任务排序和简单的进度模拟	使用单独软件包 MineSched 进行露天矿山各类进度计划编制； 可以根据开采方向、台阶约束、位置约束等进行开采计划模拟	使用单独软件包 Evolution 制订露天矿山中长期生产计划，动画演示开采进度与开采方案，并生成清晰的生产计划报告	可制订和模拟精确到日的计划，通过开采参数等的精准设计，达到更好的可视化设计
5	生产管理	无	无	通过 Insite 套件，实现生产进程控制、物料平衡调整、设备性能优化、倒班管理、作业成本核算等； 可以根据生产数据生成相应的生产报表，供生产计划和设计等使用	通过专门的套件对大量生产数据进行分析，辅助生产决策，提升矿山生产效率、爆破效果； 通过采矿生产套件，实现全系统及全流程对矿山生产流程、设备及设备性能进行追踪、监控和管理	通过特有软件系统对生产调度进行模拟和仿真，寻找最佳生产调度方案、最优运输计划和最短运距的运输网络

2.2.1 国内智能化露天矿研究现状分析

国内有关智能化露天矿的研究进展较快，下面通过部分研究团队、公司的成果和有关专家的见解进行介绍。

(1) 华北科技学院校长、中国矿业大学(北京)教授张瑞新带领的团队，在长期从事露天矿开采优化理论与实践和计算机技术应用的过程中，对国内外露天矿信息化、智能化动态进展进行了较为全面的综述，提出了智能化露天矿的定义、层次关系、建设原则和分期建设“1+4”智能化露天矿总体架构、体系结构和技术框架，结合典型案例，规划了各个系统的重点建设内容及项目构成、实现途径和预期目标。此外，还从安全保障、高效生产和绿色环保3个方面提出了智能化露天矿建设评价标准。该团队的孙健东博士在大量现场调研的基础上，提出了智能化露天矿高质量发展的重要途径是利用智能化技术提高“劳动者的平均熟练程度(无人化实现之前)”“生产过程的组织和管理”“生产资料的规模和效能”，并根据露天矿山生产特点及实际发展现状，在宏观上将智能化露天矿建设进程划分为再数字化、知识积累、实际产出三个主要阶段；提出了智能化露天矿的“应用一代、布局一代、探索一代”同步发展战略，指出了当前矿山企业在整体投资比例上，要确保“应用一代＞布局一代＞探索一代”。最后，该团队还针对智能化露天矿的内涵进行了阐释，指出了系统论、控制论、信息论是智能化露天矿建设的三大理论基石，并从系统论、控制论与信息论角度对当前露天矿开采大系统决策与控制中存在的问题进行分析，提出了智能化技术是辅助露天矿开采突破发展瓶颈的关键。

(2) 马钢集团矿业有限公司的智能矿山主要做法包括以下几个方面：一是制定了《数字化矿山三年规划》，构建了设备作业层、过程控制层、生产执行层、企业管理层、决策支撑层的“五级架构”；二是利用互联网、物联网推进矿山工业云计算平台，利用这个平台进行信息化基础平台建设，推动矿业板块的信息化和工业化深度融合；三是打造生产线数字化，公司的18条生产线70%以上达到数字化，5个选矿厂全部实现自动化；四是实现井下无人采矿和井下无人驾驶，这套系统真正意义上实现了从溜井到自动运输整条线的自动化；五是整个系统和板块实现ERP(企业资源计划)，真正实现生产、销售、采购、财务、绩效管理系统集成，从业务、财务、管理互相集成融合。

(3) 中国黄金集团内蒙古矿业有限公司以智能矿山建设为载体，以采选、管理数字化为目标，利用信息化、智能化与互联网技术，实现了采选工艺数字化管控，形成了立体化办公、信息共享、市场分析、成本管控的深度融合。在采矿数字化方面，采矿管控系统包括年度采剥施工计划、月度采剥施工计划、矿岩穿爆系统、生产管控平台、三维配备矿平台、采矿MES(制造企业生产过程执行系统)和文件数据库。在选矿数字化方面，选矿信息化系统有三个条件：一是运用大型先进设备，为实现自动化控制奠定基础；二是配备先进的仪表，为实现智能化控制提供保障；三是建立数据库，为实现智能化分析提供依据。在管理数字化方面，根据生产经营数据建立了涵盖生产经营全过程的、业务财务一体化的、信息流贯通的企业信息化管理系统，把管理理念固化在工作流程中，实现了可靠的安全环保管理、高效的生产过程管理、精准的财务管理和全过程的成本管理。

(4) 矿冶科技集团有限公司智能矿山中心张元生：对于智能矿山可以归纳一个大概的框架结构。首先是两大基础平台，即大数据存储与分析平台和矿山物联网平台，这是矿山实现智能化生产管理的基础。其次,从运营的模式来说,智能矿山应该具备几个特点,即生产管理要全面实现网络化、远程化、遥控化乃至无人化,采矿作业环节要实现智能化,选冶过程要实现自动化乃至智能化,运输调度要实现无缝化。从管理的角度来说,未来智能矿山在生产的各个环节,从地质勘探到采选,再到数据的管理环节,都应该基于前面说到的两大基础平台。

(5) 中国恩菲工程技术有限公司矿山事业部信息化智能化中心葛启发:目前,智能矿山的概念没有一个统一的定义,但智能矿山的建设应该包含 4 个方面,即生产工艺自动化、物流管理智能化、固定设施无人化、生产管理全面信息化,最终实现矿山的绿色、安全、高效开采,做到理念创新、体制创新、管理创新、技术创新。

(6) 丹东东方测控技术股份有限公司吕涛:智能矿山的主要内容不再是狭义的三维地质建模,而是包括设备、自动化控制、生产执行、经营管理、智能决策、无人操作等整体化的解决方案。智能矿山的发展,成为矿山企业减员增效的工具,是企业降本提质的技术保障,很多矿山企业把自己的利润增长点和核心竞争力放在这方面,也成为发展智能矿山的主攻方向。

(7) 中国黄金集团内蒙古矿业有限公司康春德:近年来,随着我国科学技术的高速发展,尤其是矿业软件方面的迅速发展与企业数字化管理理念的提升,使得国内的矿山具备了建设数字化矿山的条件。现在,我国国内已经有一些矿山企业实现了矿山的穿孔、爆破、模型更新、配矿等功能单一或几个联合业务模块的数字化管控。但是,还没有形成一整套从地质基础到采矿管控,从企业宏观生产计划到现场具体施工环节的数字化采矿集中管控系统。同时,对生产数据的分析及决策还有待投入更多的关注。

(8) 北京踏歌智行科技有限公司余贵珍:对矿山运输车辆的无人驾驶改造将会是一个很大的市场,特别是在露天矿区,运输车辆的行驶路线基本是点对点,非常适合无人驾驶。我们现在正在研发测试的矿区无人驾驶机器人,将会成为远程控制车辆的执行者,因此仅需要在传统的车辆上安装无人驾驶机器人,这样的智能化运输比直接购买新的无人驾驶车辆成本会低廉很多。

2.2.2 国内典型智能化露天矿建设现状分析

经过文献收集和调研,以国内具有代表性的华能伊敏煤电有限责任公司所属露天矿、中煤平朔集团有限公司东露天矿、国能准能集团有限责任公司所属露天矿等大型、特大型露天矿山为典型案例,对国内智能化露天矿规划和建设方面的工作和成效简述如下。

2.2.2.1 华能伊敏煤电有限责任公司智能化露天矿规划建设现状

华能伊敏煤电有限责任公司所属露天矿(以下简称"伊敏露天矿")自 2016 年开始逐步开启了智能化矿山的建设工作,经过多年的科技项目自主创新、生产问题自主攻关,积淀了深厚的智能化矿山建设基础经验。截至 2021 年,伊敏露天矿先后被列为国家首批智能化示范煤矿和内蒙古自治区首批智能化示范煤矿,如图 2-11 所示。目前,伊敏露天矿已完成 5G 通信应用、卡车无人驾驶、电铲自动化作业等关键智能化技术的研究与应用,并建立了生产设备故障诊断和生产经营决策大数据模型,为实现生产、安全、经营等管理环节的科学、高效智能化决策提供数据支撑[22]。

伊敏露天矿为力争打造成为全国露天煤矿行业智能化建设标杆,目前已对卡车和电铲

图 2-11 伊敏露天矿鸟瞰图

等诸多设备进行了智能化改造，并构建了诸多信息化、智能化系统。

(1) 综合业务管控平台的构建

伊敏露天矿搭建了一个虚拟化数据中心，研制了综合业务管控平台(图 2-12)。该管控平台将矿山原有多源异构的生产、安全、经营等信息系统充分融合，实现了矿山卡车调度、地质管理、边坡监测、地下水水位监测、人员定位等分散系统的数据集成、数据互通及数据共享，并逐步完成了矿山一张图、大数据分析等管理功能的开发及应用。“一张图”系统实现了多维时空数字矿山，并实现了几个分散系统的信息在地图上展示，有效解决了现有安全监测监控系统存在的信息孤岛问题和数据利用率低的问题。综合业务管控平台可以实现生产管理、设备维修、安全监管等全过程的智能化管控，全面提升生产经营管理水平。

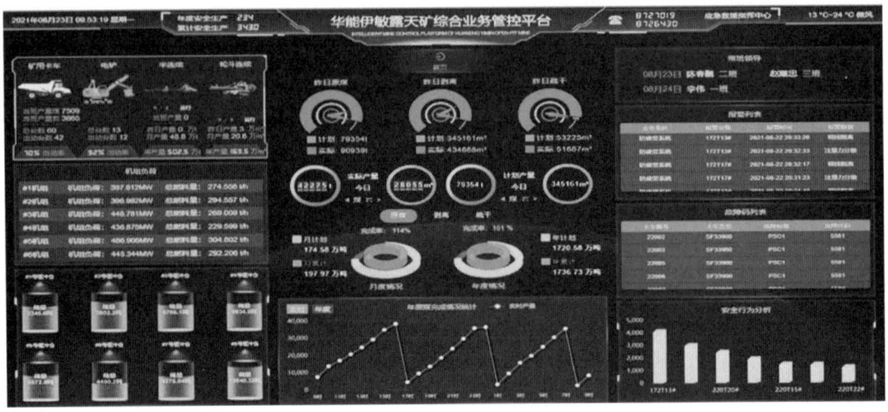

图 2-12 综合业务管控平台系统界面

(2) 无人化工作面的构建

伊敏露天矿通过科技创新和自主攻关构建了国内首个露天矿山无人化示范工作面，实现了国内高寒地区首批 172 t 自卸卡车、电动宽体卡车无人驾驶混合编组作业，以及国内斗容 20 m^3 电铲远程遥控作业。截至 2021 年 12 月，无人驾驶自卸卡车及电动宽体卡车的作业效率达到人工效率的 80%以上，作业成功率达到 98.6%。此外，在卡车无人驾驶技术转化和实践测试期间，伊敏露天矿还构建了高精度电子地图及自动驾驶调度平台，实现了在矿山复杂工况下的车路协同及生产任务云端下发功能。

(3) 辅助设备远程遥控

伊敏露天矿先后自主完成了无人值守加压泵站、疏干排水集控系统(图 2-13)的设计及调试,实现了水资源统一调度、集中监控及管理;建成了疏干-供电集控中心,实现了 35 kV 变电站的远程遥信、遥测、遥控(图 2-14)。

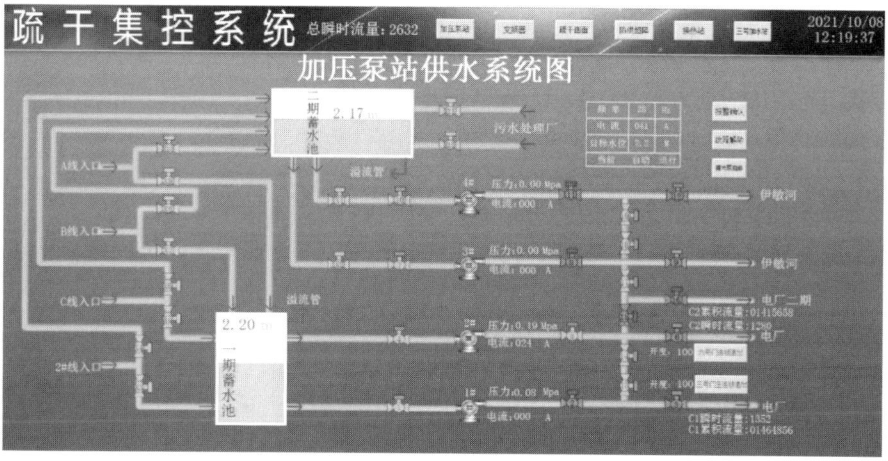

图 2-13 疏干排水集控系统界面

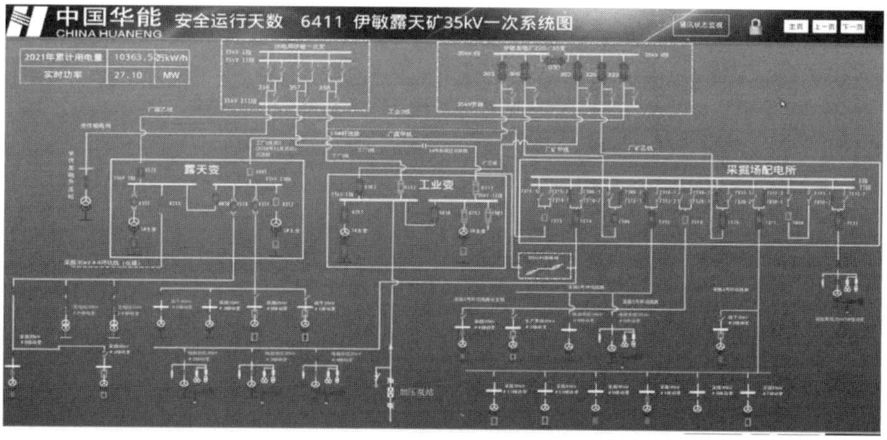

图 2-14 供配电监控系统界面

2.2.2.2 中煤平朔集团有限公司智能化露天矿规划建设现状

中煤平朔集团有限公司为实现矿山生产转型和矿山高质量发展,不断提升矿山智能化建设科技水平[23-24]。目前,中煤平朔集团有限公司东露天矿(以下简称“东露天矿”)已先后完成了 5G 基础网络建设、数据中心建设和综合管控平台建设,并接入卡车智能调度管理系统、卡车无人驾驶系统、钻机无人值守系统、爆破远程监控及危险预警系统等 17 个子系统,全面提升了矿山安全生产与管理科技水平。其中,东露天矿智能化建设框架如图 2-15 所示。

截至 2021 年 12 月,东露天矿已先后完成了网络基础设施、工艺系统和综合管控平台等诸多智能化建设工作,相关系统已投入生产试运行,具体建设情况如下:

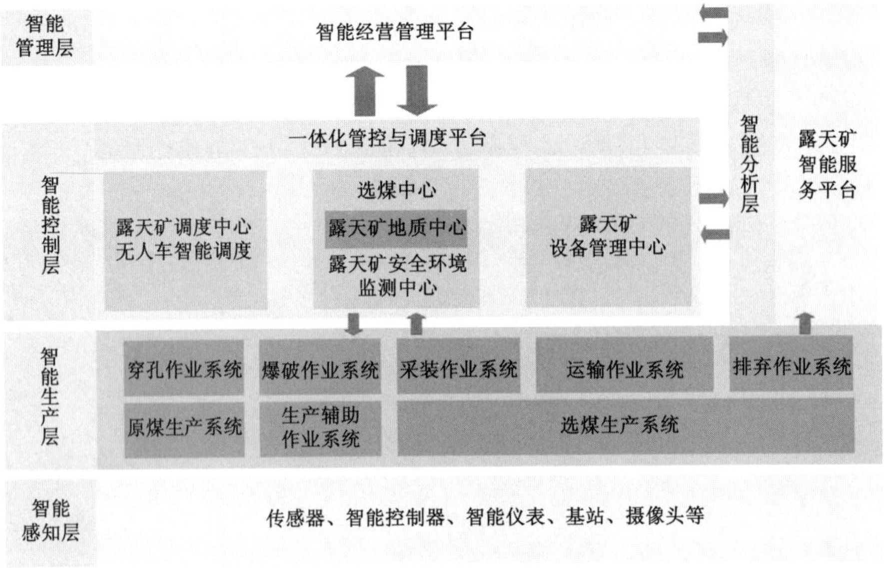

图 2-15　东露天矿智能化建设框架

(1) 网络基础设施智能化建设

东露天矿在原有网络覆盖的基础上新建了 5G 网络,为无人驾驶卡车和无人值守钻机提供网络服务,满足了各类传感器信息采集、视频监控、远程控制等场景的网络需求,便于上传监控图像、传感器信息等数据,以及下发控制指令信息,实现了生产作业过程的无人化和智能化。

(2) 工艺系统智能化建设

① 三维地质地理信息系统

开发了三维点云一体化综合管理平台软件,实现了采场点云数据、工作面特征线的批量自动化处理和绘制,具备了土石方工程量自动化计量、采运排方案信息化设计等功能。此外,通过引进三维激光扫描和无人机航测技术及装备,完善了三维立体测绘体系,实现了多源地质数据信息的准确获取、综合地质信息的地质建模以及三维地质模型的可视化。

② 无人驾驶

先后开展了矿内部分矿用卡车、电铲以及辅助工程机械的无人化升级改造工作,开发研制了配套的无人运输作业智能调度平台、多种设备协同作业管理系统、V2X 矿区通信网络系统和高精度地图管理系统,实现了矿用卡车无人驾驶编组运行。东露天矿无人驾驶卡车编组作业如图 2-16 所示。

③ 卡车智能调度管理系统

建立了卡车智能调度管理系统,具备卡车运行状态显示、车铲匹配、卡车故障报警、卡车运行回放、载重自动计量、燃油异常管理、轮胎消耗管理等数据信息集中管理功能,实现了生产全过程的信息化管理。此外,为保护设备和人员的安全,集中部署了卡车防碰撞系统和防疲劳系统,实现了会车、转弯、盲区、超速自动报警等功能,有效预防了安全事故的发生。

④ 智能穿爆

在爆破设计方面,通过引进三维爆破设计软件实现了爆破参数的自动化设计,具备了爆

图 2-16 东露天矿无人驾驶卡车编组作业

破效果智能模拟预测功能。在爆破安全方面，建立了爆破远程监控及危险预警系统，实现了爆破警戒区域远程监控和预警功能。在设备改造方面，实现了部分钻机的无人化改造，具备了远程操作行走、自动化找平、精准定位、自动换杆，以及钻进状态实时监测等功能。

(3) 综合管控平台智能化建设

① 数据中心构建

东露天矿以超融合架构搭建数据中心，满足了智能矿山业务应用开发在高性能、高可靠性、弹性扩展及伸缩等诸多方面的需求，实现了数据故障自动化转移、容灾、数据中心软硬件资产全面优化以及设施智能化运维。

② 智能综合管控平台构建

东露天矿构建了集安全、生产、经营等信息数据为一体的露天矿山智能综合管控平台，实现了采剥、运输、供电、调度等全环节、全周期、全过程的数据等安全与生产信息的采集、储存、分析以及一张图展示；搭建了煤矿安全风险分级管控和隐患排查治理双重预防系统，实现了生产过程标准化考核和边坡、水害等安全生产全过程闭环管理，进而使安全生产信息化水平得到显著提升。

2.2.2.3 国能准能集团有限责任公司智能化露天矿规划建设现状

国能准能集团有限责任公司所属露天矿(以下简称“准能露天矿”)综合考虑生产过程中各个工艺智能化建设重点环节，以顶层设计、统一规划、分步实施为矿山建设导向，推进智能化技术与开采设计、穿孔爆破、采装运输、生产辅助等诸多环节的深度融合[25]。建设内容主要采用“1＋1＋1＋N”的建设模式，包括以下几部分：

① 一张网：统一矿区网络，以万兆工业环网为基础，融合 Wi-Fi、4G/5G 等多种通信网络，全面支撑智能矿山业务需求。

② 一平台：统一数据平台，以业务深度融合、系统高效集成为目标，基于数据标准、业务架构，建设全面覆盖露天矿山安全、生产、经营等业务领域的一体化综合管控平台。

③ 一中心：统一数据资源，建设露天矿山生产数据中心，构建矿区全局数据视图，满足实时数据计算分析，实现数据资源化管理，支撑露天矿山智能化业务应用。

④ N 个应用：以露天矿山穿爆、采剥、运输、选煤、灾害预警和生产辅助等为重点建设环节，构建多元化应用系统，实现各生产环节的自动化和智能化；建设升级生产、安全、经营等管理领域的信息系统，实现原煤生产、选煤装车、矸石发电等全产业链的一体化、智能化管理运营。

准能露天矿智能化建设情况如下：

(1) 煤炭智能开采

① 透明地质及采矿设计

准能露天矿利用无人机设备、高分辨率倾斜摄影相机、激光雷达传感器等设备，对采区地质智能勘查，使采场地质数据可以快速、精准、实时更新，为露天矿山历史生产回溯、采场模拟开采、生产计划修正以及智能管控等提供支撑。地质信息透明化如图 2-17 所示。

图 2-17 地质信息透明化

② 智能装药与爆破

通过抛掷爆破设计系统、北斗定位和智能布孔系统、炮孔智能测量系统、炸药混装车智能装药系统以及智能爆破系统，实现爆破设计、钻机布孔、炮孔测量、装药、起爆等诸多工作环节的智能化。抛掷爆破设计及智能布孔如图 2-18 所示，智能装药系统如图 2-19 所示。

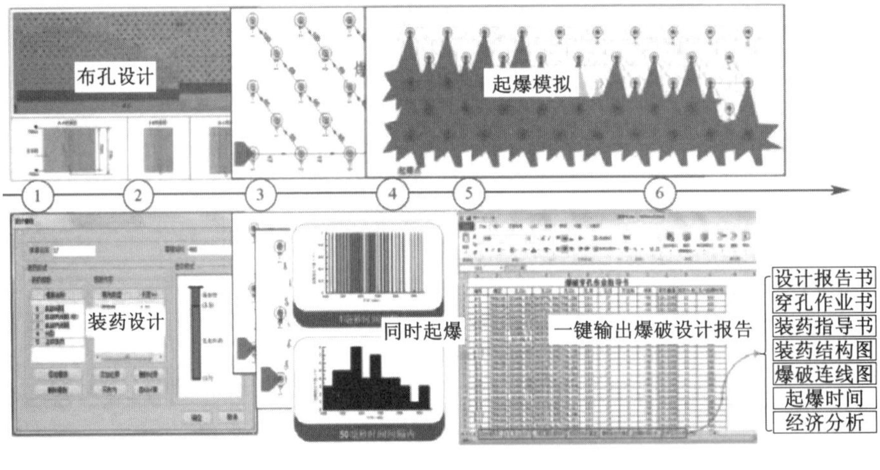

图 2-18 抛掷爆破设计及智能布孔

③ 智能采装作业系统

a. 露天矿山智能作业管理与监控系统。实现车辆智能调度、集成运行监视、数据统计分析、系统数据管理、路径规划、车辆安全防护等在内的诸多功能的露天矿山智能作业管理与监控。

b. 矿用卡车无人驾驶系统。基于差分组合导航定位、轮速计和激光雷达 SLAM(同步定位与地图构建)等多传感器融合定位技术，实现矿山自卸卡车自动路径规划、紧急停车、速

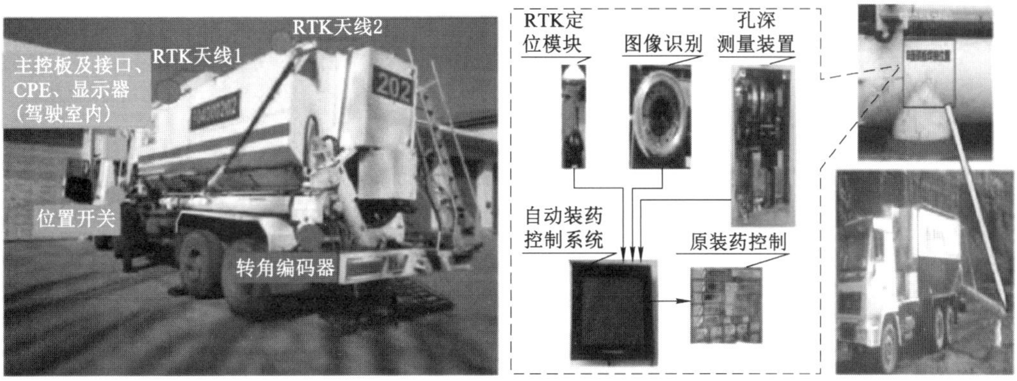

图 2-19 智能装药系统

度控制、装卸载区处理、V2X 通信、安全监测等功能。矿用卡车无人驾驶融合感知如图 2-20 所示。

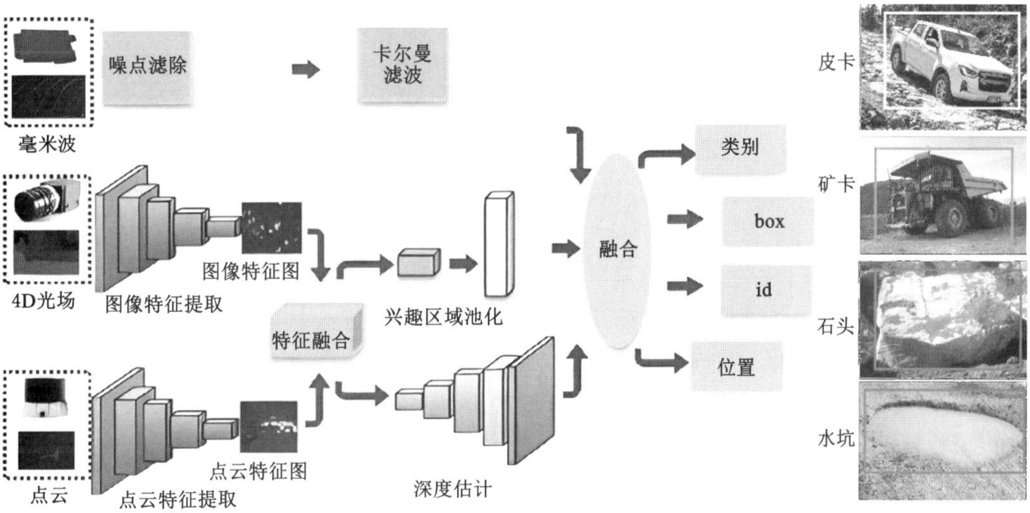

图 2-20 矿用卡车无人驾驶融合感知

c. 4G/5G 无线网络的数据通信系统。实现无人驾驶作业区内车辆与地面控制系统设备之间的实时通信。

d. 协同作业管理系统。实现采掘设备、工程设备和辅助生产设备协同作业管理。

e. 远程应急接管系统。实现对无人驾驶卡车的远程监控和应急接管功能。

f. 健康管理系统。实现无人驾驶卡车的车辆设备系统自检、故障诊断、健康状态评估等功能。

④ 智能排土系统

探索推土机多驾驶模式和人机分离,以解决单一本体机驾驶恶劣工况下对人身心健康和作业安全的影响;采用整机全电控设计,控制系统逻辑链接多种无线传输系统,通过控制系统解决人机分离的快速可靠操作;构建推土机远程操控平台,具备本体机驾驶、5G 超视距仿真遥控驾驶、近程便携式遥控自由切换等功能，实现推土机发动机、挡位、转向、制动的精准调整与控制。

(2) 智能选煤

① 智能输送

基于智能煤流启机、纵撕保护及异物视频检测等技术，实现带式输送机的实时报警、智能巡检、智能配仓、胶带纵撕保护和智能故障识别等功能。

② 智能干选

基于 X 射线和图像识别技术，实现对煤、矸精准识别与分选。

③ 智能装车

基于料位监测、体积检测、车厢定位识别检测等技术，实现智能配仓、精准配煤、自动装车、智能管理等功能。

(3) 矿用机器人应用

① 激光焊接机器人

激光焊接机器人作业时激光照射被加工物表面，送粉器通过气体将粉末送至激光加工头附近，粉末在被激光照射后吸收光能熔化覆盖在被加工物表面。通过搭配手持控制器，可实现激光焊接机器人本体六轴和外部轴联动控制。

② 履带焊接机器人

履带焊接机器人具有自动识别抓取、自动上料、自动切割、自动抓取部件组装、自动焊接及自动下料等功能，可以在三维空间进行无人化自适应焊接。

(4) 基础设施建设

建设数据运营及数据资产服务能力的硬件资源，构建业务应用平台，整合内部系统功能，对应用进行服务化管理，实现矿山生产环节的智能感知、泛在连接、精准控制。完成海量数据的存储、清洗、计算、汇总等，获取统建系统全流程业务数据。对大量数据的分析判断形成指挥生产和指导经营的意见，使其具有行为决策能力，实现管理智能化的突破。

① 数据中心管理平台建设

建设集团数据中心管理平台，实现 IT 业务全流程统一平台化管理。通过在虚拟化平台与其他非虚拟化硬件设备之上增加平台软件层，实现所有的资源分配、配置变更等业务流程的统一管理，促进管理、生产、安全及经营等业务的一体化进展。

② 核心网络建设

通过建设先进的可视化网络，实现生产及辅助单位 100 Gbps 网络的逐步推进，并在办公网络实现 Wi-Fi。工业控制网通过边缘计算中心建设，打造成为分区控制、统一管理的智能工控网络，并利用智能识别技术，探索视频与工控管理融合。

③ 5G 网络建设

通过研究解决 5G 基站在特大露天矿山场景下的站址选择、天馈系统参数设置、频谱规划、载波配置、覆盖能力、速率保障、干扰优化等技术问题，实现 5G 基站在特大露天矿山场景下的深度应用。5G 专网全景如图 2-21 所示。

④ 数据中心建设

打造统一数据平台底座，通过数据平台实现数据分级管理、数据冗余消除、数据质量持续提升，达到数据全流程贯通，并结合成熟集成服务和软件研发技术平台，实现数据集成、服

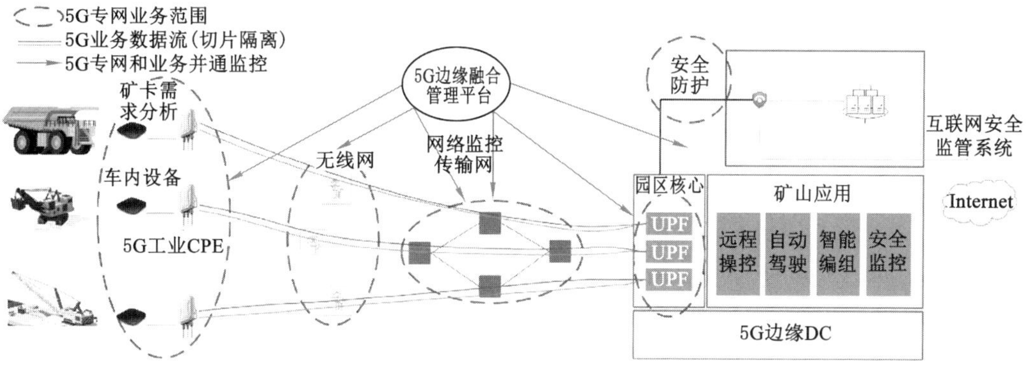

图 2-21 5G 专网全景

务集成、接口集成及软件的全生命周期平台化，提升业务运作效率，进而实现数据资产化管理。

综上所述，与世界发达国家相比，虽然近年来露天开采在我国煤炭开采中的地位不断上升，但由于我国露天采矿工作起步相对较晚，生产技术水平进步缓慢，开采成本、劳动生产率等方面差距极为显著。尤其是智能化发展新形势下，科学技术水平整体落后于国外，数字化矿山建设工作尚处于起步阶段，装备的自动化与管理的信息化水平等尚不能满足智能开采要求，在工业智能化改革浪潮中凸显乏力，转型升级和跨越发展的任务紧迫而艰巨。因此，面对信息化和工业化深度融合进程中不断涌现的新技术、新理念，应积极探索新形势条件下露天开采转型方向，为露天矿山未来规划发展政策的制定与执行提供依据。

3 智能化露天矿基本理论

3.1 智能化露天矿定义及建设原则

智能化露天矿基础理论包括：定义与内涵、智能化综合技术支撑体系、露天矿山智能化的建设思路等。通过对基础理论的研究，提出智能化露天矿"是什么""如何实现""如何建设"等基本问题，从而达成规划思想的共识。

(1) 智能化露天矿的定义：结合露天矿山业务特点与需求，总结归纳智能化露天矿的定义与内涵，研究提出"智能化露天矿是什么"的问题。

(2) 智能化露天矿一般性原则及基本构想：归纳总结传统工业领域智能设计、智能生产、智能管理等方面应用的一般发展规律，研究提出"智能化露天矿如何实现"的问题。

(3) 智能化露天矿的建设思路及框架体系：分析先进工业领域成功应用案例，总结泛化为普适性规律，形成露天矿山智能化建设的基本建设思路及框架体系，研究提出"智能化露天矿如何建设"的问题。

3.1.1 智能化露天矿的定义

从露天矿山生产要素角度来看，智能化露天矿的本质是将跨越两次工业革命的信息化技术与露天煤炭工业深度融合，通过生产、安全、管理、设计等工作的信息化，矿山机械设备及工艺系统、矿山工程等的智能化，构建安全、低碳、绿色矿山；进而实现露天矿山生产效率不断提高、生产成本不断降低的安全高效现代化露天矿山。

从系统论、控制论、信息论角度来看，智能化露天矿是通过集成先进的感知、计算、通信、控制等信息技术和自动控制技术，构建露天开采过程中人、机、物、环境、信息等要素相互映射、适时交互、高效协同的复杂系统，实现系统内资源配置和生产经营的按需响应、快速迭代、动态优化[26-33]。

所谓智能化露天矿，即以矿山数据数字化、生产自动化、管理科学化为基础，结合新的传感器技术、网络通信技术、空间信息技术、人工智能技术等，实现矿山生产及管理的智能感知、辨识、记忆、分析计算、判断和决策、评估考核改进，达到整个矿山的无人化或少人化，实现矿山的绿色、安全、高效生产。

3.1.2 智能化露天矿建设原则

3.1.2.1 按照"智能单元—智能系统—智能大系统"逐层建设

(1) 系统结构层次的划分

露天矿山是一个复杂的大系统，最显著的特点是业务层次多、业务系统结构复杂。智能化升级是大系统各组成环节全面升级转型的过程，升级的目标也不仅体现在单台设备、单个环节上，更主要体现在跨设备、跨工艺环节、跨工艺系统、跨业务范畴的信息互通共享、高效利用上。因此为了确保科学、系统、有序地开展智能化露天矿建设，有必要按照系统的递阶式层级将整个智能矿山系统划分为智能单元、智能系统和智能大系统等三个层级，具体如下：

① 智能单元层级

智能单元是具有不可分割性的智能化露天矿最小单元，其本质是通过软件对物理实体及环境进行状态感知、计算分析，并最终控制到物理实体，构建最基本的数据自动流动的闭环，形成物理世界和信息世界的融合交互。同时，为了与外界进行交互，智能单元应具有通信功能。智能单元是具备可感知、可计算、可交互、可延展、自决策功能的智能化露天矿最小单元。例如一台卡车上实现定位功能的软硬件，就构成最小的智能单元。

② 智能系统层级

在智能单元的基础上，通过网络的引入，可以进行多个智能单元的相互通信、协同配合，构成智能系统，例如卡车调度系统(图 3-1)。

图 3-1 智能单元层级向智能系统层级升级(以卡车调度系统为例)

智能系统可实现更大范围、更宽领域的数据流动，实现了多个智能单元的互联、互通和互操作，进一步提高生产资源优化配置的广度、深度和精度。智能系统基于多个智能单元的状态感知、信息交互、实时分析，实现了局部生产资源的自组织、自配置、自决策、自优化。在智能单元功能的基础上，智能系统还主要包含互联互通、即插即用、边缘网关、数据互操作、协同控制、监视与诊断等功能。

③ 智能大系统层级

在智能系统的基础上，通过构建智能服务平台，实现覆盖生产、管理、经营销售等诸多系统之间的高效协作，构成智能大系统。例如涵盖穿孔、爆破、采掘、运输、排弃、复垦、检修、财务、管理、安全、销售、设计等环节的大型服务平台。

智能大系统主要实现数据的汇聚，从而对内进行资产的优化和对外形成运营优化服务。其主要功能包括数据存储、数据融合、分布式计算、大数据分析、数据服务，并在数据服务的基础上形成了资产性能管理和运营优化服务。智能大系统可以通过大数据平台，实现跨系统、跨平台的互联、互通和互操作，在全局范围内实现信息全面感知、深度分析、科学决策和精准执行。这些数据部分存储在智能化露天矿智能服务平台上，部分分散在各组成的系统内。对于这些数据进行统一管理和融合，并具有对这些数据的分布式计算和大数据分析能力，是这些数据能够提供数据服务、有效支撑高级应用的基础。以全生产链 ERP 为例，智能系统层级向智能大系统层级升级如图 3-2 所示。

图 3-2 智能系统层级向智能大系统层级升级(以全生产链 ERP 为例)

(2) 系统各层级的关键技术支持

① 智能单元层级——传感器软硬件技术

智能单元技术需求是构建一个最基本的智能化露天矿最小单元时需要满足的技术需求,从智能单元的体系架构看,传感器是智能化露天矿获取相关数据信息的来源,是实现自动检测和自动控制的首要环节。因此,在智能单元层级上来看,最为核心的关键技术是包含软件、硬件的传感分析技术。

② 智能系统层级——单元通信技术

在智能单元技术需求的基础上,参考智能系统层级架构,需要进一步强调单元组件之间的互联互通,并在此基础上着眼于对不同组件的实时、动态信息控制,实现信息空间与物理空间的协同和统一,同时需要对集成的计算系统、感知系统、控制系统与网络系统进行统一管理。因此,在智能系统层级上来看,需要单元通信技术的支持。

③ 智能大系统层级——系统集成技术

在智能系统技术需求的基础上,参考智能大系统层级架构,智能大系统的数据更为真实、丰富多样、种类繁多,因此需要新的处理模式对数据进行融合分析并提取其中潜在价值,从而提供更强的决策力、洞察力和流程优化能力。因此,在智能大系统层级上来看,需要系统集成技术的支持。

智能化露天矿的层级结构及各层级所需要的核心关键技术如表 3-1 所列。

表 3-1 智能化露天矿建设的层级及关键技术

系统层级	关键技术	技术组成
智能单元层级	传感分析	硬件+软件
智能系统层级	单元通信	硬件+软件+网络
智能大系统层级	系统集成	硬件+软件+网络+平台

3.1.2.2 按照“数字化—自动化—智能化”目标逐步发展

近年来智能化技术快速发展,在传统产业不断发生融合,产生了新的智能设备、感知形式和联网方式,为基础工业的发展与变革起到了显著的促进作用,总结“智能设计、智能生产、智能服务、智能应用”等工业领域应用案例,可以归纳得出以下结论:智能化技术通过构建“状态感知、实时分析、科学决策、精准执行”的闭环体系,实现了各应用场景中系统生产效率的显著提升。

例如能源开采基础行业的生产运营中,普遍由“人、机、环、管”四大要素组成,然而传统生产模式中的人员不可控、环境难以预测、管理难度大,造成生产设备的操作、监测、管理等极为不便。此外，因设备与设备之间不能通信而造成生产作业过程中缺乏协同性，从而出现设备闲置或设备不足的现象，造成生产资源及生产能力分配不合理和浪费。

如果通过不确定性因素的“数字化”，进而实现生产作业过程中的“自动化”甚至“智能化”，从而构建开采过程中“状态感知、实时分析、科学决策、精准执行”的闭环体系，即可解决设计、生产、管理、经营过程中的复杂性和不确定性问题，就可以提高资源配置效率，实现资源优化。因此采用基础工业领域智能化升级的基本原则(图 3-3)进行改造。

图 3-3 基础工业领域智能化升级的基本原则

考虑到当前对“数字化—自动化—智能化”的准确含义及其相互关系的理解和把握不尽统一，有必要结合露天矿山特点，在智能化露天矿建设时，对于各定义与概念做出准确的描述，具体如下：

(1) 数字化

数字化是计算机技术、多媒体技术、软件技术、智能技术发展的基础，也是信息技术体系的基本组成之一，数字化侧重数据的采集与量化，主要实现物理状态的感知。露天矿山数字化一般标志着计算机技术在矿山开发研究、生产管理应用的早期阶段，其侧重点在于矿山信息的采集存储及处理实现数字化，属于智能化露天矿建设的基础。

(2) 自动化

自动化是指机器设备、系统或过程(生产、管理过程)在没有人或较少人的直接参与下，按照人的要求，经过自动检测、信息处理、分析判断、操纵控制，实现预期的目标的过程。

自动化的概念处于动态发展的过程。过去，人们对自动化的理解或者说自动化的功能目标是以机械的动作代替人力操作，自动地完成特定的作业。这实质上是自动化代替人的体力劳动的观点。后来随着电子和信息技术的发展，特别是随着计算机的出现和广泛应用，自动化的概念已扩展为用机器(包括计算机)不仅代替人的体力劳动而且还代替或辅助脑力劳动，以自动地完成特定的作业。

(3) 智能化

智能化是指由现代通信与信息技术、计算机网络技术、行业技术、智能控制技术汇集而成的针对某一个方面的应用。从感觉到记忆再到思维这一过程称为“智慧”，智慧的结果产生了行为和语言，将行为和语言的表达过程称为“能力”，两者合称“智能”。

与自动化相比，智能化的特点：一是具有感知能力，即具有能够感知外部世界、获取外部信息的能力；二是具有记忆和思维能力，能够利用已有的知识对信息进行分析、计算、比较、判断、联想、决策；三是具有学习能力和自适应能力，即通过与环境的相互作用，不断学习积累知识，使自己能够适应环境变化；四是具有行为决策能力，即对外界的刺激做出反应，形成决策并传达相应的信息。因此，智能化是高级的自动化，有别于“一般自动化”的概念，智能化涵盖了感知和认知两大功能，更强调记忆、思维、学习、自适应能力。

综上所述，智能化露天矿在发展过程中，应遵循“数字化—自动化—智能化”的发展步骤，在数字化、自动化逐步实施的基础上，构建开采过程中状态感知、实时分析、科学决策、精准执行的闭环体系，解决设计、生产、管理、经营过程中的复杂性和不确定性问题，提高资源配置效率，实现资源优化。依托新技术、新装备的持续创新，不断深化和拓展露天矿山智能化的程度和范围，最终实现具有更高程度的分析决策，即实现露天矿山的智能化。

3.1.3 智能化露天矿建设基础分析

(1) 露天矿山知识体系建设内容

露天矿山的智能化应用场景不胜枚举，要求的关键技术及实施途径不尽相同，且智能化应用场景相互的关联关系极为复杂，为了后续规划决策工作能有定性、定量的科学依据，就必须清晰地描述各项规划内容、技术要素、实施途径与业务单元之间的关系。为达到这一目的，就必须针对露天矿山的知识体系进行建设，主要内容如下：

① 露天矿山的业务结构：自上而下逐步对露天矿山大系统的业务逻辑结构进行解构，对露天矿山的作业流程及各操作步骤之间的业务规则进行清晰的描述。

② 智能化露天矿对信息流动的需求：对各业务单元层级按照信息的流动规律进行解构，对露天矿山跨业务范畴、跨系统、跨环节、跨设备等信息流动规则进行清晰的描述。

③ 智能化露天矿实施的技术途径：对各业务单元层级各实体按照“感知—分析—决策—执行”的四步骤进行解构，对智能化手段的实施途径、实现方法进行清晰的描述。

(2) 合理投入规模及智能化建设内容

露天矿山智能化转型发展的根本目的是增加企业盈利能力，然而不同露天矿山的自身条件千差万别，盲目地投资可能结果适得其反，因此智能化转型工作的重中之重是结合露天矿山自身条件，确定合理的投资规模及升级后所要达到的智能程度，主要内容如下：

① 智能化升级的投入-产出估算：对关键业务单元升级的投入-产出进行估算，对各项规划内容涉及的业务单元升级总投入、总产出进行统计，定性、定量给出可供参考的结论。

② 露天矿山合理智能化建设：结合露天矿山企业自身特点，依据合理投资规模，规划智能化矿山的具体建设内容。

(3) 规划内容建设次序的决策

确定规划内容建设的先后次序时，一方面要考虑规划内容之间的复杂关联关系，尽可能合理规划次序，避免重复建设，另一方面要考虑露天矿山现有信息化水平及生产特点，达到系统整体投入-产出最优的目的，主要内容如下：

① 规划内容逻辑关系的梳理：根据露天矿山智能化建设的一般性原则，对规划内容的逻辑关系进行梳理，结合当前技术的经济合理性、技术可行性判断各个系统的重要性。

② 规划内容建设次序：综合考虑露天矿山信息化基础及生产特点，结合各项规划内容投入-产出与时间的关系，以整体建设成本最低、系统产出最高确定规划内容的建设次序。

(4) 规划方案的检验与论证

规划研究工作具有探索性和开创性，研究中采用了大量经验性的定性分析，需要通过实践应用来验证理论的正确性和方法的实用性，并通过与矿方的不断沟通与探讨发现规划中存在的问题，对规划方案进行修正。

3.2 智能化露天矿体系与框架

智能化露天矿建设是一个复杂长远的工程。首先要了解智能化露天矿的发展现状与趋势,从而确定智能化露天矿建设的关键点;了解露天矿信息化现状,明确现有基础;解读矿山规划、了解各领域的需求,加上明确的矿区建设关键点和矿区现有基础,确定总体需求。其次是制定总体的建设思路,如建设方针原则、建设目标、建设任务等。再次是做好智能化露天矿建设的综合保障工作[34-35]。最后是进行智能化露天矿的总体规划以及建设的分步实施。依据智能化露天矿总体框架的构建原则进行总体设计。

(1) 基于最新的物联感知技术、数据存储技术、信息传输技术、系统集成技术、数据分析技术、模型构建技术等,构建智能化露天矿基础支撑系统,实现数据的高效采集、存储、传输和应用,为整个智能化露天矿的建设保驾护航。

(2) 基于露天矿生产的特点,构建智能化露天矿时空演化系统,实现露天矿所有地质、测量、安全、生产等相关数据的集合与展现,并为生产管理提供可视化分析基础。智能化露天矿时空演化系统可以实现重大历史生产状况回溯以及模拟开采、检验生产计划方案的优劣、核验工程实施与生产计划的出入、指挥露天矿的生产等,这些是实现露天矿安全、高效、绿色生产智能管控的基础。

(3) 通过物联传感技术及网络传感技术,对各生产设备主要运行参数、作业环境参数、生产参数等进行采集、计算、分析和决策等,通过智能管控手段,实现系统的无人值守化和智能化操作。将生产、管理、自诊断、设备维护和安全等因素结合在一起,形成闭环控制系统,保护各大型设备的安全,有利于实现煤矿企业的综合自动化,大幅度提高了企业的综合效率。

(4) 基于现有露天矿生产过程中存在的开采条件逐步复杂化、开采工艺多样化、计划与施工脱节化、外部环境异常化、优化方法瓶颈化等问题,有针对性地将生产计划与工程施工进行强有力的结合,通过实现采矿设计的数字化、生产计划的自动化、露天矿生产推演仿真、生产作业标准化管控等,达到露天矿生产整体最优目标下的穿孔、爆破、采装、运输、排弃等主要工艺系统的分目标优化运行,同时反向精确、严格、规范地指导工程施工,提高生产效率。

(5) 通过逐步实现生产设计、生产信息、生产作业等的智能化改造,搭建统一的集中管理平台,以生产经营环节采集到的数据为基础,采用大数据分析、专家评价、专家管理等先进的技术手段,实现安全、高效、绿色生产的智能管理,最终实现建设和谐、美丽、可持续发展的露天矿。

3.2.1 智能化露天矿体系结构

智能化露天矿的体系结构由保障体系、标准规范体系、关键技术、决策体系、信息基础支撑体系、时空演化支撑体系、生产设备与生产环节管控体系、生产计划与工程施工协作体系、综合应用管理服务体系组成(图 3-4)。保障体系、标准规范体系、关键技术是建设的保障,信息基础支撑体系是建设的支撑,时空演化支撑体系、生产设备与生产环节管控体系、生产计划与工程施工协作体系和综合应用管理服务体系是建设的功能,决策体系是建设的优化度量标准。

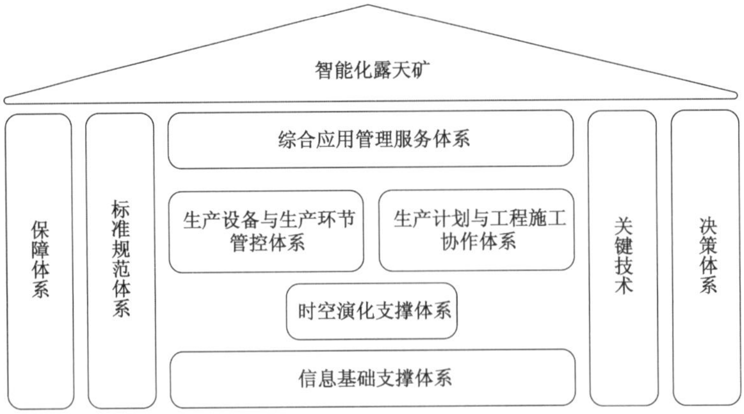

图 3-4 智能化露天矿体系结构

(1) 保障体系

保障体系包括组织流程保障、政策保障、资金保障、人才保障、组织保障、法律保障等智能化露天矿的建设保障。

(2) 标准规范体系

标准规范体系包括智能化露天矿各个组成部分的建设标准规范，目前智能化露天矿的建设标准规范还不是很完善，但也有如《公共安全视频监控联网系统信息传输、交换、控制技术要求》(GB/T 28181—2016)、《煤炭工业露天矿节能设计规范》(GB 51197—2016)、《煤矿智能化建设指南(2021 年版)》等标准规范可以作为参考依据。

(3) 关键技术

智能化露天矿关键技术包括物联网感知相关技术、大数据分析相关技术、GNSS 定位技术、网络通信技术、数据集成技术、空间信息技术、运维管理技术、人工智能技术等。

(4) 信息基础支撑体系

信息基础支撑体系包括感知设施、网络传输、数据仓库、应用支撑、高性能计算、海量存储、信息安全等。

(5) 决策体系

决策体系包括各系统的综合分析决策，以及为精细化管理服务等决策提供依据。

(6) 时空演化支撑体系

时空演化支撑体系的主要功能是针对露天矿生产前、中、后期各阶段及其重要时间节点的演化管理，主要作为生产设计、分析、管控的综合支撑。

(7) 生产设备与生产环节管控体系

生产设备与生产环节管控体系是智能化露天矿生产的重要应用分支，将生产、管理、自诊断、设备维护和安全等因素结合在一起，形成闭环管控体系。

(8) 生产计划与工程施工协作体系

生产计划与工程施工协作体系是智能化露天矿生产的重要应用分支，将生产计划与工程施工进行强有力的结合，主要包括露天矿生产整体最优目标下的穿孔、爆破、采装、运输、排弃等主要工艺系统的分目标优化运行及精确、严格、规范的工程施工。

(9) 综合应用管理服务体系

综合应用管理服务体系是智能化露天矿生产的重要应用分支，主要包括安全、高效、绿色生产的智能管理等。

智能化露天矿总体规划设计是将建设目标、实施目标、知识体系、建设体系、技术应用、实现成果等所需的信息要素集成为总体方案，是智能化露天矿纲领性和路线性的建设宗旨、目标和实施战略。智能化露天矿总体规划设计要保证同所属公司的管理和服务的内容与任务的总体战略上的一致性，设计出智能化露天矿的总体框架结构，并在此基础上开发相应的业务应用平台，制定智能化露天矿系统工程分期和分阶段实施的工作内容和任务以及具体项目实施的策略、措施、方法和计划等。

3.2.2 智能化露天矿总体框架

智能化露天矿的总体框架按照其建设基本构想进行构思，结合业务数据流及控制流进行设计，主要由五部分构成，分别是智能化露天矿基础支撑系统、智能化露天矿时空演化系统、智能化露天矿设备及工艺系统、智能化露天矿生产计划与工程管理系统、智能化露天矿综合管理系统，如图 3-5 所示。

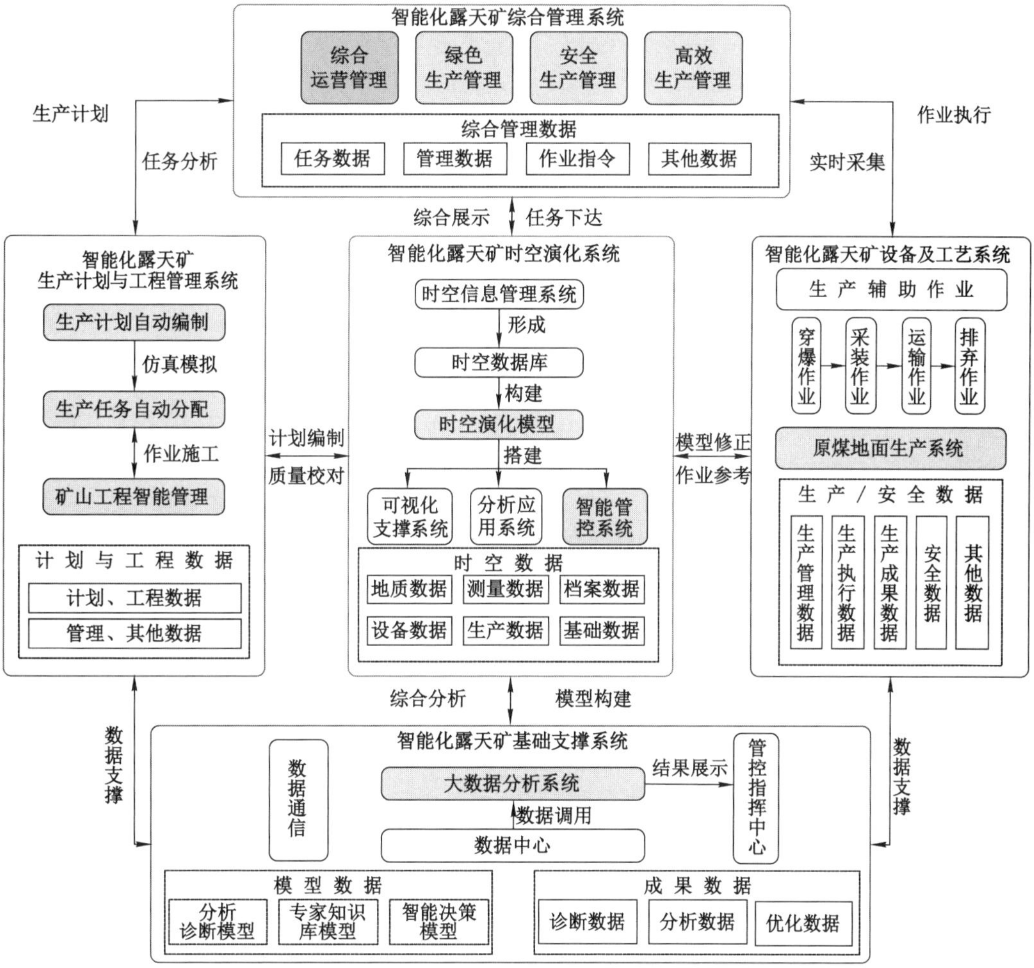

图 3-5 智能化露天矿总体框架

(1) 智能化露天矿基础支撑系统主要是基础硬件环境、网络环境、软件环境的建设，为整个智能化露天矿的运营提供基础保障。

(2) 智能化露天矿时空演化系统主要是基于地质、测量、采矿等的数据及可视化模型管理，为生产计划及高效管控提供基础场景模拟等应用。

(3) 智能化露天矿设备及工艺系统主要是对现有穿爆、采装、运输、排弃等生产环节工程设备进行智能化的升级改造，使其更加精准、高效地采集数据，更加有效地服务于生产，并通过对各生产环节衔接的贯通，更进一步地提高工程作业效率。

(4) 智能化露天矿生产计划与工程管理系统主要是基于露天矿时空演化系统及生产任务指令和各监测监控终端实时的数据采集，进一步地修正生产计划，从而检验工程质量的高低，为生产计划与工程匹配提高精准度。

(5) 智能化露天矿综合管理系统主要是针对安全、生产、运营及管理各方面的综合管理系统，将基于各生产环节产生的生产数据、基于安全的各项监测数据、基于运营的管理数据等通过大数据分析平台解析，从安全、高效、绿色、和谐等方面进行综合管理应用。

整个流程设计细节如下：

(1) 自计划部门接收生产计划任务起，生产设计部门基于智能化露天矿时空演化系统制订生产计划，再通过生产仿真推演形成生产计划成果数据。

(2) 生产计划成果数据经智能化露天矿综合管理系统形成调度指令，由调度室根据生产计划下达到各生产作业工程单位，工程单位根据计划任务及现场获取的作业环境参数进行工程作业，进一步由工况监测、环境监测、安全监测等传感设备采集数据。

(3) 工程设备作业过程中，实时获取的数据通过网络传输上传到大数据分析平台，由最初建立的专家知识库及分析诊断模型，对当前生产作业过程进行分析诊断[36-38]，给出诊断结果，诊断分析结果又将实时反馈到生产作业设备终端，进一步地指导工程作业。

(4) 生产作业结束后，对其工程质量进行评估确认，将工程质量检测数据上传到数据中心，通过智能化露天矿综合管理系统进行生产设计与工程施工的对比分析，进一步地优化生产设计和指导工程施工。

以上的业务数据流及控制流主要是围绕生产环节进行设计，基于业务数据流的走向，结合业务控制流，通过五大主要系统形成闭环管理，从而形成智能化露天矿总体框架。

3.3 智能化露天矿建设基本构想

应充分吸收国内外成熟、先进的自动化和信息化技术，将物联网、云计算、大数据、人工智能、自动控制、移动互联网等技术与现代矿山开发技术深度结合，分期建设露天矿山全面感知、实时互联、分析决策、自主学习、动态预测、协同控制的完整智能化系统，最终实现露天矿山穿孔、爆破、采装、运输、排弃、生产管理、安全保障、生态保护、节能等全过程智能化运行，形成全面智能运行、科学绿色开发的新模式，指导建设安全、高效、绿色、智能的现代一流露天矿山。

智能化露天矿基本结构如图 3-6 所示，由五个系统组成，即一个基础支撑系统和四个业务系统，其中综合管理系统是在基础支撑系统和其他三个业务系统的基础上形成的生产经营管控决策指挥核心业务系统，保障露天矿山生产与环境达到安全绿色高效发展。

图 3-6 智能化露天矿基本结构

3.3.1 智能化露天矿基础支撑系统

智能化露天矿基础支撑系统主要包括支撑智能化露天矿建设和运行的大数据信息网络平台、综合数据库系统、通信感知设施、网络传输、数据仓库、应用支撑、高性能计算、海量存储、信息安全，以及各类智能终端系统等基础保障系统，如图 3-7 所示。

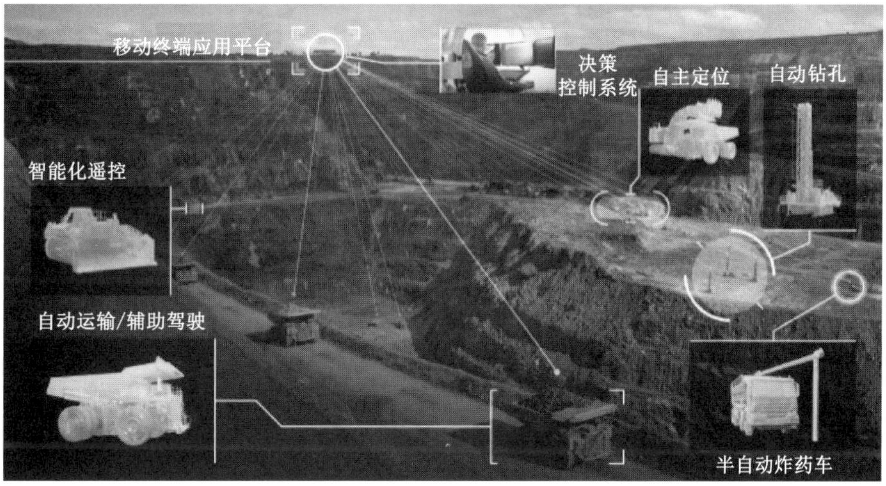

图 3-7 智能化露天矿基础支撑系统示意图

3.3.2 智能化露天矿时空演化系统

露天矿全生命周期可以概括为开发前、中、后各个阶段，其设计、生产、管理等一切行为无外乎是三维时空的动态发展变化。因此，智能化建设首先就是构建露天矿三维时空演化的可视化、数字化动态模型，动态记录和查询、展示露天矿在任何时段资源开发和环境的三维空间形态、设备和工艺系统布局及运行状态、生产计划、施工及管理等经济技术状况等。智能化露天矿时空演化系统示意图如图 3-8 所示。

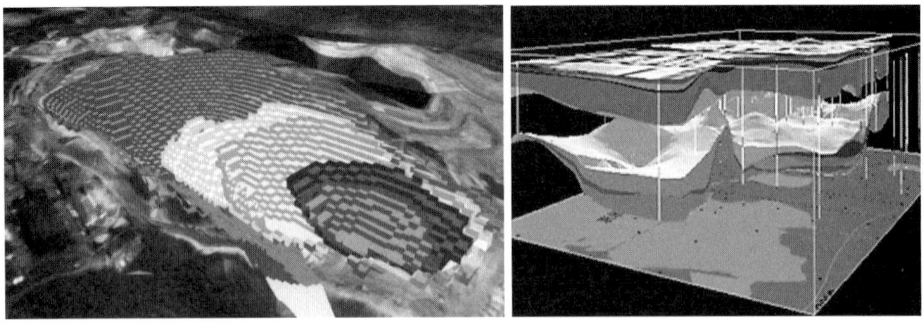

图 3-8　智能化露天矿时空演化系统示意图

3.3.3　智能化露天矿设备及工艺系统

通过物联网技术采集设备运行工况，实现设备间自动化识别、作业自主计量分析、生产数据自主传输和储存等功能，主要包括：

(1) 采掘设备智能化作业

通过物联网、人工智能和“3S”技术(全球定位系统、遥感和地理信息系统)等技术，实现电铲的智能化、精准化作业，具体包括电铲位置的精准定位、铲斗挖掘方式的精准控制、煤岩台阶的精准识别、卡车位置的精准识别和卡车车斗物料堆积状态的精准识别等。采掘设备智能化作业如图 3-9 所示。

图 3-9　采掘设备智能化作业

(2) 运输设备智能化作业

在卡车运输方面，基于物联网、人工智能和“3S”技术等技术实现矿山自卸卡车精准定位、作业位置自主分配、运输线路自主规划、排土作业自动停靠等功能，并在简单路况下实现卡车无人驾驶。在胶带运输方面，基于图像识别、自动控制等技术实现煤岩自动识别和自主分流、物料粒度自动检测、破碎机转速调整等。此外，分析大倾角输送机(胶带或链板)在露天矿山中的应用，降低运输成本。运输设备智能化作业如图 3-10 所示。

(3) 排土设备智能化作业

研究分析无线遥控推土机在露天矿山排土作业中的应用，实现全液压推土机在远程操控模式下无人驾驶运行，包括设备自身的精准定位，挖掘地面的铲刀、机械臂的状态以及地面情况的精准感知，从而实现排土设备智能化。排土设备智能化作业如图 3-11 所示。

图 3-10 运输设备智能化作业

图 3-11 排土设备智能化作业

（4）穿爆设备智能化作业

基于地理信息系统、虚拟现实、地质统计学等方法，并结合岩石爆破理论和爆破技术，开发露天矿山爆破工程智能化三维设计系统，实现爆破参数设计、爆破过程模拟和爆破效果预测分析；应用 GNSS、捷联式惯导系统等实现钻孔设备的精准定位，并实时进行钻孔位置和深度的校验，实现钻机的智能化精确作业及远程控制。穿爆设备智能化作业如图 3-12 所示。

图 3-12 穿爆设备智能化作业

(5) 破碎机(站)智能化作业

基于物料块度图像识别、破碎过程振动传感、电气自动化控制调节等技术，实现物料形状、块度大小的自主识别，分析不同块度所占比例，并通过物料块度及破碎过程振动频率、幅度的自动分析和研判，实现破碎机设备的自主调节给料速度、破碎辊转向及转速，从而达到系统的高效作业目标。破碎机(站)智能化作业如图 3-13 所示。

图 3-13 破碎机(站)智能化作业

3.3.4 智能化露天矿生产计划与工程管理系统

通过构建生产工艺系统综合智能化监管决策平台，实现最优生产目标下各工艺环节的自动决策，同时按照即时、阶段确定的生产目标(优化目标如成本最低、总体产能最大等)，应用物联网＋对单台设备的即时空间位置、运行轨迹、作业状态(重点设备效能、故障、效能考核)等信息采集和分析，结合各种经济技术指标的测算，综合调度优化，实现整体最优目标下的穿孔、爆破、采装、运输、排弃主要作业环节的分目标优化运行，并逐步覆盖疏干排水、道路维护、供电维护等辅助环境设备智能化作业。

露天矿山生产计划、工作面推进、运输道路施工等的智能化，重点在于生产组织与施工作业工程的智能化：按照现有工艺设备和设计及中短期计划，确定最佳穿孔、爆破、采装、运输、排弃、道路维护、复垦等工程或生产作业的施工设计/计划方案、最优技术参数、设备系统布局及调度、人员及物资保障、辅助工程等。

3.3.5 智能化露天矿综合管理系统

智能化露天矿综合管理系统组成如图 3-14 所示，具体包括矿山人员、财务、物资、安全及外包工程等业务管理，以及生态保护、节能等辅助环节业务管理。基于大数据、物联网、通信等高新技术，实现跨时空联网查询、管理、运行、调度、保障、服务等功能。系统模块具体涵盖露天矿山边坡安全、网络安全、安全培训、防碰撞技术与装备、粉尘控制、有毒有害物质治理、疏干水合理利用、清洁能源利用、大型专家知识库和数据仓库、可视化智能决策平台等诸多业务。

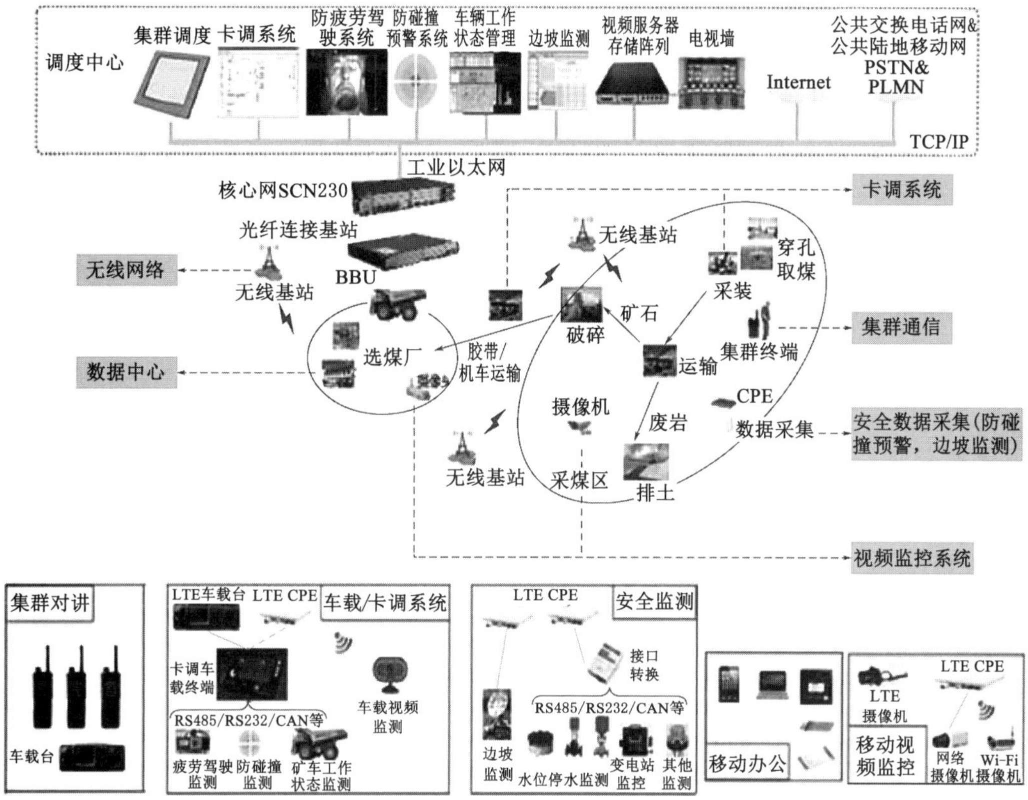

图 3-14 智能化露天矿综合管理系统组成

3.4 智能化露天矿建设的关键技术

3.4.1 智能化露天矿基础支撑系统中的关键技术

基础支撑系统中用到的关键技术主要是涉及存储、网络、计算等方面的基础信息技术。

(1) 5G 网络通信技术。5G 网络的性能目标是提高数据速率、减少延迟、节省能源、降低成本、提高系统容量和大规模设备连接。把 5G 网络通信技术应用于露天矿山，可以实现采矿作业设备的少人化及无人化操控，进而实现无人矿山。

(2) 大数据技术。随着对生产作业信息的多方位采集，数据传输量急剧增加，为了更加高效地进行在线监测数据采集、处理、计算、统计和分析，同时实现高效处理离线数据，需要针对露天矿山业务大数据提供分类、预测模型调优接口，以便提高处理效率。

(3) 信息技术。信息技术是管理和处理信息所采用的各种技术的总称，也常被称为信息和通信技术，主要是应用计算机科学和通信技术来设计、开发、安装和实施信息系统及应用软件。信息技术主要包括传感技术、计算机与智能技术、通信技术和控制技术，可以改变矿山的生产方式、优化矿山的管理流程、提高矿山管理效率。

(4) 网络安全技术。随着新一代信息技术在矿山的广泛应用，意味着智能化露天矿将时刻处于网络之中，如果利用计算机病毒入侵、远程攻击等方式，泄露企业的商业机密、修改控制系统指令等，这些都有可能对企业造成严重安全事故和经济损失。应用网络安全技术对信息基础设施网络进行安全检查，准确掌握企业关键基础设施的网络安全状况，可以为企业安全生产经营营造一个安全、稳定、健康的网络环境。

(5) 可视化技术。可视化主要包括科学计算可视化、数据可视化和信息可视化。矿山地质具有复杂多变、隐蔽性强等特点，在复杂的地质环境中开展采矿工作，面临着诸多不确定因素。将可视化技术应用于矿山工程当中，能够以其独特的技术优势发挥良好的作用，为矿山提供直观的、可交互的可视化环境。

(6) 数据存储技术。数据存储对象包括数据流在生产过程中产生的临时文件或过程中需要查找的信息。数据以某种格式记录在计算机内部或外部存储介质上。矿山企业档案历史资料数量大，数据来源广，专业分类多，这决定了数据存储的复杂性，系统涉及的关键技术有海量数据存储技术和数据仓库技术，对复杂多源档案资料进行合理有效的存储、管理与分析，最终体现为索引库、分词库等的建立。

(7) 数据融合通信技术。数据融合通信技术是指通过制定便于矿山多网、多系统融合的通用通信协议，规范数据传输格式，使不同厂商的设备与系统能在统一标准的管理下实现数据传输、共享等，保障数据的采集和传输。

(8) 数据挖掘技术。随着智能化露天矿各种类型海量数据的获取和集成，从矿山数据库中挖掘知识成为智能服务的一个瓶颈问题。采用图像处理、模式识别、关联规则、分类与预测、时空序列分析等方式进行数据挖掘和知识发现，从海量数据中提取有用的知识，基于此建立决策支持和智能服务的专家系统，是实现智能化露天矿的关键技术。

(9) 云网融合技术。云网融合技术是将物联网和云计算相融合的全新技术。物联网是将射频识别、红外感应器、全球定位系统、三维激光扫描仪等信息传感设备，按约定的协议与互联网连接起来，进行信息交换和通信，以实现智能化识别、定位、跟踪、监控和管理的一种网络。云计算借助互联网整合、管理、调配分布在网络各处的计算资源，以统一界面同时向大量的用户提供服务，是分布式计算和网格计算的进一步延伸和发展。

3.4.2 智能化露天矿时空演化系统中的关键技术

时空演化系统中用到的关键技术主要涉及地质、测量等数据的获取、管理以及模型建模、显示和描述等。

(1) 空间信息技术。以全球定位系统、遥感技术和地理信息系统为核心的空间信息技术，为电铲、卡车的智能调度提供基础。空间信息技术以地理空间为基础，采用地理模型分析方法，实时提供多种空间和动态的地理信息，是一种为地理研究和地理决策服务的计算机技术。其基本功能是将精准实时采集的矿山生产过程数据(无论它来自数据库、电子表格文件，还是直接在程序中输入)转换为地理图形显示，然后对显示结果进行导航浏览、交互操作和融合分析，实现矿区地理要素一体化方式管理。

(2) 无人机技术。无人机因其较高的灵活性、高效性以及可在天空中获取完整数据的优势，可以替代现场人员进行特种作业，如安全巡检、航拍测绘等。智能化露天矿建设的最终目的是实现无人开采，同样要求实现无人测量，根据当前的科技发展水平，无人机搭载摄影测量设备等是实现测量工作无人作业的最佳手段，是实现露天矿山测量智能化的基础。

(3) 三维激光扫描技术。三维激光扫描技术是 20 世纪 90 年代中期开始出现的一项高新技术，是继空间定位系统之后又一项测绘技术新突破。它通过高速激光扫描测量的方法，大面积、高分辨率地快速获取被测对象表面的三维坐标数据，并获取集合采样点三维坐标信息的点云，同时基于点云模型和距离影像数据，快速重构矿山三维模型。

(4) 边坡监测技术。智能化露天矿的边坡监测技术不仅仅是单纯依赖边坡雷达技术对边坡进行安全稳定监测，而是结合无人机技术和三维激光扫描技术，实现整个露天矿山无盲区的边坡监测。通过该技术，可以对露天矿山边坡的变形情况做出合理的推断，为露天矿山边坡灾害的预测预警及管理提供科学依据。

3.4.3 智能化露天矿设备及工艺系统中的关键技术

设备及工艺系统中用到的关键技术主要涉及作业设备工况参数的采集、传输等。

(1) 物联网技术。基于物联网技术的智能化露天矿以信息化、自动化为基础，将露天矿山中涉及的生产调度、设备管理、人员安排、数据收集等所有的子系统集成为一个整体，通过统一管理分析平台完成各类数据信息的统一管理、存储与共享，并将数据信息自动分享给矿山管理人员及设备操作人员，实现露天矿山的科学化管理。

(2) 多传感器融合技术。该技术可有效监测设备工况，矿山指挥人员根据设备工况做出科学的调度安排。高精度传感器还可实现设备故障诊断、准确定位故障点、提高设备开机率，如巡检机器人本体采集的现场温度、烟雾以及速度等数据用以判断带式输送机设备工况以及故障点。

(3) 自动控制技术。使用自动控制技术的装备是实现减人的有效途径，不仅可以提高设备作业效率，还能有效遏制事故发生，如破碎站无人值守等。

(4) 高精度定位技术。利用 GNSS 对生产设备进行实时定位，可以为设备操作员提供周围设备的方位信息、速度信息、距离信息等，保证设备安全作业。智能调度系统可以根据设备运行位置进行合理调度安排。

(5) 人工智能和机器学习技术。该技术可实现装备智能控制与故障诊断，穿孔过程中的岩性识别也可通过机器学习来完成岩性分类。疲劳预警系统采用机器视觉识别技术，自动检测人眼的眨眼状态，从眼睛的闭合来判断驾驶员是否处于疲劳驾驶。采用机器学习实现驾驶员驾驶行为水平的分级(优、良、中、差)，并给出具体驾驶得分，量化司机驾驶水平。

3.4.4 智能化露天矿生产计划与工程管理系统中的关键技术

生产计划与工程管理系统是以信息技术、物联网、大数据、云计算、通信网络以及相关硬件设备为支撑，同时与露天矿山生产计划和工程管理相互结合，遵照生产计划与工程管理系统中的建设目标和建设规划，利用所述的各类技术形式进行设计开发。

(1) 智能采矿和服务技术。该技术包括无人采矿技术、快速定位与自动导航技术、自动化指挥调度技术等。智能化露天矿需要实现从提供矿山数据到提供智能服务的转变，智能服务模式主要包括智能空间信息服务的语义模型、空间服务网络模型等的设计和实现。

(2) 三维模拟和虚拟现实技术。借助三维模拟和虚拟现实技术建立起来的矿床模型、采矿模拟仿真，能够实现露天矿山三维实体计算机动态显示，帮助企业了解矿体形态、构造，还能够模拟露天矿山开采过程，为矿山决策和工程计算提供功能服务。

3.4.5 智能化露天矿综合管理系统中的关键技术

综合管理系统中用到的关键技术主要涉及安全、生产、经营管理过程中的各类数据信息的基本管理、统计分析及综合应用等。

(1) 数据仓库技术。智能化露天矿的安全、生产、经营管理等方面都会产生海量的数据,为便于数据的存储、更新、发布、检索、跨平台或系统的顺畅交互,必须对数据分类组织、分类编码,对元数据进行规范化和标准化,并构建完善的信息数据资源目录,形成统一的数据仓库。

(2) 虚拟现实技术。利用虚拟现实技术实现的多源信息融合、交互式的动态三维可视化场景和实体行为体验,可以成功研制基于虚拟现实技术的安全培训系统、开采模拟系统、车辆运行模拟系统、灾害过程模拟系统、三维地震可视化分析系统、带式输送机远程监控系统等应用系统。如通过构建智能化露天矿的场景,对整个矿山穿孔、爆破、采装、运输、破碎、排弃、供电、复垦等专业的生产流程进行仿真;通过建立各种培训救援场景,实现多人工作演练与考核、评估。

(3) 基于大数据的智能决策技术。针对智能化露天矿信息数据海量性的特点,利用大数据技术,并采用图像识别、模式识别、关联准则以及时空序列分析等方法,进行数据挖掘和信息提取。以此为基础,搭建露天矿山智能决策承载平台与深度学习知识库,并结合多专业融合的分析模块,为露天矿山提供有效的智能决策服务。

4 智能化露天矿基础支撑系统

4.1 规划目标

智能化露天矿基础支撑系统作为智能化露天矿建设的基础，基于智能化露天矿各业务系统运行的实际需要分阶段建设完成，为全矿时空演化、设备及工艺、生产计划与工程管理、综合管理四大业务系统的建设提供基础支撑保障。以白音华三号露天矿为例，智能化露天矿基础支撑系统现状及规划目标如表 4-1 所列。

表 4-1 智能化露天矿基础支撑系统现状及规划目标

规划内容	现状		一期目标		二期目标	
	现有内容	功能点	建设内容	要素点	建设内容	要素点
数据通信	集群通信系统	语音通信； 调度指挥	5G 网络部署	无	无	
	5G 网络部署	数据传输； 信息通信	5G 网络部署	语音、数据、视频集成传输； 一张网全覆盖； 与自动化系统融合； 调度指挥	5G 网络升级	高带宽； 低时延； 大连接
网络信息安全	网络边界防御	防范外部攻击和内部信息泄露	网络边界防御	网络出口边界防御、网络内部边界防御	无	
	防火墙	网络安全屏障	防火墙	网络安全屏障； 网络安全策略； 防止内部信息外泄； 数据包过滤		
数据中心	无		数据定义规范	统一数据编码规则	无	
			数据接口规范	统一数据接口规范		
	第三方数据接口	多源数据	数据标准规范体系	统一元数据标准规范； 统一地理空间数据标准规范； 统一数据采集标准规范； 统一数据交换共享标准规范		
	调度中心机房	生产调度数据维护	机房建设	数字机房的升级改造		

表 4-1(续)

<table>
<tr><td rowspan="2">规划内容</td><td colspan="2">现状</td><td colspan="2">一期目标</td><td colspan="2">二期目标</td></tr>
<tr><td>现有内容</td><td>功能点</td><td>建设内容</td><td>要素点</td><td>建设内容</td><td>要素点</td></tr>
<tr><td rowspan="2">数据中心</td><td colspan="2" rowspan="2">无</td><td>数据资源管理</td><td>元数据管理；
主数据管理；
业务数据管理；
数据来源管理；
数据集成与全生命周期管理</td><td colspan="2" rowspan="2">无</td></tr>
<tr><td>信息交换共享系统</td><td>数据交换；
交换节点管理；
交换流程管理；
系统管理</td></tr>
<tr><td rowspan="2">大型专家知识库和数据仓库</td><td colspan="2" rowspan="2">无</td><td>主要生产环节基础专家知识库</td><td>支撑专家分析决策</td><td>所有生产环节高级专家知识库</td><td>支撑专家分析决策</td></tr>
<tr><td>主要生产环节基础数据集市</td><td>支撑专家分析决策</td><td>所有生产环节高级数据仓库</td><td>支撑专家分析决策</td></tr>
<tr><td rowspan="2">大数据分析系统</td><td colspan="2" rowspan="2">无</td><td>大数据应用基础支撑系统</td><td>前端业务模型应用；
业务需求在线可视化快速配置</td><td colspan="2" rowspan="2">无</td></tr>
<tr><td>大数据资源分析处理系统</td><td>集数据采集适配和分发；
数据存储管理；
数据加工处理；
数据共享交换服务；
实时查询分析和信息发布管理</td></tr>
</table>

(1) 一期目标

搭建白音华三号露天矿的基础支撑系统，为后期四大业务系统的建设提供全方位的基础支撑服务，保障数据的采集、传输、存储、应用等工作，使生产、运营及管理在规范、绿色、安全、高效的环境下良好运行，起到承上启下的作用。

① 实现企业5G无线专网的全覆盖，承载四大业务系统的数据通信，满足语音调度、视频接入、数据传输、设备遥控等业务需求，同时也能够适应5G工业网络建设及融合应用。

② 实现企业数据通信协议及格式标准规范的制定。

③ 实现专家知识库基础储备，为智能决策提供分析模型基础。

④ 实现企业生产大数据分析应用。

(2) 二期目标

对白音华三号露天矿5G网络进行升级，支持承载更多业务系统通过5G网络进行传输，使整个矿山的智能化安全生产及运营管理有序开展，并以其独有的大宽带、低时延、高可靠、可移动的特点，实现矿山人、机、物、环的全面互联互通，进而提升整个智能化露天矿建设的效率。

4.2 规划设计

智能化露天矿基础支撑系统的总体规划设计如图 4-1 所示，包括相应的软硬件设施及网络环境。规划内容主要有数据通信规划方案、网络与信息安全规划方案、数据中心规划方案、管控指挥中心规划方案、大型专家知识库和数据仓库规划方案、大数据分析系统规划方案。

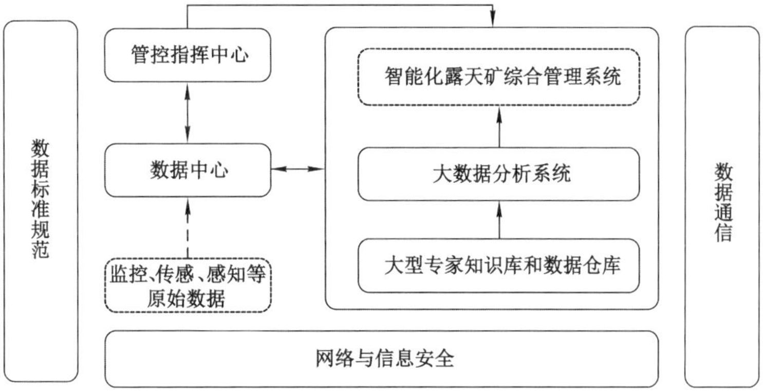

图 4-1 智能化露天矿基础支撑系统总体规划设计

4.3 数据通信规划方案

数据通信是通信技术和计算机技术相结合而产生的一种新的通信方式。要在两地间传输信息必须有传输信道，根据传输媒体的不同，分为有线数据通信和无线数据通信。但它们都是通过传输信道将数据终端与计算机联结起来，而使不同地点的数据终端实现软、硬件和信息资源的共享。

网络通信是现代化矿山企业建设的重要基础，良好的网络通信系统能够有效保障安全生产。根据国家相关文件要求，模拟对讲机面临全面的更新换代，同时，露天矿山现有的网络通信已不能满足本矿的生产需要。为了提高生产效率和加强管理水平，亟须建设符合露天矿山及其关联业务单位现场地理环境、通信互联互通互补、技术先进、业务承载能力强的综合性生产专用网络，从而为卡车调度系统、煤炭生产验收管理系统、油料监控管理系统、轮胎管理系统、语音通信系统、可视化生产指挥管理系统等信息化系统建设提供网络支持，提高现场通信指挥协同工作的能力。因此，数据通信的建设是智能化露天矿建设的重要保障。

4.3.1 5G 无线宽带集群通信系统特点

5G 无线宽带集群通信系统设计采用 TD-LTE(分时长期演进)专业宽带集群专网方案，基于 OFDM(正交频分复用)、MIMO(多输入多输出)等多种 TD-LTE 先进技术以及定制的专业宽带集群技术，可以在一个网络内同时实现专业语音集群通信、高可靠性和高实时性数据传输以及多媒体集群调度、设备数据采集、卡车调度等业务系统的承载接入与传输等多种业务[39]。

3GPP(第三代合作伙伴计划)定义了5G的三大场景。其中,eMBB指3D/超高清视频等大流量移动宽带业务,mMTC指大规模物联网业务,URLLC指无人驾驶、工业自动化等需要低时延、高可靠连接的业务。从1G到4G,移动通信的核心是人与人的通信,个人的通信是移动通信的核心业务。但是5G的通信不再局限于人与人的通信,开始转向人与物的通信,直至机器与机器的通信。

5G的六大基本特点:

(1) 高速度

相对于4G,5G的一个基本特点是高速度。网络速度提升,用户体验才会有较大提高,VR/超高清业务等对网络速度要求很高的业务才能被推广和使用。同时,高速特性也能够保证现场安全巡视、无人驾驶、远程操控等数据的实时传输。

(2) 泛在网

随着业务的发展,网络业务需要无所不包,广泛存在。只有这样才能支持更加丰富的业务,才能在复杂的场景上使用。泛在网有两个层面的含义:一个是广泛覆盖,另一个是纵深覆盖。

(3) 低功耗

5G要支持大规模物联网应用,就必须要有功耗的要求。所有物联网产品都需要通信与能源,虽然通信可以通过多种手段实现,但是能源的供应只能靠电池。

(4) 低时延

5G的一个新场景是无人驾驶、工业自动化的高可靠连接。人与人之间进行信息交流,140 ms的时延是可以接受的,但是如果这个时延用于无人驾驶、工业自动化就无法接受。5G对于时延的最低要求是1 ms,甚至更低。

(5) 万物互联

传统通信中,终端是非常有限的。固定电话时代,电话是以人群为定义的。而手机时代,终端数量有了大幅增加,手机是按个人应用来定义的。到了5G时代,终端不是按人来定义的,因为每人可能拥有数个设备,每个设备可能拥有数个终端。

(6) 重构安全

传统的互联网要实现的是无障碍传输,其基本精神是自由、开放、共享。但是在5G基础上建立的是智能互联网,它不仅要实现信息传输,还要建立起一个露天矿山生产的新机制与新体系。智能互联网的基本精神是安全、管理、高效、方便,其中安全是第一位要求。

4.3.2 应用分析

5G无线宽带集群技术,不仅代替了传统露天矿山窄带集群,而且实现了有线网络和无线网络的整合,为露天矿山安全生产、车辆调度、人员管理、设备集控提供了可靠的全覆盖解决方案。通过构建5G无线网络,实现全矿区范围内的网络全覆盖,使得视频、数据、语音等可以融合处理和传输。5G无线宽带集群技术还提供语音集群调度、视频调度、设备数据采集、设备远程集控、大型设备仿真监视、无线视频监控等综合业务[40]。

(1) 多媒体集群调度

本调度平台使终端设备具有组呼、群呼、强插、强拆、会议、录音、监听、一键紧急呼叫等功能。多媒体集群调度手持终端可实现在发生异常情况下，控制中心人员和现场作业人员及时跟进联系，及时获取一线的详细信息，并制定相应的处理措施，除了“听得见”还能“看得清”。通过5G手机、卡调系统等现有设备实现集群调度业务以及视频监控和分发功能，调度人员在办公室便可以用终端实时查询全矿现有摄像仪监控画面以及现场5G手机拍摄画面，站场作业人员也可以及时了解历史作业情况，完成现场生产处理。

(2) 语音视频通信

通过5G手机及无线摄像仪，实现系统无线覆盖范围内(办公区、生产区、附属区等)的语音、视频、短信、彩信等多种业务的通信，同时通过网关实现与公网(固定电话、移动电话等)间的互联互通。

主要可应用于班组的集群通信：

① 不同的作业小组设置不同的群组，互不干扰；各组间通过调度中心互通，保证各组业务间配合及时衔接。

② 视频和语音融合通信，现场情况一目了然，发生事故时可更加有效的沟通。

(3) 视频监控

通过布设在各种设备、站点、场景的固定及移动摄像仪，实现终端覆盖范围内的即时视频监控。同时通过设备上的摄像仪以及设备显示台，实现设备操作人员对设备及其周边场景的即时监控。

① 实时监视：监控中心能够实时查看关键区域现场情况，摄像仪随着生产推进可以自由移动。

② 实时记录：监控视频能实时录制和回放，能实时记录过程状况，可以为事后追溯提供可靠的证据。

③ 及时调阅：现场监控视频经数字化压缩后存入硬盘，可以日期、时间、监测站点名称为检索关键字随时进行查询，也可通过车载终端对卡车周围及司机的监控视频进行调阅。

④ 远程指导：监控中心能对施工及设备维修人员进行远程操作指导。

⑤ 深度应用：监控中心能随时掌握监控区域内的情况，能检查各个重点部位的安全状态，能及时处理突发事件，全方位立体式地确保安全高效生产。

(4) 生产辅助监测监控

将生产辅助监测监控数据进行无线回传，保障安全生产，减少人力投入，提高生产效率。

① 边坡监测和预警、移动变电站监测、疏干排水监控等系统是露天矿山生产中保障安全、提高效率的重要系统，将各种业务系统数据快速接入5G网络，实现数据的无线传输。

② 各系统监测监控位置偏僻，且随着开采进度进行调整，实现无线监控能够提高生产效率。

(5) 与自动控制系统的融合

通过对设备及过程自动控制的数据及指令的无线传输，实现自动控制与无线通信平台的有机融合。

(6) 多部门生产协同

调度机通过PSTN(公用电话交换网)与有线电话系统对接，可以实现无线集群终端与办公电话之间的互联互通；通过PLMN(公共陆地移动网)可以与移动通信系统对接，可以实现无线集群终端与移动电话之间的互联互通；通过无线中继和移动终端互通。

通过与矿山现有通信系统对接，可以实现多部门间生产协同，实现控制中心、联合站、处理站、一线作业人员之间的协同作业。

(7) 应急应用

根据应急便携单站/应急通信车具有快速、灵活、广覆盖和易部署的特点，可以在抢修地点迅速部署一张应急网络，通过手持终端、车载终端等将抢修地点情况实时回传到指挥中心，达到“现场可见、指挥可达”的效果，为领导远程指挥决策作支撑。

(8) 智能巡检

LTE(长期演进)无线电子巡检系统由电子巡检管理系统、手持终端和终端软件三部分构成，巡检人员可以使用手持终端与电子巡检管理系统实时交互，上传或者下载巡检相关数据。LTE 无线电子巡检系统能够将巡检人员、路线、时间、地点、数据等组合在一起，避免假巡检和假数据的发生。通过手持终端人机交换界面的提示和帮助，可以使巡检人员更加聚焦核心工作，而不用花大量时间在纸质记录本上书写，尤其减少下雨、刮风等恶劣天气带来的不便。数据电子化后有助于生产班组和管理人员跟踪长期趋势，优化生产流程和数据。

(9) 其他第三方业务系统的接入承载

可以承载后续系统的接入，如卡车调度、边坡监测、火情预警、车辆防碰撞、电量监控、油量监控等系统，完全可以做到一个 5G 平台多系统承载。

(10) 云计算和大数据技术的发展需求

随着对生产作业信息的多方位采集，存在海量的数据传输，为了更加高效地进行在线监测数据采集、处理、计算、统计和分析，其大数据计算平台需要有良好的网络保障。

4.3.3 部署方案

基于智能化露天矿的建设目标，为满足矿区生产的综合通信需求，通过为露天矿山打造一张宽带无线通信网络，与有线网络深度融合，实现集群通信、视频监控、数据传输、卡车调度业务承载、生产辅助监测监控等功能，提高生产效率、降低生产成本。5G 专网系统图如图 4-2 所示。

(1) 系统规划基本原则

① 整体规划，全域覆盖

兼顾整个露天矿山办公区、剥采区、排土场、破碎站、储煤场、机修厂、疏干区及其他附属区域整体规划，布置一张网络平台，实现全区域无线覆盖。

② 全面设计，全项承载

兼顾整个露天矿山调度、剥离、开采、运输、排弃、机修、监测等各生产及附属环节全面设计，建立无线宽带接入，具备多种系统接入能力，实现全业务承载。

③ 远近结合，全时布局

系统按照长远需要统一布局，依据各时期业务需要梯次配置，分期实施。如目前可以优先解决疏干排水集控系统通信需求，测试达到技术指标后，可以将其他系统逐渐加入 5G 网络。

(2) 系统性能配置原则

① 系统具有强大兼容、扩展及升级能力。

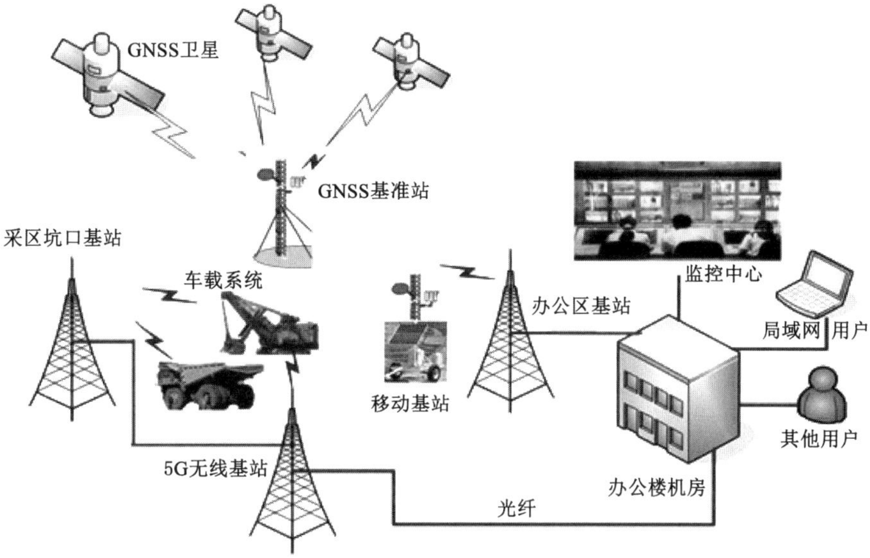

图 4-2　5G 专网系统图

② 采用最新 5G 核心技术，以确保系统技术当前最先进，适应未来无线通信发展趋势。

③ 系统通信方面必须兼具语音、视频、数据三大业务功能。

④ 同时具有全矿各环节、各时期的装备无线接入的能力和容量。

(3) 系统部署

① 露天矿山通信设备不间断供电方案

露天矿山通信设备的供电系统在长期使用中存在很多问题，使用 UPS(不间断电源)作为后备电源的，在现场使用中因温度低 UPS 故障率高，常常因切换不及时导致信号中断，而使用太阳能电池供电的信号塔因需要逆变与变压，导致转换效率低，低温时蓄电池存储容量不足。因此将交流电先进行变压与充电，作为两组直流电输入，同时选用直流自动切换开关实现断电自动切换，降低转换部分的损耗与故障率。

② 5G 专网互补型网络覆盖方案

露天矿山由于地势复杂多变，传统的 4G 基站在进行信号覆盖时，由于信号不能重叠覆盖，不能对露天矿山的各个工作帮进行完整的互补与覆盖，若选用高度较高的信号塔，维护和调整不方便，而且在采场推进的时候信号塔的移设工作量较大。因此对于坑下 5G 专网信号采用双塔互补的覆盖方式，既可以提高信号覆盖的完整度，又可以降低信号塔的高度，主要的实现方法是通过在核心网编程实现，将信号重叠的 5G 信号塔设置带宽的分配，减少因互相干扰造成信号质量差的情况发生，其次选用功率较高的专网车载 CPE(客户前置设备)，提高终端的发射功率，达到比较好的信号效果。

4.4　网络与信息安全规划方案

网络安全是指网络系统的硬件、软件及数据受到保护，不因偶然的或者恶意的原因而遭受破坏、更改、泄露，使系统连续可靠、正常地运行，网络服务不中断。信息安全是指信息系统(包括硬件、软件、数据、人、物理环境及基础设施)受到保护,不因偶然的或者恶意的原因而遭受破坏、更改、泄露,使系统连续可靠、正常地运行,信息服务不中断,最终实现业务连续性。信息安全主要是保证信息的保密性、真实性、完整性、未授权拷贝和所寄生系统的安全性。网络环境下的信息安全体系是保证信息安全的关键,包括计算机安全操作系统、各种安全协议、安全机制(数字签名、消息认证、数据加密等),直至安全系统,如 DLP(数据丢失防护)等,只要信息安全体系的某一环存在安全漏洞就可能威胁全局安全[41]。

对于充分利用信息网络和工业控制系统的智能化露天矿企业来说,如果没有足够的信息网络安全也就没有企业的安全生产。信息技术是一把"双刃剑",它改变了企业的生产方式,优化了企业的管理流程,提高了企业的管理效率,但却将企业置身于互联网之中。互联网是一个"超领土"存在的虚拟空间,存在各种潜在的威胁,可能对企业造成安全事故和经济损失。

智能化露天矿企业为了提升管理效率,开通与集团公司之间的 VPN(虚拟专用网络),承载很多应用服务,包括协同 OA(办公自动化)、生产调度、销售等的数据都要进行通信,如果信息网络受到攻击瘫痪,会对企业的生产经营造成影响,更有甚者可能通过企业本地发起攻击,致使整个集团的信息网络受到严重威胁。因此智能化露天矿企业应开展关键信息基础设施网络安全检查,准确掌握企业关键基础设施的网络安全状况,详细评估企业面临的网络安全威胁,制定对应的防范措施,构建企业信息网络安全的"防火墙",为企业安全生产经营营造一个安全、稳定、健康的网络环境。

4.4.1 网络边界安全防御

网络边界防御是防范外部攻击和内部信息泄露的重要手段。其安全目标主要是:① 保证只有可信的终端和用户才能接入网络;② 保证终端和用户接入网络后只能进行安全策略允许的操作,并且具备操作行为审计能力;③ 防止非法外联和敏感信息泄露。

网络边界防御分为两个部分:网络出口边界防御和网络内部边界防御。

(1) 网络出口边界防御是通过在网络出口部署防火墙设备,减少来自外部公网的攻击行为,有效缓解风险的传播。矿区网络出口位置部署的独立防火墙设备,需要满足高性能、高可靠、高安全的要求,是网络的第一道安全屏障。

(2) 网络内部边界防御是将网络内部划分为多个区域,分为信任区域和非信任区域,分别实施不同的安全策略,包括部署区域间隔离、受限访问、防止来自区域内部的 DoS(拒绝服务)攻击等安全措施。

4.4.2 部署方案

根据智能化露天矿平台的规划方向,网络内部大致分为四个区域:工业控制网、视频专网、企业管理网络、超融合服务器群组。这四个区域采用软硬件结合的网络安全技术,保证各网络区域内的数据、业务安全,并阻止外部公网或网络内部对重要信息的非法访问和网络攻击。建设的系统主要有:网络边界防御、防火墙、内外网隔离、入侵检测系统、上网行为管理系统。

具体部署情况如下:

(1) 在集团专网与企业管理网络之间、外部公网与企业管理网络之间部署出口防火墙、入侵检测系统、上网行为管理系统，保证企业内部网络在与外部网络交互访问时的网络安全，并控制内部网络访问外部网络。

(2) 在工业控制网与企业管理网络之间、视频专网与企业管理网络之间部署互联防火墙，保证工业控制网、视频专网的网络安全。

(3) 在超融合服务器群组与企业管理网络之间、超融合服务器群组与桌面终端之间部署服务器防火墙、Web 防火墙，保证超融合服务器群组的网络安全。

(4) 内外网隔离部署。传统内外网隔离是通过安装隔离卡等设备将企业分为内网和外网，其中内网用作内部的办公自动化，外网用作对外发布信息、获得互联网上的即时消息，以及用电子邮件进行信息交流。为了数据的安全性，内网和外网都通过隔离卡或网闸等方式实现内外网的物理隔离，从一定程度上杜绝了内外网混合使用造成的信息外泄。基于此，为了进一步加强网络安全，按照业务及其数据访问分布增加终端外设端口管理、移动存储介质授权管理、专属 U 盘安全使用管理和内网终端网络管理。

4.5 数据中心规划方案

数据中心是指在一个物理空间内实现信息的集中处理、存储、传输、交换、管理，通常将计算机设备、服务器设备、网络设备、存储设备等为核心机房的关键设备，运行环境的基础设施一体化设计(除装修、综合布线和消防)，包括模块化 UPS 电源及智能配电系统、精密空调系统、服务器机柜系统、动力及环境监控系统、封闭冷通道系统、防雷接地系统、新排风系统、气体消防系统等。

核心机房是信息化建设的关键节点，它能保证企业的正常信息化工作，同时对于信息化水平有着重要意义。核心机房的设计需要充分考虑实用性、经济合理性、先进性、可靠性、可扩展性、节能与环保性。

数据中心提供针对智能化露天矿的多源异构海量数据的一体化管理方案，在统一的时空框架下，全面采集、收集、整理、处理矿山基础数据和生产数据，并按统一的分类标准和数据组织格式，进行集中式或分布式管理，形成可供企业内部共享利用的矿山空间数据仓库，实现生产时空数据的统一管理和应用服务，为整个智能化露天矿提供坚实高效的数据基石[42-43]。

4.5.1 数据定义规范

数据定义规范的作用是使得数据在定义上规范，各个业务线对该规范达成一致，来更好地进行数据的管理，加速数据定位，消除数据的二义性。对企业各单位所应用的数据制定统一的数据编码规则，数据编码须体现矿级、安全或生产系统、设备、数据项，通过数据编码能清晰、准确辨别数据来源。

数据中心按照不同的技术协议，通过各传感终端设备自动采集或者以人工填报等方式采集安全监测系统、生产自控系统、生产管理系统等业务系统中的各类数据到数据服务器，按照数据定义规范对数据表进行规范化的定义。为了数据的安全性，数据中心必须建立本单位独立的数据库服务器。

4.5.2 数据接口规范

数据接口规范的作用是使得各类业务系统数据的采集能根据不同的技术协议，进行统一化的采集、存储及共享。因智能化露天矿生产是多个信息化、数字化、自动化业务系统协同工作和数据流转的过程，所以各业务系统间数据传递、可视化应用及数据共享等都需要通过一定的规范进行约束，从而使其良好的运转。

4.5.3 数据标准规范体系

借鉴国际相关领域信息化标准参考模型和行业现有信息化标准体系及规范，结合企业现有信息化相关标准、规范、惯例，充分体现并突出露天矿山自身特点与实际需求，确定各类业务数据系列标准规范。

4.5.3.1 元数据标准规范

元数据标准规范规定了所有智能化系统相关业务数据元的中文名称、表示符号、定义、数据类型、表示格式、值域和交换约束等方面内容，并给出了与值域相对应的代码集细目。

标准规范满足露天矿山地质测量、设备、生产调度、工程施工、综合管理等方面的数据定义的基本需求，适用于四大业务系统（时空演化系统、设备及工艺系统、生产计划与工程管理系统和综合管理系统）的业务数据库设计、中心数据库设计和数据交换平台的交换内容定义。标准规范可用于四大业务系统的设计、开发、建设等，是系统设计与建设的技术依据。

业务数据元包括数据元标示符、数据元名称、表示符号、定义、数据类型、表示格式、值域、备注，这些属性以数据元为单位逐条描述；还包括数据元版本、注册机构、语境、分类方案、状态、提交机构、批准日期等公共属性，这些属性以数据子类为单位列表描述。

4.5.3.2 地理空间数据标准规范

地理空间数据需要涵盖各业务板块空间位置标定信息，各业务板块与地理位置关联的空间信息，生产运营相关的安全监测、卡车定位、视频监控等各类传感器的位置标定信息，以及位置标定与参考的基础地理空间框架数据、露天矿山 GIS 数据等[44]。地理空间数据的分类体系如表 4-2 所列。

表 4-2 地理空间数据的分类体系

分类信息	具体数据
地理空间框架数据	基础地理数据、露天矿山专题地理信息数据
企业空间位置信息	点状描述，空间坐标；面状描述，企业范围
安全监测数据	位置标定，传感器位置分布
卡车定位数据	位置标定，卡车定位基站位置分布
视频监控数据	位置标定，视频监控点位置分布

露天矿山 GIS 数据采用图层方式，包括地测、采剥、安全、能耗等要素图层，采用统一坐标系统组织管理，如表 4-3 所列。

表 4-3 露天矿山 GIS 数据要素分类

要素大类	要素中类	要素小类
露天矿山	地测	界限； 测量基准； 地质构造； 危险源； ……
	采剥	台阶； 采剥工程及进度； ……
	安全	传感器； 监测设施； 卡车定位； 防尘、防火； ……
	能耗	界限； 设备定位； ……

露天矿山 GIS 数据要素分类代码采用 10 位十进制数字码，分别为按数字顺序排列的大类码、中类码、小类码、子类码，如图 4-3 所示。

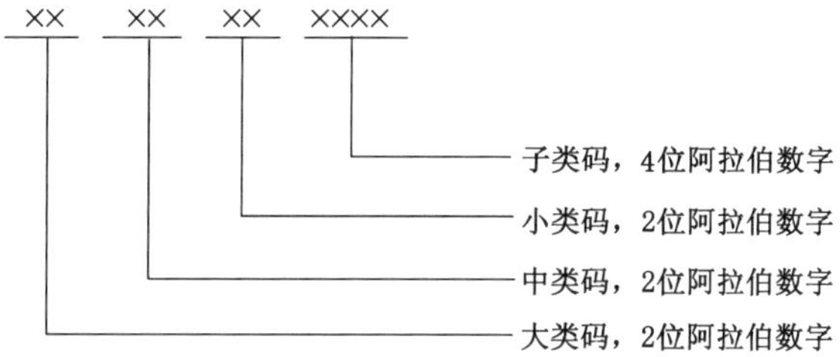

图 4-3 露天矿山 GIS 数据要素分类代码

(1) 左起第一、二位为大类码。

(2) 左起第三、四位为中类码，在大类基础上细分形成的要素类。

(3) 左起第五、六位为小类码，在中类基础上细分形成的要素类。

(4) 左起第七、八、九、十位为子类码，在小类基础上细分形成的要素类。

4.5.3.3 数据采集标准规范

(1) 安全生产类数据采集标准规范

安全生产类数据采集标准规范是露天矿山安全隐患数据、重大危险源数据、各类监测联网数据采集的标准规范[45]，包括：

① 各业务板块安全隐患分类分级及隐患数据采集标准。对各类生产经营单位、安全隐

患进行分类分级，建立企业安全隐患的分类分级标准，并针对各类企业编制安全隐患采集的自查表规格规范。

② 基础信息采集标准与更新规范。根据企业分类分级标准，规范各类各级企业所需采集的信息内容、技术规格和更新规范。

③ 重大危险源分类分级及数据采集标准。根据国家有关法律法规，规范重大危险源分类分级及登记范围、所需采集的设备设施及工艺参数的内容和技术规格要求、采集方式等。

④ 企业联网数据采集标准。根据行业推荐标准，规范露天矿山安全监测、水文监测、产量监测、危险化学品监测等数据的采集内容、方式、技术参数规范等。

(2) 地质测量类数据采集标准规范

地质测量类数据采集标准规范是对地表及作业工程、地质勘探类等数据采集的标准规范，包括：

① 地表模型数据采集标准规范。对无人机航拍手段或传统测量手段获取的地表模型及采动区域模型进行数据采集，规定其数据作业数据管理规范等。

② 地质模型数据采集标准规范。根据地勘行业对钻孔数据及地质模型数据的要求进行规范化的存储及管理。

(3) 生产调度类数据采集标准规范

生产调度类数据采集标准规范是生产计划、生产调度等生产过程中数据采集的标准规范，包括：

① 生产计划数据采集标准规范。根据企业管理要求及业务模式，对生产计划类数据按照一定标准规范形成统一化的管理。

② 生产调度数据采集标准规范。根据企业管理要求及业务模式，以及指定的生产计划和对生产任务的执行情况，通过指定的数据格式对生产调度过程中的指令数据及台账报表等按照一定的模式进行管理。

(4) 设备控制类数据采集标准规范

设备控制类数据采集标准规范是对整个生产环节中各设备自身工况参数及作业环境数据等数据采集的标准规范，包括：

① 设备工况参数采集标准规范。根据各作业环节设备特点，对其工况参数按照一定的标准规范进行采集和管理。

② 设备作业环境数据采集标准规范。根据各作业环节设备作业环境特点及应用的数据传感采集技术特点，对其作业环境数据按照一定的标准规范进行采集和管理。

4.5.3.4 数据交换共享标准规范

数据交换共享是数据中心建设的重要组成部分。为了解决信息系统采用不同数据库产品、不同公共数据交换共享系统所带来的信息交换共享的问题，需要对数据的交换共享进行统一规划、统一标准，将分散建设的信息子系统进行整合，通过计算机网络构建数据交换共享平台，最大限度地提高信息利用率。

通过数据交换共享平台的建设与使用，形成企业统一的数据交换共享体系，大幅度提高四大业务系统中各信息化子系统的标准化程度，使智能化露天矿数据范围内的“信息孤岛”现象将得到有效缓解，打通企业与下属各部门之间的信息化沟通渠道。

4.5.4 数据资源管理

4.5.4.1 元数据管理

元数据是关于数据的描述性数据信息，当人们描述现实世界的现象时，就会产生抽象信息，这些抽象信息便可以看作是元数据。元数据能够有效地描述各种信息、资源，是建立信息资源目录体系、进行资源管理的基础，有助于实现信息资源共享。

元数据通常分为业务元数据、技术元数据、操作元数据和管理元数据。业务元数据主要包括业务规则、定义、术语、术语表、运算法则和系统使用业务语言等，主要使用者是业务用户。技术元数据主要用来定义信息供应链各类组成部分元数据结构，具体包括各个系统表和字段结构、属性、出处、依赖性等，以及存储过程、函数、序列等各种对象。操作元数据主要是指与元数据管理相关的组织、岗位、职责、流程，以及系统日常运行产生的操作数据。管理元数据主要包含了数据的来源、负责人等数据管理信息。

随着智能化露天矿大数据时代的到来，数据的容量、速度和多样性，给元数据管理带来了新的挑战。在构建关系型数据仓库、动态数据仓库和关系型数据中心时进行元数据管理，有助于保证数据被正确使用、重用并满足各种规定。

针对矿区实际生产情况，实现对业务、技术、操作、管理几大类元数据的管理。其中业务元数据包括维度、基础编码、指标、业务术语、业务规则、业务描述等；技术元数据包括外部数据源接口、数据仓库、ETL（数据抽取、转换和加载）、存储过程和建模元数据等；操作元数据包括数据访问方式、访问时间、访问权限、系统执行日志和归档时间等；管理元数据包括数据来源、负责人、功用等。

4.5.4.2 主数据管理

主数据管理作为数据标准化工作的一项重要内容，它是企业信息标准化建设的基础，大大促进了企业信息化水平和数据整合能力。当前，在煤炭行业中，缺乏主数据管理相关的设计方案和优质产品。因此，对智能化露天矿主数据管理系统在主数据概念、组成部分、管理模式和管理平台功能需求上给出相关设计和产品选型，指导主数据管理系统的建设。考虑到智能化露天矿建设的统一集中建立与管理，采用共存模式与集中模式并举的主数据管理方案。

4.5.4.3 业务数据管理

智能化露天矿平台数据库及数据表设计，遵循数据完整性、分布式处理、互操作性，以实现存储效能最优化。数据定位、实际存储格式及存储数据所使用的方法对于露天矿山企业用户是透明的，遵循简单性、可扩展性和先进性等原则进行设计。

智能化露天矿平台数据除元数据、主数据以外，主要包括监测监控数据、管理数据、视频数据、音频数据和空间数据等五大类。

（1）监测监控数据

监测监控数据主要包含生产过程控制类设备及系统产生的数据和监测监控设备及系统产生的数据，如图 4-4 所示。

其中生产过程控制类设备及系统包括钻孔监测系统、爆破监测系统、采掘监测系统、运输监测系统、供电监测系统、带式输送机监测系统、产量监测系统等。

监测监控设备及系统包括卡车定位系统、边坡监测系统、卡车对地比压监测系统、胎压

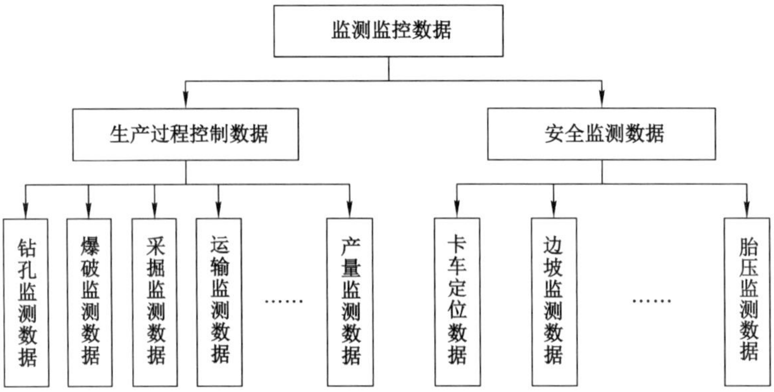

图 4-4　监测监控数据结构图

监测系统等。

监测监控数据由实时监测信息、历史统计信息、实时报警信息、历史报警记录等信息组成,不同系统根据设计不同,其相关类型数据存储于不同表中。

(2) 管理数据

管理数据主要包括露天矿山安全生产相关的管理类信息数据,包含安全管理数据、生产调度管理数据、设计管理数据和企业管理数据。

管理数据包括露天矿山基本信息管理、工程图档管理、钻孔设计管理、爆破设计管理、采掘设计管理、供电设计管理、防排水设计管理、隐患管理、危险源管理、质量标准化管理、"三违"事故管理、重点工程管理、值班带班管理、生产计划指标管理、设备物资管理等管理系统产生的数据。

(3) 视频数据

视频数据主要是露天矿山安全视频监控系统终端设备采集的数据,主要包括各重点关键区域、重要作业区域、矿坑、排土场等监测区域的工业视频。现阶段安全生产中,安全视频监控系统起到了关键作用,在调度指挥中心可以实时查看监测区域的设备作业及生产运行情况,为安全生产保驾护航。近年来,随着 AI 技术的快速发展,出现了 AI 视频行为分析系统,可以在监控过程中对违规违章作业行为进行识别分析,进一步保证安全生产。

(4) 音频数据

露天矿山生产调度通信系统及其他依赖或产生音频数据的安全监控系统,在运行和使用过程中时刻产生大量的音频数据。音频数据和视频数据有较大的区别,音频数据往往都是安全生产人员发起,且非常重要的安全、调度指令等交流信息,数据价值非常高。因此,对音频数据的处理和存储有重要意义。

(5) 地理空间数据

露天矿山地理空间数据是一个动态积累的过程,是一种时间序列数据,从资源勘探阶段、开拓阶段到生产阶段乃至资源开采完毕,空间信息量越来越大,反映空间实体的准确程度越来越高。空间信息要求能够长期保存、随时调用以及进行多专业的综合分析和应用。

露天矿山地理空间数据具备多源异构性、动态控制性和实时性的特点,涉及地测、设计、安全、调度等多个专业部门获取和使用。随着信息化、数字化和智能化矿山建设要求不断提升,地理空间数据的使用范围不断扩展,相关子系统和业务衔接程度不断加深。因此,方案在处理设计时，以地测部门为基础，通过露天矿山数据中心，实现对空间地理数据的存储，并利用统一智能化露天矿平台，协调生产部门、设计部门、安全部门和调度部门，实现业务数据与空间数据的绑定、展示与挖掘处理。

智能化露天矿平台地理空间数据包括矿区矢量数据、遥感影像数据、CAD 数据、三维模型数据、卡车路线数据、标记位置数据和监控位置数据等多源异构的矿区地理空间数据。

4.5.4.4 数据来源管理

项目数据主要来源于多个方面：

① 监测监控设备自动监测数据：煤矿自动化设备运行时产生的监测监控数据，如电铲运行状态数据等。此类数据正常情况下具备固定周期自动生成的特性。

② 管理录入数据：如违规违章数据、值班排班数据、生产计划数据、重点工程进展数据等。此类数据主要因人的活动产生，且需要通过人工录入的方式进入到对应的四大业务系统数据库中。

③ 业务系统生产数据：各业务系统在实际运行过程中会不断产生数据，如日志数据等，以及依据初次生成数据，通过分析、计算产生的中间数据和结果数据等。

④ 其他系统共享数据。

针对不同的数据来源，将采用不同的建设方式。对于业务过程中的数据积累，各业务系统将自动保存这些数据，维护人员需定期做好数据维护、检查、备份等工作。对于其他系统共享的数据，可通过抽取、加工、转换等处理过程将共享数据转换成标准规范格式的数据加入智能化露天矿平台数据库中。

以上数据产生与积累相对简单，对于构建不同专题数据库，并进行数据挖掘分析，提供辅助决策支持所需要的全矿海量元数据和处理后数据，则需要一定的抽取、加工、转换、分析等过程，实现数据的深层次融合利用与共享。

4.5.4.5 数据集成与全生命周期管理

数据集成与全生命周期管理通过专业的数据管理工具，依据数据标准规范，对数据进行抽取、加载、转换等标准流程化工作，融合到数据库和专题库中，为智能化露天矿平台运行管理和智能决策支持提供数据支撑[46]。

在建设过程中，根据数据交换对象的信息基础设施建设程度，可以配置多种数据交换手段，提供多样化的数据交换方式。

(1) 针对已建成成熟数据资源库并具备良好网络接入条件的 ERP 等系统数据交换对象，采用数据交换服务器和相关共享交换软件来实现数据传输和交互。

(2) 针对视频、音频等大量非格式化数据，除了提供共享访问端口直接访问以外，通过文件预处理和特征提取之后，存储少量特征明显的数据信息，并装载到专题库中，用于决策分析使用。智能化露天矿平台提供统一架构的交换共享服务平台，具备标准工控设备数据、非标准子系统数据、音频视频数据、空间数据、ERP 生产管理数据等全矿信息化数据的采集、传输、存储、抽取、加工、转换等功能[47]。

(3) 对于现有的各种应用系统，使用应用集成中间件来完成和各种异构数据库之间的数据交互工作，包括数据的抽取、导入和处理。根据应用系统的需求，可以完成数据库的实时或定时抽取、导入，数据类型、数据内容的各项处理。使用消息中间件来保证各个数据库之间所交互数据的可靠传输，保证数据完整、可靠、高效地传输到目的地，为进一步的数据处理或入库等各项操作提供底层支撑。

(4) 采用应用集成中间件提供的应用集成框架可实现各异构系统的快速集成，兼容各种常用形式的数据源[48]。

4.5.5 信息交换共享系统

信息交换共享系统是实现信息资源的适配、转换和传输，并对交换过程进行配置、监控和管理的信息系统，主要具有数据交换、交换节点管理、交换流程管理、系统管理等功能。信息交换共享系统支撑交换中心和交换节点的运行，交换节点具有信息资源适配、转换和传输等基本功能，交换中心具有交换节点的基本功能，并具有对交换节点和交换流程进行配置、监控和管理的功能。

通过建立信息交换共享服务总线，充分利用本地资源，对数据的采集与转换进行统一规划、统一建模、统一设计、统一实现，充分满足业务需要，为煤炭行业管理和煤矿监管活动的协同、应用集成和流程整合提供基础支持。

4.6 大型专家知识库和数据仓库规划方案

随着智能化露天矿的建设，各种智能化系统不断增多，必然产生露天矿山生产、生产管理等方面的智能决策需求，而且地测、生产、设备、环境等环节数据的采集量将呈几何倍数增加，同时露天矿山产生的数据流、智能需求将会是海量的，必然要求露天矿山数据管理及分析决策技术的提高。因此，采用大型专家知识库和数据仓库支撑智能化露天矿的建设，是智能化露天矿建设的必然选择。

4.6.1 大型专家知识库

专家知识库是专家系统的核心之一，其主要功能是存储和管理专家系统中的知识，主要包括来自书本上的知识和各领域专家在长期的工作实践中所获得的经验知识。专家知识库是专家系统极其重要的组成部分，专家知识库的质量好坏直接影响专家系统的质量好坏。露天矿山企业部门繁多、生产业务繁杂，为实现智能化开采，需建立很多专家决策系统，大型专家知识库是智能化露天矿发展必须建设的项目之一。

大型专家知识库建设主要分为以下几个方面[49]：

(1) 界定核心知识。在时间和资源有限的情况下，大型专家知识库的建设者必须在建设初期就明确要管理的知识内容、类型及其价值，这样才不至于导致核心知识和外围知识都无法很好管理的状况出现。

(2) 控制知识产出。确定知识来源和动力。

(3) 知识内容的组织。将知识进行系统化、合理的分类，并经过知识审核、标准化等工作后才能加入知识库。

(4) 知识的利用。从知识使用者的角度去分析他们的具体需求。

(5) 知识的创新应用。知识的创新应用指从用户的使用出发，根据用户的层级、应用场景去重新组织内容。

基于以上构建大型专家知识库的基本知识，规划建设以下专家知识库：生产设备智能开采专家知识库、生产工艺优选专家知识库、矿山工程决策专家知识库、安全动态诊断专家知识库、复垦方案决策专家知识库等。

4.6.2 数据仓库

数据仓库和数据库面向的应用各不相同，两者是各自独立存在的，但是数据仓库必须与数据库建立关联关系才能发挥作用，所以数据仓库并不只是用于数据的存储，而是对业务数据库中的数据进行归纳和整理并进行重构[50]。数据仓库的体系结构如图 4-5 所示。

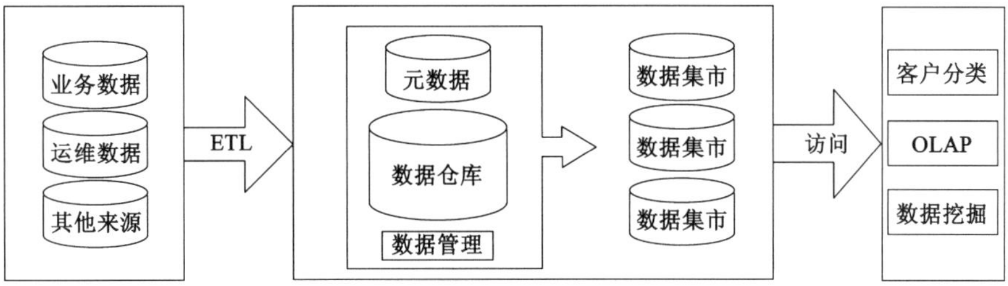

图 4-5 数据仓库的体系结构

数据仓库是企业在进行决策分析过程中为其提供各类数据支持的数据集合，是数据分析的基础，专为决策管理而创建。数据仓库的特点：① 面向主题；② 高度集成；③ 稳定性好；④ 及时性高。

露天矿山数据仓库建立的方式有两种：

(1) 自上而下：从露天矿山的整体来考虑数据仓库的主体和实施。首先建立一个全局的数据仓库结构，然后在此基础上建立部门级和个人级的数据仓库，这样的建设途径有利于各级数据仓库一致性的控制。但是全局的数据仓库的规模往往比较大，实施周期长，见效慢，费用高，难度大。

(2) 自下而上：从最关心的部分开始，首先以最少的投资建立某个部门的数据集市。一个数据集市是一个主题内某一具体业务的数据仓库，通常针对部门级的决策或某个特定业务的需求，面向部门内独立的应用。然后再不断扩充，不断完善数据仓库所包含的主题和范围，最后形成一个能够完全反映企业全貌的企业级数据仓库。数据集市开发周期短、费用低，能在短时间内满足用户的决策需要。

露天矿山企业部门繁多、数据量大，有的部门之间不允许互相访问，开发工具不尽统一，系统之间数据共享性差，要把这些孤立的数据集成起来，不可能一步到位，需要在长远规划的前提下逐步实施。当更多的主题加入数据集市时，应将这些部门级数据仓库加以集成，最终建立企业级数据仓库。规划建设统一的数据仓库平台，存储以下数据仓库：地质数据集市、时空演化数据集市、设备信息库、生产信息库、智能感知数据集市、设备班产量数据集市、设备油耗数据集市、设备电耗数据集市、设备耗材数据集市、安全数据集市等。

下面以设备油耗数据集市为例，介绍数据集市的建设流程。

油料的消耗是露天矿山成本的重要组成部分，特别是在油价不断攀升的当前，了解和分析油料的消耗，对降低油料的消耗，压缩成本，乃至今后设备的选型，都有重要的意义。设备加油量基础数据的录入是每次加油结束后由加油员录入。设备加油记录原始表如表 4-4 所列。对表 4-4 的分析，可以得出设备油耗数据集市的多维模型。

表 4-4 设备加油记录原始表

记录ID	设备编号	设备名称	司机工号	司机姓名	加油量	加油日期	发动机读数1	发动机读数2	里程表读数1	里程表读数2	加油工班次	加油工编号	加油工姓名	加油方式	记录方式	使用方法

(1) 维表的建立

① 时间维表包括时间编号、年、季度、月、日 5 个属性；

② 设备维表包括设备编号、设备类型、设备名称、厂家 4 个属性；

③ 司机维表包括司机编号、姓名、班组、工种 4 个属性；

④ 加油工维表包括加油工编号、姓名、班组 4 个属性。

(2) 事实表的建立

事实表包括时间编号、设备编号、司机工号、加油工编号、加油量、发动机工作时长(发动机读数 2－发动机读数 1)、设备走行里程(里程表读数 2－里程表读数 1)这些属性。将事实表与相应的维表联系起来，就构成了设备班产量多维数据模型。

(3) 设备加油 OLAP(在线分析处理)单元的建立

选加油量、发动机工作时长、设备走行里程分析度量，以时间、设备、司机、加油工为维度，可以形成设备班产量分析 OLAP 单元。

(4) 加油量的分析

对加油量的分析可以完成下列的一些分析需求：

① 每个月(或季、年)的加油量及变化情况；

② 每一设备(或相同设备类型)加油量及变化情况；

③ 司机(或者班组)加油量及变化情况；

④ 加油工(或者班组)加油量及变化情况。

4.7 大数据分析系统规划方案

大数据分析系统是结合目前主流、成熟的大数据技术，根据煤炭行业需求和企业业务整合、研发的一套大数据应用系统。大数据分析系统可以高效处理离线和实时数据，针对智能化露天矿建设及运行过程中产生的大量数据提供分类、预测模型调优接口，提高准确率。

大数据分析系统旨在构建符合矿山行业的“云”“管”“端”一体化大数据信息服务应用，满足监管机构和矿企的两化融合诉求。它聚焦露天矿山安全生产应用场景，具备并行处理海量数据的能力，可以对露天矿山安全生产中人员、设备和环境产生的数据进行统计和分析，还可以对采集到的海量数据进行挖掘和知识发现，进而协助企业经营管理者进行精细化管理和科学决策。在露天矿山信息数据仓库的基础上，接入时空演化、设备及工艺、生产计划与工程管理、综合管理四大业务系统的数据，实现多源数据的采集汇聚和对海量数据进行大数据分析。结合安全管理规范和生产工艺流程，大数据分析系统将分散在不同业务系统中的安全生产信息进行集中汇总，并进行统一处理和分析，为企业提供安全生产经营辅助建议，从而使企业经营管理者能直观地掌控整个矿山安全生产运营情况，对安全问题、隐患进行及时管控和救援，保障矿山安全生产经营[51-53]。

4.7.1 大数据应用基础支撑系统

大数据应用基础支撑系统可以快速构建各类前端业务模型应用，实现业务需求在线可视化快速配置，满足业务灵活扩展和升级，解决因业务变化导致的重复投入、系统升级费用昂贵、过于依赖技术支撑单位等信息化建设中的普遍性问题。所以要求必须在基础的业务设计和架构上进行统一的设计和思考，在大数据应用基础支撑系统上搭建和开发相应的专项分析应用，从而保证数据管理及应用分析的统一性和完整性。

4.7.2 大数据资源分析处理系统

大数据资源分析处理系统是一个集数据采集适配和分发、数据存储管理、数据加工处理、数据交换共享服务、数据实时查询分析和信息发布管理等功能为一体的系统。该系统的各个部分，既相对独立，又彼此关联，分工协作，共同完成数据的传输、处理、存储、共享、分析等功能。智能化露天煤矿大数据资源分析处理系统最重要的设计出发点就是高安全性、高保密性与高可靠性[54]。

5 智能化露天矿时空演化系统

根据智能化露天矿的定义，其建设要求以模型进行精细化的生产管理，而传统的露天矿山模型更新周期长、包含信息少，一般只能做概率性的生产计划，时效性差，达不到智能化建设的需求。露天开采是剥、采、排相互衔接的连续工艺过程，其实质是露天采场三维地理空间信息在时间维度上动态变更的过程，这决定了智能化露天矿生产管理必须具备两个特征——“三维的”和“时间动态的”[55]。以时间维度为主线，将若干三维矿山模型及其演变所形成的模型序列纳入时间维度下管理，形成可供量测和空间分析的动态三维时空数据库，进一步形成可进行可视化操作的时空演化模型[56]，才能更好地满足露天矿山企业各部门生产管理的需要，为精细化生产管理铺垫坚实基础。

智能化露天矿时空演化模型应该是所有地质、测量、安全、生产等相关数据的集合与展现，是真实露天矿山的镜像，是露天矿山的百科全书。露天矿山的所有信息都可以通过时空演化模型进行查询并得到直观的体现，还可以作为可视化分析、智能应用的基础，如进行露天矿山历史生产状况回溯以及模拟开采、检验生产计划方案的优劣、核验工程实施与生产计划的出入、智能管控各生产环节等，以此指挥露天矿山的生产。

5.1 规划目标

智能化露天矿时空演化系统与其他系统之间的逻辑关系如图 5-1 所示，该系统的分期规划目标及建设内容如表 5-1 所列。

(1) 一期规划目标

实现包含露天矿山主要生产信息的简单时空演化模型的构建、更新、修正及应用，用于演化露天矿山的实际生产与计划，可视化展示、应用分析、查询露天矿山主要生产信息，为基于时空演化模型的智能化管控做准备，能够半自动化地指导生产；实现勘探、测量作业的自动化控制，提高勘探、测量的效率和质量，缩短时空演化模型的构建周期。

(2) 二期规划目标

基于时空演化模型实现对生产的智能管控，指导勘探、测量作业的智能化执行：首先基于勘探、测量基础数据，结合其他生产环节产生的实时数据，构建实时的时空演化模型，再以此模型为基础，服务于露天矿山生产的智能管控。

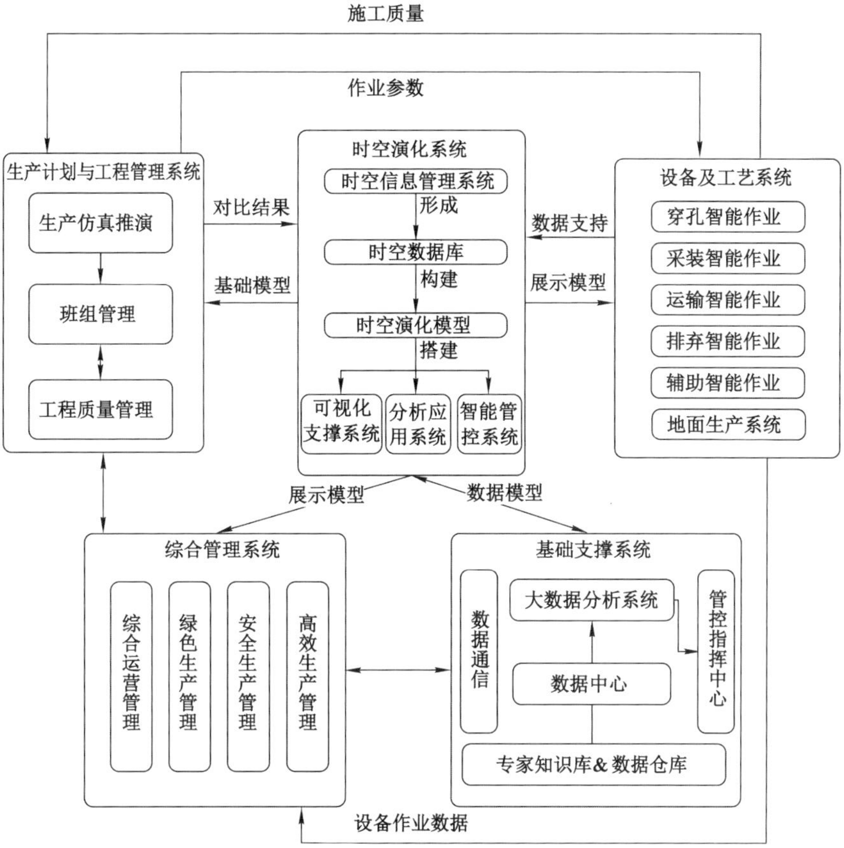

图 5-1　智能化露天矿时空演化系统与其他系统之间的逻辑关系

表 5-1　智能化露天矿时空演化系统规划目标

规划内容	一期目标		二期目标	
	建设内容	要素点	建设内容	要素点
时空信息管理系统	地测信息管理系统	包含时间特征的地测信息管理、可视化管理	无	
	生产技术信息管理系统	专业的管理系统;具有时间特征;集采集、存储、输出、查询与分析等为一体		
	生产设备信息管理系统			
	基础设施信息管理系统			
	资源储量信息管理系统	专业的管理系统;具有时间特征,动态可视化处理;集采集、存储、计算、统计、分析、发布、打印、输出等为一体		

表 5-1(续)

规划内容	一期目标		二期目标	
	建设内容	要素点	建设内容	要素点
可视化支撑系统	矿区地图服务管理系统	协同管理,解决数据的共享性、一致性、完整性和现势性问题	无	
	基于三维 GIS 的矿山可视化系统	三维基础可视化;高精度地质模型可视化;二、三维一体化联动		
时空演化模型动态构建与更新	时空数据库	包含时间特征、自动共享	无	
	时空演化模型构建与更新系统(基础版)	主要生产系统时空演化,模型精度低,人工半自动化构建	时空演化模型构建与更新系统(高级版)	所有生产系统时空演化,模型精度高,全自动化构建
时空演化模型应用	基于时空演化模型的可视化管理系统(基础版)	主要生产系统基于时空演化模型的可视化展示、查询、时空演化	基于时空演化模型的可视化管理系统(高级版)	所有生产系统基于时空演化模型的精细化展示、地面巡检、测量验收、生产计划编制
基于时空演化模型的智能管控	基于时空演化模型的分析应用系统	人工分析,人工推送分析结果	基于时空演化模型的智能管控系统	智能分析并产生生产指令,推送执行
勘探智能化	勘探内业管理系统	勘探技术规范、技术标准管理;资源储量信息管理;勘探设计;地测信息管理模块;地质资料共享;招投标管理	无	
	勘探外业等同管理系统	勘探质量管理;勘探效率管理;勘探成本管理		
测量智能化	测量内业管理系统	测量技术规范、技术标准管理;资源储量信息管理;测量设计;地测信息管理模块;地质资料共享;招投标管理	无	
	测量外业管理系统	测量效率管理;测量精度管理;测量安全管理;测量成本管理		
	无人机航测系统	无人作业、测量效率高、剥离量及动用储量监测、智能执法、辅助边坡监测		
	边坡监测智能预警系统	系统整合,高效率、高精度,智能分析预警		

5.2 规划设计

5.2.1 整体设计

以时空演化模型的构建为中心，搭建智能化露天矿时空演化系统，其架构图如图 5-2 所示。

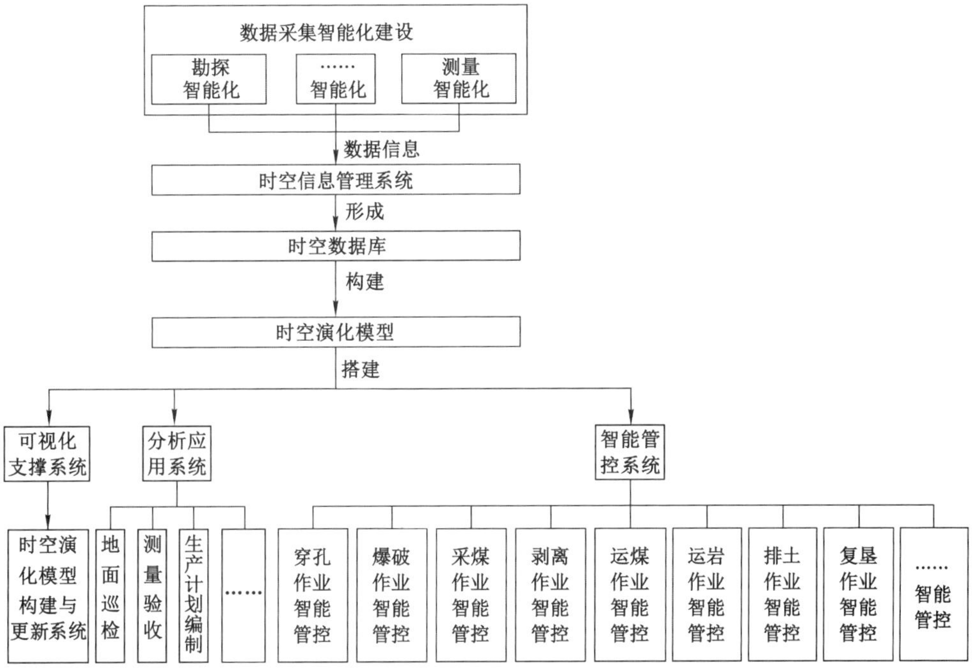

图 5-2 智能化露天矿时空演化系统架构图

首先，进行勘探、测量等数据采集的智能化建设，不断缩短地质、测量、安全、生产等相关数据的采集周期，提高数据采集的质量。其次，完善露天矿山所有数据的存储及应用机制，搭建时空信息管理系统，构建时空数据库，保证时空演化模型的构建与更新所需的数据。最后，在上述工作基础上，第一建设可视化支撑系统，并以此为基础搭建时空演化模型构建与更新系统，保证模型的构建与更新，同时不断研究时空演化模型的构建技术，提高时空演化模型的质量，缩短模型的构建周期；第二建设分析应用系统，不断研究基于时空演化模型的应用功能，从最基础的地面巡检、测量验收、生产计划编制等，到对主要生产环节简单的分析应用；第三建设智能管控系统，最终实现各生产环节的智能管控。

智能化露天矿时空演化系统的建设应随着露天矿山整体的智能化建设不断推进，其建设规划图如图 5-3 所示。

智能化露天矿时空演化系统涉及面广，不仅需要对时空演化模型构建技术、应用技术进行不断研究完善，还需要根据勘探、测量、生产、安全等系统智能化建设带来的生产

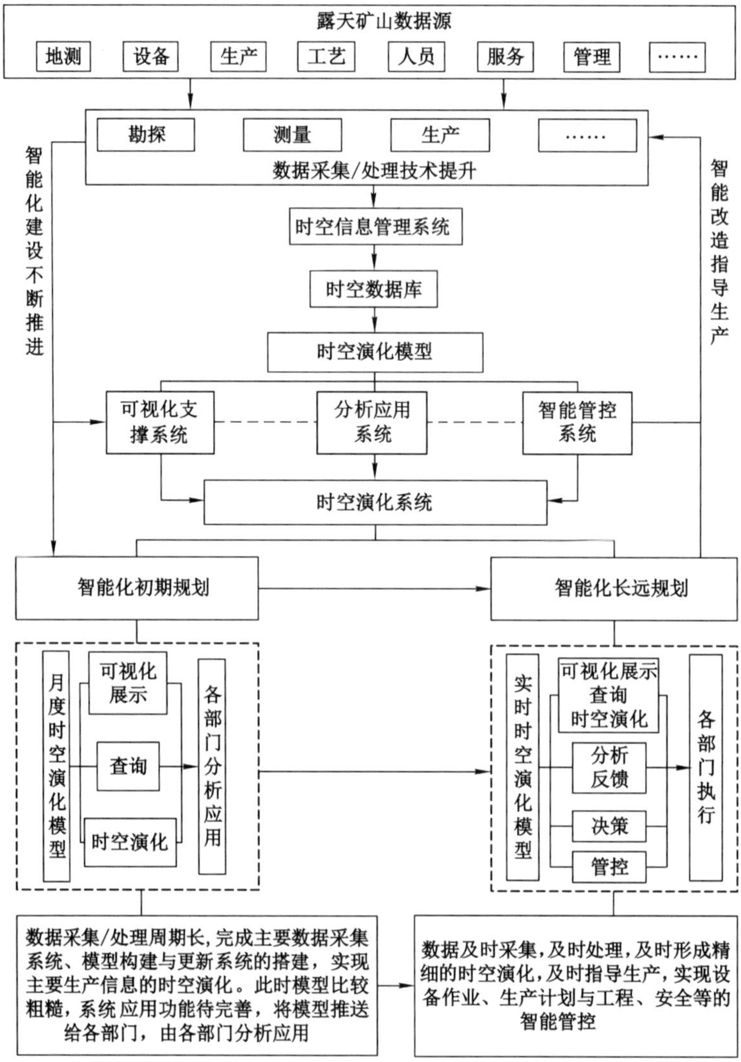

图 5-3 智能化露天矿时空演化系统建设规划图

数据的变化不断调整，最终通过时空演化模型指导生产，产生新的生产数据，形成闭环形式的管理。

5.2.2 信息流设计

根据智能化露天矿建设的需求以及时空演化模型特性，智能化露天矿时空演化系统的构建与设备及工艺系统智能化、生产计划与工程管理智能化以及综合管理智能化息息相关，是实现露天矿山安全、高效、绿色生产智能管控的基础。

根据上述分析，依据智能化露天矿时空演化系统业务逻辑关系，构建其信息流向图(图 5-4)。

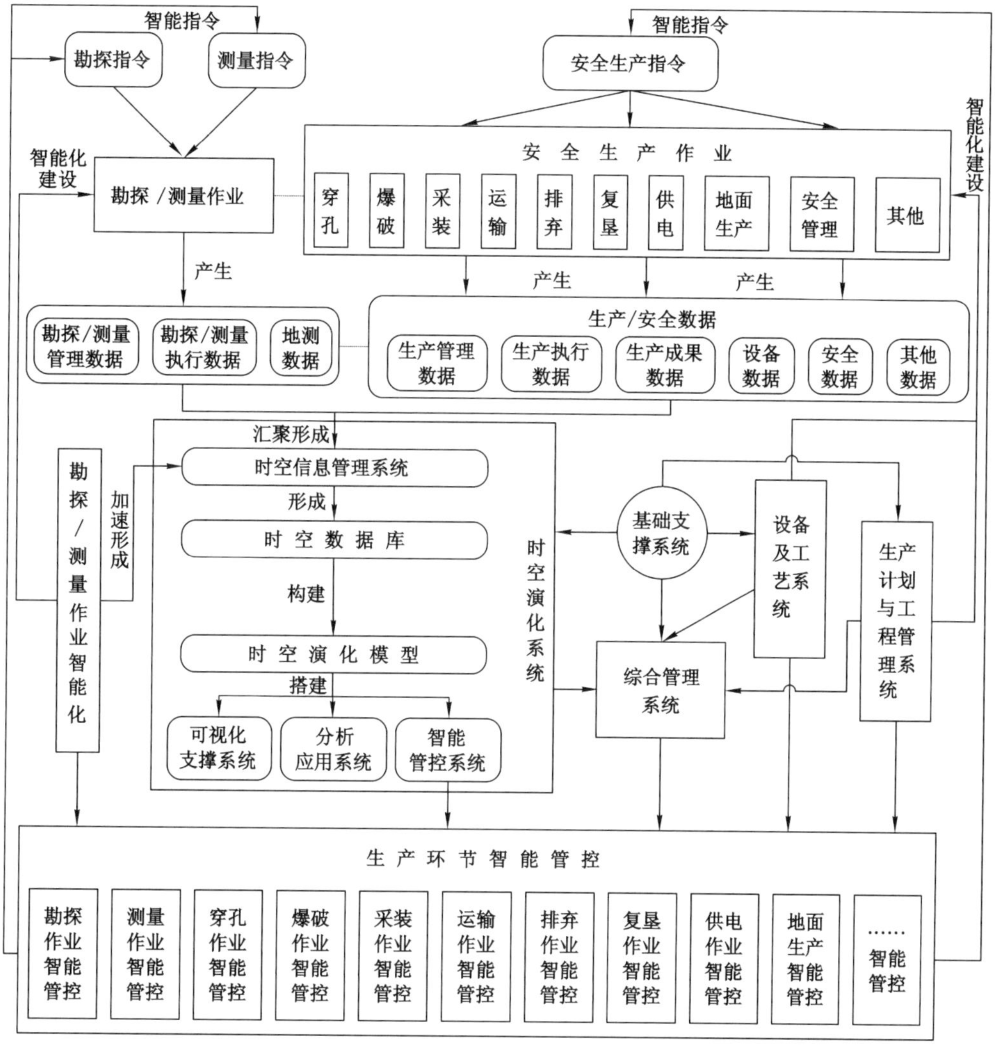

图 5-4 智能化露天矿时空演化系统信息流向图

5.3 时空信息管理系统

5.3.1 地测信息管理系统

地测信息即勘探、测量以及地质写实数据，主要分为钻孔数据、虚拟钻孔数据、地质平面数据、剖面数据、地层等值线数据、断层数据、测量数据等。

地测信息最基本的特征是空间位置特征，其次是时间特征与属性特征[57-58]。

(1) 空间位置特征。任何地测信息都可以理解为直接或间接来自地质空间中的某一定点位置，在计算机中，可直接采用(x,y,z)坐标数据表示，也可通过相对某一已知位置的厚度、长度、宽度、走向、倾角等几何参数计算得出。

(2) 属性特征。与几何位置无关，描述地质过程或地质现象的特征数据，如：地质年代、岩性特征、采样点化学元素含量等。在可视化展示中，属性特征用某种图例符号或者某种颜色来表示；在数据表中，属性特征用文字、数字或特定符号来表示。

(3) 时间特征。地质过程或地质现象都发生在一定的年代，勘探过程和采样化验分析也有相应的时间记载。地测信息是由时间序列数据动态积累起来的，从资源勘探、矿山开拓到生产，信息量越来越大，反映客观现象的准确程度越来越高。时间特征对计算机中实现地质过程的模拟与地质现象的反演非常重要。

基于以上特征，建立地测信息数据库。地测信息管理系统集数据库、制图、建模、空间分析功能为一体，它的出现为地测领域繁杂的数据管理、多源的成果表达形式和空间数据分析提供了快速、方便、准确的方法手段。建立正确有效的矿山地测信息数据库无疑是地测数据分析、研究的重要基础，一个高质量的数据库将使地测信息管理系统的功能得到最大限度发挥，依次分别进行空间数据库的设计、属性数据库的设计及空间数据与属性数据的连接。

5.3.1.1 矿山地测信息管理模块

矿山地测信息管理模块是以矿山地测信息数据库为核心，对各种数据提供组织、录入、显示、存储、分类查询检索、报表输出、维护、图件与文档的数据库上传与下载等功能的信息管理模块。矿山地测数据是矿山资源业务应用的基础，涉及已有资源的保护和进一步利用开发的安全性问题。因此，矿山地测数据管理模式的选择必须充分考虑数据的高效管理及其安全性问题。

矿山地测信息管理模块的主要功能有：

(1) 地质信息管理

地质信息管理主要包括钻孔数据管理、地质素描管理、地质取样和加工化验分析管理、地质报表生成与查询。

(2) 测量信息管理

测量信息管理主要包括测量资料录入与管理(复测成果、初测成果、罗盘仪成果信息管理)、坑内控制测量数据管理、测量报表、测量综合信息查询。

(3) 工程验收管理

工程验收管理主要包括采场验收数据管理、排土场验收数据管理、其他作业量验收数据管理、验收报表(采场验收报表、煤质报表、其他作业量报表、台账等)生成与查询。

(4) 储量计算与管理

储量计算与管理主要包括试料管理、矿块管理、储量报表生成与查询、生产地质探矿管理等。

5.3.1.2 地测信息可视化管理模块

地测信息可视化管理模块是以地质数据库为基础，通过对原始钻孔数据、地质平/剖面图数据、地质界面等值线数据、断层数据以及测量验收数据分析处理，实现可视化管理的模块。该模块采用包络面固化成体技术构建露天矿山地形模型、地质模型，真实表达矿区地形地貌、煤岩层赋存特征[59]。同时利用地质写实数据和生产补勘信息可对集成模型进行动态更新与修改，以地质模型为基础进行储量计算、煤质分析、地质图件制作等，为采矿设计与生产提供相对精确可靠的地质信息资料，预防因陷落柱等地质构造对生产安全的影响，保证露天矿山安全有序的发展。

5.3.2 生产技术信息管理系统

为使时空演化模型能够呈现露天矿山生产各阶段的生产技术信息，规划建设生产技术信息管理系统，为时空演化模型提供生产基础数据。生产技术信息管理系统主要包括生产技术远程管理以及生产技术数字档案管理两个模块。

5.3.2.1 生产技术远程管理模块

生产技术远程管理模块是对露天矿山采场信息、排土场信息、地面生产系统信息、月度生产方案及衔接计划、年度生产衔接计划以及生产技术报表等进行管理的模块，其主要功能设计如下：

(1) 实现剥离、采煤、运输、排土、地面生产、复垦等方案的管理，提供资料的上传、下载、浏览、审批等功能。

(2) 实现工作面信息、地面生产信息的查询、分析。

(3) 实现生产计划方案的管理。

(4) 提供采煤综合报表、生产计划、商品煤产量计划表的上传、下载、浏览、审批等功能。

(5) 实现生产技术各种专题图形、报表的远程管理，提供上传、下载、浏览、审批等功能。

5.3.2.2 生产技术数字档案管理模块

生产技术数字档案管理模块是基于空间数据存储与 Web 服务决策，运用现代信息技术和数字化手段，以结合档案信息资源为处理核心，对矿山生产信息资源进行收集、分类整理、筛选、分析和管理，通过高速宽带通信网络设施，实现档案资源共享的数字信息管理模块。生产技术数字档案管理模块的核心是建立档案数据库(档案馆内容主要包括地质、测量、水文、生产、设计、供电、防排水、排土、复垦环保等管理的图表文字材料、专题图形、测量成果以及多媒体地理信息等)，并在功能上涵盖档案的数字化处理、档案分类体系的建立、档案的整理归类、档案的录入、档案的分类归档、修改以及档案的安全权限管理等档案管理的全过程，提供强大的管理功能，实现档案的自动化管理，全面反映矿山技术资料的现实状态。生产技术数字档案管理模块主要功能设计如下：

(1) 提出数字档案馆整体业务流程。该流程覆盖数字资源生命周期全过程，从数字内容创建、数字对象描述、数字资源组织管理、数字资源长期保存到数字资源服务共 5 个阶段。

(2) 具有海量数据储存技术和数据仓库技术。矿山企业档案历史资料数量大，数据来源广，专业分类多，这决定了数据存储的复杂性，因此需要采用海量数据存储技术和数据仓库技术对复杂多源档案资料进行合理有效的存储、管理与分析，最终体现为索引库、分词库等的建立。

(3) 建立档案文件分块存储机制，使文件的存储更加快速、稳定、安全。使档案文件不能从硬盘中进行复制，避免了文件流失和泄露的情况，同时避免了档案馆对于数据库的性能和存储依赖。

(4) 具有文件批量上传和下载功能。文件批量上传功能主要用于大型报告需要进行多文件上传的情况。生产技术部门需要归档的勘探、建矿、补勘、物探等报告均包括大量的附图、附表文件。通常附图有数百个文件，附表也可分为几十册。批量上传功能允许用户选择一个文件夹内多个文件后，按所选顺序批量上传到数字档案馆，避免用户逐一选择逐一上传，能有效地提高用户的工作效率。文件批量下载功能主要用于大型报告需要进行多文件下载的情况。

(5) 具有全文索引功能。全文索引技术以关键字为检索依据，以档案馆预定分词和档案馆索引内容为基础，对文本或可转化为文本的内容进行查询，并根据资料优先程度进行排序显示。全文检索技术的决定性因素是档案馆索引库的建立、分词词库专业化程度的提升、匹配度和优先级算法的优化。

(6) 建立档案馆索引库，实现文本转换、索引建立、提供检索三个步骤，提高档案检索效率。

(7) 建立分词词库，分词词库是全文检索的基础，其专业化程度将对全文检索的精确度产生较大影响。

(8) 建立档案文件目录管理机制和形成目录规范化管理体系。档案文件目录管理功能使档案管理员可以根据规范的编码格式，对数字档案馆中归档的文件进行准确快速的查找。

(9) 建立文件与文件夹管理机制。传统档案管理仅针对文件进行管理，而在生产技术数字档案管理模块中引入文件夹管理的概念，将文件管理与文件夹管理相结合，在具体实现中将文件对象与文件夹对象进行区分。文件夹对象将不作为实体性对象，而以类似文件目录的方式进行体现，在该目录下可以包含文件对象。生产技术数字档案管理模块同时提供类似 Windows 操作系统的文件夹建立、删除等操作，在一定规范目录的限制之下，形成较灵活的档案目录体系。

5.3.3 生产设备信息管理系统

露天矿山是以不同设备的协同作业完成生产的，对设备的有效管理在实现露天矿山智能化开采中起着举足轻重的作用。建设生产设备信息管理系统，使生产设备模型与其信息相关联，将生产设备模型按露天矿山实际生产状态放置在时空演化模型中，可以通过时空演化模型随时查看需要的设备信息。

生产设备信息管理系统是采用物联网技术、智能物流技术、计算机网络技术、数据库技术等对生产矿山已有或是规划建设系统中的设备资产进行统一的数据采集、存储、输出、查询与分析的系统。

构建露天矿山设备综合数据库，将基础空间和属性数据、利用物联网技术获取的实时性数据、专业业务系统的事务性数据综合集成起来，包括设备台账、设备检修维护信息、设备图纸、设备监测监控等一系列的原始数据，构建矿山设备综合数据中心；研究建立统一的编码标准及信息交换接口标准；依托综合管理系统，一旦出现故障前兆或已出现故障，通过故障诊断算法进行实时分析和定位，综合管理系统自动获取设备名称、所属部门、故障类型、设备地点、故障部件等，自动生成维修电子工单，并向相关人员推送配件领用和维修工单信息。

综上所述，生产设备信息管理系统包括设备台账管理、设备维护管理以及设备在线预警三个模块。

(1) 设备台账管理模块

设备台账管理模块主要实现设备台账管理，设备的调拨、转移、报废、变动管理，统计报表，备品备件管理等一系列管理事务；提供设备台账查询、设备卡片查询，设备管理员可以随时了解各种设备的调拨、转移、报废、变动、事故、维修、检验、技术资料、所处地点、运行状况、设备状态等所有信息；实现设备运行状态的在线检测，特别是大型设备的在线检测和主要设备的在线集中控制等。设备台账管理模块主要功能设计如下：

① 实现设备台账管理，建立各种生产设备履历台账和设备电子档案。

② 实现设备采购合同、设备卡片等资料的管理。

③ 实现设备领用、设备移交、设备维修、设备报废、设备回收等情况的管理。

④ 实现对特殊设备的台账、租赁、使用情况的管理。

(2) 设备维护管理模块

设备维护管理模块主要是对设备报修记录、设备维修记录和维修检验记录管理。设备维护管理模块主要功能设计如下：

① 设备状态管理：事先预定义好各监控设备的工作状态（如正常、关机、故障），该模块定时向各个监控点发送检测信息，根据返回的数据能知道哪些设备正常工作，哪些设备发生故障，并将这些信息以形象的设备运行图形显示出来，比如绿色表示正常、灰色表示关机、红色表示故障等。

② 设备故障报警：自动把设备故障中的关键性错误（设备不能正常运行）提取出来，反馈给用户并确认。

③ 设备巡检：登记设备日常巡检记录，对人工发现的设备故障情况和系统自动故障报警发现的设备故障情况进行故障信息的登记。

④ 故障申报：将故障设备进行申报处理，通过硬件短信猫，将设备故障信息以短信形式发送至维护联系人。

⑤ 维护统计：对设备故障维护情况进行备案登记，并进行出动率、故障保修率、维护响应率、平均无故障时间等的统计。

(3) 设备在线预警模块

设备在线预警模块主要包含以下两个功能：

① 设备在线预警：根据设备评价指标参数，通过与生产设备库连接实现对在用设备的状态及其在用工作面情况的监测，以及设备及其主要配件使用到期的预警。

② 设备检修周期预警：根据生产设备检修周期不同，对不同类型设备检修周期进行监测预警，防止在同一周期内对相同设备进行频繁维修。

5.3.4 基础设施信息管理系统

现代化的露天矿山是一个门类多、范围广、技术复杂的大系统。为了完成繁重的剥离和采矿任务，包括剥离物的运输和排弃，矿石的采装、运输、加工与外运等，必须在采场周边设置大量的生产与加工设备，修建大量的建筑物和结构物，包括各种大型的厂房和库房、铁路和车站、各种工程技术管线和符合现代化生产管理要求的行政性建筑等。这些基础设施的建设，是露天矿山生产不可或缺的一部分。

基础设施信息管理系统是类似于对矿山设备的管理，对露天矿山基础设施进行信息化的管理。同时构建基础设施模型，特别是周期性位置变化的设施模型（如供电系统、破碎站），置于时空演化模型之中，如此构建的时空演化模型体现的才是一个完整的露天矿山生产系统。

5.3.5 资源储量信息管理系统

资源储量信息是指导矿山生产和决策的关键信息，随着露天矿山的开采，资源储量信息是不断变化的，对资源储量信息统一管理并进行快速动态可视化处理，并体现在时空演化模型中，对露天矿山的智能化发展具有重要意义。

资源储量信息管理系统应以露天三维地质模型和采矿模型为基础，满足露天矿山资源储量日常月度、季度、年度数据的采集、存储、计算、统计、分析、发布、打印、输出等管理，其主要功能设计如下：

(1) 实现保有资源储量、期内动用储量、资源储量增减变动及上年末保有资源储量的数据平衡。

(2) 专业的采区采出率管理，简化操作，方便采区采出率检查，与相关图件结合实现采区采出率的检查审核。

(3) 期末“二量”数据入库，实现开拓、回采煤量数据的管理。

(4) 实现资源储量数据的网络化管理，即针对矿山资源储量数据量大，多部门、多人管理的特点，利用现代大型企业数据库管理功能，实现多用户同时管理资源储量数据，提高资源储量管理人员的工作效率。

(5) 实现资源储量的分级管理，即针对矿山企业资源储量数据的多用途特点，设置不同用户享有不同权限，基层单位负责基础数据的处理，上级主管部门实现检查验证、汇总统计、打印输出等数据管理功能，方便资源储量数据的管理与使用，并且保证数据的安全性。

(6) 实现汇总统计报表自动生成，如自动汇总、统计、导出年度煤量汇总表等，提高工作效率，保证数据的准确性。

5.4 可视化支撑系统

可视化支撑系统主要实现时空演化、设备及工艺、生产计划与工程管理、综合管理四大业务系统数据信息的可视化展示与交互，是整个智能化露天矿的数据信息可视化呈现的窗口，主要包括矿区地图服务管理系统和基于三维 GIS 的矿山可视化系统。

5.4.1 矿区地图服务管理系统

矿区地图服务管理系统是时空演化模型分析应用的基础支撑，依据企业一体化管理模式下的网络通信机制与协同作业体系，以矿区地图为依托，管理与空间位置相关的所有数据，通过基础数据管理建立统一的数据存储与集成系统，实现各类业务的一体化管理与动态更新。地图服务发布可以将系统汇交的数据实时、动态发布共享，为矿区时空演化相关应用提供空间位置相关的支撑，从而解决了数据的共享性、一致性、完整性和现势性等问题[60-61]。

矿区地图服务管理系统主要由基础数据管理、协同管理、地图服务发布和系统运行管理四个模块组成。

5.4.1.1 基础数据管理模块

矿区地图是露天矿山生产执行的数据载体，从计划到生产，贯穿着整个生产周期，服务于生产计划与工程，同时也是不同部门之间沟通的基础媒介，且各部门间需要协同工作完成对其的编制和应用,故对其的高效管理显得格外重要。

基于统一的矿区地图服务管理系统,对各露天矿山图形信息以及设施、设备等属性信息进行一体化管理。用户可以在一个视图下查询边坡监测、卡车定位、调度通信、供配电设备、运输设备、防排水设备、监测点等几乎所有与地理图形有关的信息,也可以通过协同管理的方式分专业录入、修改、更新及输出等操作,从而实现协同实时更新数据的目标(图 5-5)。

图 5-5 矿区地图服务管理系统业务集成及应用接口

露天矿山一体化管理是将地质测量、采矿设计、供配电、防排水、安全等多专业、多部门的矿区地图进行统一处理,存储在统一的空间数据库服务器中,建设基于"统一存储、协同工作"模式的矿区地图服务管理系统。通过对多专业、多部门的图件统一管理整合,制定矿区地图编辑、图层分层的标准与规范,整合和建立多专业、多部门协同的空间数据库,支持矿区地图相关数据的集中管理及动态更新,实现矿区地图基础数据的集中统一管理和开发利用。

5.4.1.2 协同管理模块

矿山地理信息涉及多个专业、多部门的共享与协作。矿山地理信息管理与制图是一种群体协作的任务,是一种数据协同,以异步协同为主,存在部分同步协同需求。矿山制图协作的主体是矿山企业各业务部门的制图技术人员,协作的对象是矿山地理数据,通过网络共同完成各图件的绘制与属性数据管理的任务。

矿山生产需要多专业、多部门的配合和协同工作,在该过程中需要进行频繁地共享与操作相关数据,其工作方式包括同时同地、同时异地、异时同地和异时异地等常规的 4 种协同工作形式,但总体而言,主要是以数据共享为主,数据之间关联性虽强,但是实时性要求并不高。

针对矿区地图多专业、多部门制图作业分离的现状,以在线协同工作的管理模式,基于数据集中存储及网络服务模式创新,通过协同管理,完成多终端、多人在线的图件数据录入及编辑,实现安全、稳定的数据提交,满足多专业、多部门的应用需求,从而实现各专业、各部门间图件的即时动态更新,缩短更新周期、提高更新频率,最终实现一体化协同集中管理。

5.4.1.3 地图服务发布模块

地图服务发布模块对各类专题图件进行统一发布,供用户端使用,主要以网络服务的方式解决空间地图的共享与展示的问题,包括网络地图服务和切片地图服务两部分。网络地图服务直接读取需要的空间数据动态生成地图,用户可获取数据的最新状态并展示其应用场景;切片地图服务则是提前将相应的空间数据生成地图切片,请求地图时将切片返回给请求者进行发布展示,同时也将地图切片存入数据层的瓦片数据库,与相应的数据实体相关联。

地图服务发布模块负责完成矿区地图服务的发布工作，作为整个矿区地图服务管理系统的Web应用端，可以提供如下功能：

(1) 基础查询。基础的测距、方位角、面积查询。

(2) 导航应用。区域导航以集团地理空间数据库为基础，对集团各生产矿的空间位置数据分析坐标定位。

① 统一GIS全景导航。基于全矿区地理位置在线位置查询、动态显示，一站式导航以及查询浏览等功能，为业务应用导航提供底层支撑。

② 遥感影像地图导航。利用高精度遥感影像为底图进行各生产矿的空间定位。

③ 行政区域地图导航。利用行政区域为底图实现各企业部门的空间定位。

④ 矿区、采区分布。基于集团公司GIS，可实现集团公司的矿区及采区分布。

⑤ 矿区动态导航。基于GIS实现企业生产矿区及其主要功能区(采掘场、采空区、端帮、内排土场、外排土场、工业广场等)的空间位置及动态导航定位。

(3) 其他应用。

① 综合展示。基于B/S(浏览器/服务器)模式集成地测、采矿设计、能耗管理、水资源管理、土地资源管理、资源储量、工艺系统可靠性、安全管理等专业数据，实现各类信息的综合展示。

② 在线协同编辑。利用在线协同编辑，多部门协同办公，实现各专业数据的同步更新和共享。

③ 同步更新服务。采用Web在线等方式通过计算机、移动设备等终端实现数据的维护更新。

(4) 信息查询。利用露天矿山导航定位功能动态查询显示矿区的重要基础信息，主要有企业基本情况、生产综合信息、安全运行状况、经营综合信息。

5.4.1.4 系统运行管理模块

(1) 系统监控。主要对系统运行状态、服务器状态、登录情况以及用户操作日志进行监控，主要包括数据状态监控、网络状态监控、服务器监控、在线人员监控。

(2) 日志管理。显示用户登录历史信息，默认显示当天登录信息，输入查询条件，查询历史记录信息。显示用户操作日志信息，默认显示当天操作日志信息，输入查询条件，查询历史记录信息。

(3) 系统管理。主要负责组织机构、权限设定、功能模块的维护，以及工作流程的定制，主要包括用户管理、角色管理、组织机构管理、组织机构类型管理、菜单组织机构管理、功能注册管理、工作流程管理等。

5.4.2 基于三维GIS的矿山可视化系统

基于三维GIS的矿山可视化系统以统一的地理空间数据库为基础而设计，可以实现数据处理、数据更新、三维基础可视化展现、高精度地质模型可视化展现及二、三维一体化联动等，是整个智能化露天矿数据信息的三维可视化窗口。

5.4.2.1 三维基础可视化

三维基础可视化主要是指对整个露天矿山工业广场、采场、排土场等区域场景模型，以及钻机、电铲、卡车、胶带、破碎站、平路机、洒水车等设备模型等基于地理空间统一坐标系进行基础场景的可视化显示，并且提供各模型属性数据的关联展示[62-63]，其主要功能如下：

（1）数据管理：利用三维空间数据的分布式存储引擎能够高效地对图形图像数据进行存储、管理和查询操作。

（2）三维模型数据库：通过空间数据引擎存储和管理的所有三维模型，提高常用设备模型的使用效率，可以进行重复利用，同时也减轻了基于三维 GIS 的矿山可视化系统的内存开销。用户可以方便地对三维模型进行交互式操作，搭建三维虚拟场景。

（3）三维组件：在三维基础可视化的设计中，充分考虑了三维组件技术的应用，采用多层次开发规则，一方面提高二次开发效率，另一方面可以开放标准组件通用接口，提供网络支持。

（4）多纹理光影渲染烘焙和动态光影：支持烟火粒子系统按分支空间复杂数学模型扩散计算；三维模型支持超大密度的厂矿设备群。

（5）模型导入导出：实现露天矿山地表地形、采掘场、采空区、排土场、工业广场、设备、人员等 3DMax 模型和三维地测模型的导入和导出。

（6）场景设置：实现各种三维场景属性的设置，包括图层设置、背景颜色设置、显示方式设置、地理网格设置、天空盒设置等。

（7）场景匹配：通过交互编辑，平移、旋转等，将矿坑主要工作区、工业广场、自动生成的地质模型、地层轮廓等无缝匹配到一起。

（8）图层控制：对场景中的各类型数据以图层形式进行组织分层管理，包括图层可见性、图层颜色材质、图层是否碰撞监测、图层渲染序号等。

（9）视图控制：实现三维场景中的视图控制，包括视图平移、视图旋转、视图缩放等。

（10）对象编辑：实现对三维实体的鼠标选择、框选择、移动、旋转、缩放、模型拉伸等。

（11）三维漫游：实现自动漫游和手动漫游两种漫游浏览方式。

（12）视频和图片输出：用户通过“AVI 输出”功能，生成并输出高分辨率的 AVI 视频；用户通过“高分辨率出图”功能，生成并输出高分辨率的图片。

（13）坐标、距离、方位和面积测量：通过点击当前场景中的某点，得到相应的坐标值；选定任意两点，显示其水平投影距离和垂直投影距离；圈定任意区域，自动计算出区域面积。

（14）属性信息查询：查询三维实体自身参数信息及关联的图片、视频等附件信息。

5.4.2.2 高精度地质模型可视化

在三维可视化的基础上实现高精度地质模型的可视化，主要功能如下：

（1）地层自动建模：利用复杂地质条件下三维地质模型建模技术，通过点（如钻孔、探煤点、导线点等）数据和边界（如断层、矿区边界等）数据，能快速生成各个煤层和其他地层的三维模型。

（2）钻孔自动建模：将地质钻孔、水文观测孔、排水孔、水文地质钻孔等数据自动生成三维模型。

（3）构造建模：将断层、裂隙、向斜轴、背斜轴、逆转轴、岩浆侵入等数据自动生成三维模型。

（4）采掘场、采空区、排土场建模：基于现有采掘工程平面图、煤层顶底板等高线图、采区开采终了平面图等实现采掘场、采空区、排土场的自动建模。

5.4.2.3 二、三维一体化联动

整合二维 GIS 系统数据，对煤层、断层、采场各水平、排土场、采空区和积水区的位置进行有效控制，实时修改、添加、删除数据，如修改地质模型、修改采场平盘模型、修改运输道路拓扑关系等，实现编辑数据的自动更新。

通过矿山三维漫游查看和三维地质模型剖切等功能实现生产辅助管理。

(1) 矿山三维漫游查看

从宏观和微观两个角度，分层次实时展现生产与安全综合动态工况，实现工业广场主要建筑物、道路、绿地、树木等的漫游，实现采场、排土场各工作平盘动态信息管理，以及实现采掘设备、运输设备的动画显实。

(2) 三维地质模型剖切

提供在三维环境下任意剖切的功能，用户可以使用鼠标直接在屏幕上对地质体进行剖切，了解地质体的内部特征。

5.5 时空演化模型动态构建与更新

时空演化模型是以地质、测量、疏干排水、穿爆、采装、运输、排土、地面生产、复垦、破碎、供电等信息形成的时空信息管理系统为基础，依次通过构建时空数据库→时空数据单元→时空演化模型形成的，并以此搭建时空演化模型构建与更新系统。随着智能化露天矿建设以及软件技术的发展，勘探、测量、穿爆、采装、运输、排土等环节采集的数据不断增多，数据采集/处理的周期不断缩短，需不断完善时空演化模型构建与更新系统。

5.5.1 时空数据库

为建立时空演化模型，实现露天矿山开采过程的回放与预演，指导露天矿山的生产，必须进行相应的时空数据库构建。基于时空信息管理系统，设计时空数据库，满足构建时空演化模型的需要。

5.5.1.1 时空数据结构的选择

时空数据库属于时态 GIS 的研究范围，时态 GIS 的组织核心是时空数据库，时空数据模型则是时空数据库的基础。由于空间、属性、时间三者之间的关系和结构组织非常复杂，还没有出现理想的通用时空数据库和时态 GIS 系统。目前研究比较有影响的时空数据模型有：连续快照模型、基态修正模型、时空复合模型、时空立方体模型，以及面向对象的时空数据模型[64]。其中以连续快照模型和基态修正模型在露天矿山时空数据库构建中最为常用，其他模型在露天矿山动态三维数据库构建方面的适用性比较差。

连续快照模型就是保存一系列连续的静态模型，以反映整个空间特征的状态。该模型对未发生变化的空间数据会重复进行存储，所以会产生大量的冗余数据。当模型变化频繁，且数据量较大时，系统效率急剧下降，并且该模型很难进行不同时态的变化分析，主要用于显示和静态分析。

为了避免产生大量的冗余数据，基态修正模型只存储某个时间点的数据状态作为基态和相对于基态的变化量，只有在模型产生变化时才将变化的数据存入系统中。基态修正模型对每个对象只存储一次，每变化一次，仅有很少量的数据需要记录。基态修正模型也被称为更新模型，分为矢量更新模型和栅格更新模型，缺点是较难处理给定时刻时空对象间的空间关系，且对很远的过去状态进行检索时，几乎对整个历史状况进行阅读操作，效率很低。而多基态的基态修正模型的基本思想是改进基态修正模型在变化次数较多时效率较低的问题，根据实际需要建立多个基态，将原来的变化过程分解成等时间段的多个过程，每个过程之间的变化次数的减少使得模型检索更加迅速，模型的使用效率随之提高。基态修正模型和多基态的基态修正模型如图 5-6 所示。

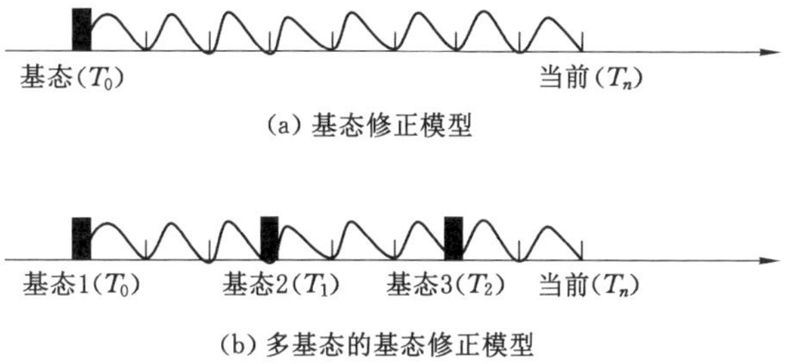

图 5-6 基态修正模型和多基态的基态修正模型

在露天矿山的实际开采作业中，对采场、排土场一般每月进行一次验收测量，在勘探技术、测量技术智能化改造后，验收和勘探的周期将逐渐缩短，最终实现实时验收，时空数据库实时变化，导致验收及测量范围的时空数据模型实时变化；在露天矿山生产计划设计时，一般是以露天矿山的现状为基础，按一定的时间间隔，进行采场和排土场的局部变化。因此采用基态修正模型建立时空数据库是非常合适的。但从长期计划（如三年算一个长期规划）来看，这些局部变化叠加起来对应的数据量也将大大降低数据库的检索和查询效率，所以必须使用多基态的基态修正模型建立时空数据库。

5.5.1.2 时空数据库的构建

露天矿山生产分为长期计划、中期计划及短期计划，则根据基态修正模型的思想，时空数据库建立的基本单位将会随进度计划分为年、季度、月、周、日、班、实时。时空数据库架构如图 5-7 所示。

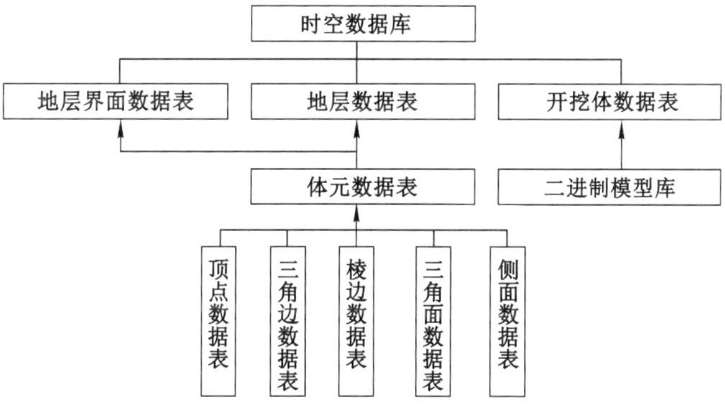

图 5-7 时空数据库架构

时空数据库中应有 6 个基本的数据表与时空数据模型对应，即顶点数据表、三角边数据表、棱边数据表、三角面数据表、侧面数据表以及开挖体数据表，这些表中都有唯一整形字段的ID号，根据ID号来对数据进行存取、检索，这样可以提高时空数据模型对数据操作的速度。露天矿山生产状态等时空信息管理系统的数据都是时空演化模型所要展示的目标，在时空数据库中这些信息数据通过查询后用显示表来管理，显示表中的记录都对应着体元索引表，通过使用数据库语句来调用对应的数据。

5.5.2 时空演化模型

时空演化模型是指利用有限的建模数据，以三维模型为理论基础，使用与该模型相关的数学方法建立的能最大限度模拟露天矿床和采场特征的计算机模型，使之可以成为进行三维空间分析和操作的实例模型，确实做到为露天矿山开采应用服务。

5.5.2.1 时空数据单元的构建

露天矿山的时空演化模型涉及的数据种类多，包括地质、测量、水文、采矿设计、疏干、排水、供电、设备、基础设施等信息，每种数据都需包含空间、时间、属性信息。以时空数据库为基础，总结了通用的时空数据单元构建流程，如图5-8所示。

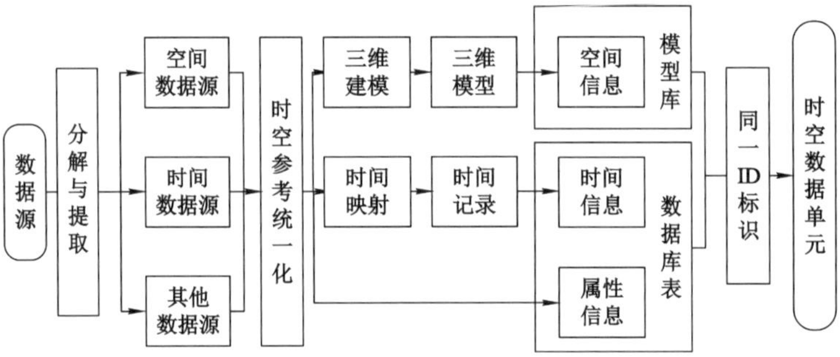

图5-8 时空数据单元构建流程

(1) 分解与提取。将各种数据源根据数据内容分解为坐标、几何形状、图像、纹理等与空间有关的数据信息，时间、过程描述、周期等与时间有关数据信息，以及其他数据信息，并从各类数据信息中提取空间、时间和其他信息的源数据。

(2) 时空参考统一化。将各种不同数据源的时空信息通过空间坐标系统、时间坐标系统、时间语义、属性语义的统一化，转换为一致的适合应用需求的参考系统下的数据。

(3) 三维建模。在统一的空间参考系统下，根据空间信息的内容建立地物对象的三维几何模型。

(4) 同时进行时间映射。对于时间信息的建模，需要将数据源中的时间描述，映射为数据库中具体的统一格式的时间记录值，并建立各自的时间映射关系表，以便能从数据库的具体时间数值中反算到真实的时间描述。

(5) 构建时空数据单元。将映射后的数据库空间、时间、属性的语义与格式进行统一化录入数据库表，用唯一的ID标识，并根据已知的时间关联关系，用UserID将同一时空过程的数据记录关联；在三维几何模型的顶层添加以数据库表中对应ID命名的组节点，建立空间数据与时间、属性数据的关系映射；同一ID的数据库表记录和三维模型文件共同构成一个数据库层面的三维时空数据模型。在程序的数据内存中，以ID命名的几何节点的几何内容是以该ID命名的三维几何模型，节点的用户信息则载有该ID的数据库表记录，其中包含时间和属性及 UserID,此节点即是一个在程序数据层面实现的三维时空数据单元。

5.5.2.2 时空演化模型的构建

时空数据单元是时空演化模型的基本单元,即露天矿山某一环节在某一阶段的生产状态。随着露天矿山的开采,按照时空数据单元的构建方式,首先构建地测时空模型单元、生产技术时空模型单元、设备时空模型单元、基础设施时空模型单元等,然后基于基态时空数据模型,根据地质补勘和写实数据、测量验收数据、生产设备模型更新数据、基础设施模型更新数据及露天矿山生产数据进行时空演化模型的修正及更新,最后形成某一时段定型的时空演化模型。时空演化模型构建流程如图 5-9 所示。

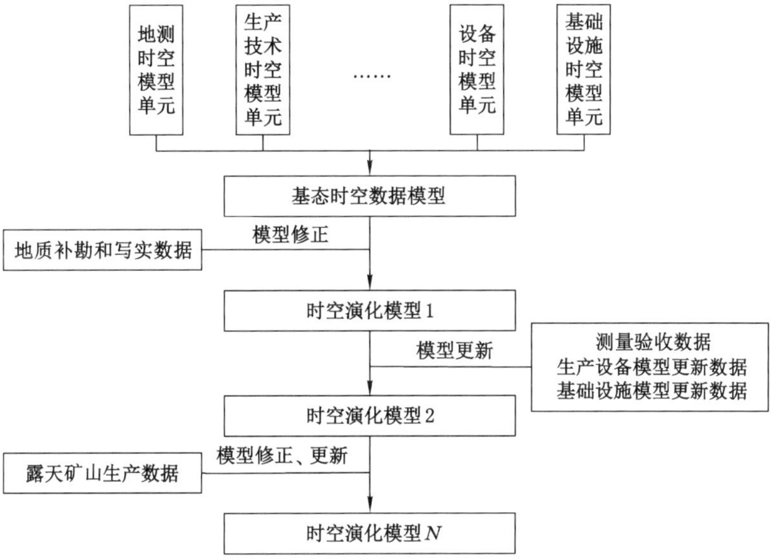

图 5-9 时空演化模型构建流程

5.5.3 时空演化模型构建与更新系统

通过对时空数据库与时空演化模型构建流程的分析,基于时空数据库和可视化支撑系统,采用时空演化模型的构建方法,规划搭建时空演化模型构建与更新系统(基础版),实现时空演化模型构建与更新。

随着时空演化模型构建技术研究的深入以及智能化矿山建设的要求,逐步形成功能完善的时空演化模型构建与更新系统(高级版),逐步实现时空演化模型从人工构建、半自动化构建到全自动化构建,从低精度到高精度,从主要生产系统时空演化到所有生产系统时空演化,并逐步缩短时空演化模型的构建周期,同时将时空演化模型推送至相关部门进行应用,提高时空演化模型承载的露天矿山信息的利用价值和利用率。

5.6 时空演化模型应用

时空演化模型的构建是智能化露天矿建设的基础,时空演化模型构建与更新系统(基础版)必须在智能化矿山建设初期构建。根据时空演化模型的特点,可视化展示、查询、时空演化等功能是时空演化模型的基本功能，在基本功能的基础上实现地面巡检、测量验收、生产计划编制等基础应用，以此形成面向业务的时空演化模型应用。

5.6.1 时空演化模型的应用方法

（1）静态应用

根据所构建的露天矿山三维模型，可以得到任一规定时刻的露天矿山静态模型以及各时刻的开挖体模型。通过露天矿山静态模型，可以了解露天矿山该时刻的生产状态，如正在进行采煤作业的平台、出露煤岩的性质、生产设备的位置及状态、生产设施位置及职能等信息。

三维分析主要是地质上常用的垂直剖面图和篱笆图的切割剖分。在完成了体元模型对露天矿床的剖分之后，对露天矿山的储量估算相对于传统的水平断面法、垂直断面法、断面视距法、平均高差法、积分法（或格网法）等计算将变得简单和清晰，实现了将不规则的三维体计算分解为一系列相对规则体元的体积计算，得到露天矿山中任何一个由体元集合构成的实体要素的体积，以此解决了以往三维模型中依靠顶底三角网进行复杂体积计算问题。另外，因每个体元模型都有属性特征，根据属性特征可进行岩层每层体积的计算，对开挖体按体元属性进行统计可实现采剥量的分类计算[65]。

（2）动态应用

构建时空演化模型，可以实现露天矿山的开采回放和开采计划的超前预演。露天矿山的开采回放就是从一个规定时刻的露天矿山三维模型开始，通过对时间轴的控制，按月度、季度或年度推进，依次展现露天矿山各时期的生产状态，完成正向演变；也可以是从一个规定时刻的露天矿山三维模型开始，通过对时间轴的控制往前逐阶段（月度、季度、年度）增加各阶段开挖体的显示完成反向回溯。通过对露天矿山的开采回放，结合露天矿山的当前形态和生产计划方案，可以反向修正露天矿山三维模型，汲取历史开采经验，调整开采计划方案。

露天矿山的开采预演实质是对当前露天矿山三维模型的计划性切割。一方面，根据露天矿山生产的短期计划、中长期计划或生产时间和空间的关键节点，构建虚拟的切割面对当前露天矿山三维模型进行切割，构建出计划时间（空间）节点的露天矿山三维模型，进行三维分析和煤岩量估算，对可能存在的采场地质安全隐患预先做出判断，完善开采计划；另一方面，构建多种开采方案的切割面对当前露天矿山三维模型进行切割，构建出根据各种开采方案开采后的露天矿山三维模型，进行分析对比，选择最优方案。

5.6.2 基于时空演化模型的可视化管理系统

时空演化模型包含地质、测量、疏干排水、生产、设计、供电、设备、复垦、人员等所有露天矿山信息，则应能够三维展示这些信息。可视化功能是时空演化模型的基本功能，主要包括矿区漫游、地测信息可视化、生产系统可视化、其他系统可视化及时空演化等功能。

5.6.2.1 *矿区漫游*

漫游露天矿区，可以展示矿区地表人员、地物、地貌信息，示例见表 5-2。

表 5-2 矿区漫游信息可视化示例

人员	姓名	张三
	年龄	
	联系电话	
	家庭住址	
	健康状况	
	职位	
	工号	
	当月绩效	
	……	
	转至具体信息	
设备	设备类型	电铲
	设备能力	
	当前司机	
	当前司机熟练度	
	上次检修时间	
	计划检修时间	
	……	
	转至具体信息	
建筑物	名称	破碎站
	职能	
	工作人数	
	当前人数	
	……	
	转至具体信息	
地貌	1# 电铲采掘区	转至具体信息
	内排土场+950 m 台阶	转至具体信息
	……	

5.6.2.2 地测信息可视化

地测信息是构建时空演化模型基态的基础，随着露天矿山生产，不断更新地测信息则是时空演化的基础。主要功能包括：

(1) 任意切换煤岩空间，切换至时空演化模型某一位置，点击某一点，可以展示该位置所包含的所有地测信息，示例见表 5-3。

表 5-3　某一点地测信息可视化示例

表土层	土质	黏土
	黏性	
	松散系数	
	密度	
	作业性质	
	……	
岩石层	岩性	砂岩
	硬度	
	松散系数	
	密度	
	作业性质	
	……	
煤层	煤种	$1^{\#}$煤
	发热量	
	灰分	
	硫分	
	松散系数	
	密度	
	……	

(2) 任意划定时空演化模型某一范围，可以展示该范围所包含的所有地测信息，示例见表 5-4。

表 5-4　某一范围地测信息可视化示例

土	体积	
	质量	
	平均密度	
	平均松散系数	
	自营体积	
	外包体积	
	……	
岩石	体积	
	质量	
	平均密度	
	平均松散系数	
	自营体积	
	外包体积	
	……	

表 5-4(续)

1# 煤	体积	
	质量	
	平均密度	
	平均松散系数	
	自营体积	
	外包体积	
	平均发热量	
	平均硫分	
	……	

(3) 在时空演化模型中任意绘制一条剖面线,自动形成该位置的地质剖面图,展示地层关系。

(4) 时空演化模型还可以展示构造(断层、褶皱、陷落柱等)、水文地质等信息。

5.6.2.3 生产系统可视化

时空演化模型可以展示穿孔、爆破、采装、运煤、运岩、排土、复垦、破碎等生产系统的所有信息,主要功能包括:

(1) 三维展示穿孔区,推送该区域所有信息,示例见表 5-5。

表 5-5 穿孔区信息可视化示例

穿孔区	穿孔设备编号	钻机 001
	设备类型	电钻
	当班钻孔人员	
	当班检查人员	
	台阶编号	岩石台阶 001
	钻孔深度	
	钻孔类型	
	当班计划工作量	
	当班已完成工作量	
	当班计划完成时间	
	……	

(2) 三维展示爆破区,推送该区域所有信息,示例见表 5-6。

表 5-6 爆破区信息可视化示例

爆破准备区	装药设备编号	装药车 001
	作业人员	
	检查人员	
	台阶编号	采煤台阶 001
	计划爆破量	
	计划工作量	
	已完成工作量	
	计划完成时间	
	计划装药量	
	实际装药量	
	……	
已爆破区	台阶编号	剥离台阶 001
	计划爆破量	
	实际爆破量	
	爆破方式	
	爆破质量	
	……	

(3) 三维展示采装区,推送该区域所有信息,示例见表 5-7。

表 5-7 采装区信息可视化示例

采装区	电铲编号	电铲 001
	当班电铲司机	
	当班电铲能力	
	当班司机绩效	
	台阶编号	采煤台阶 001
	台阶类型	采煤台阶
	计划工作量	
	已完成工作量	
	计划完成时间	
	电铲能耗	
	煤质岩性	
	夹矸厚度	
	……	

(4) 三维展示运输区,推送该区域所有信息,示例见表 5-8。

表 5-8 运输区信息可视化示例

运岩区	卡车编号	卡车 001
	当班卡车司机	
	当班卡车能力	
	当班司机绩效	
	装车台阶	剥离台阶 001
	排土台阶	排土台阶 001
	规划运距	1.6 km
	实际运距	2.1 km
	实际装车量	
	规划装车量	
	卡车能耗	
	运输路线	
	……	
运煤区	卡车编号	卡车 002
	当班卡车司机	
	当班卡车能力	
	当班司机绩效	
	装车台阶	采煤台阶 001
	目标台阶	破碎站
	规划运距	1.6 km
	实际运距	2.1 km
	实际装车量	
	规划装车量	
	卡车能耗	
	运输路线	
	……	

(5) 三维展示排土区，推送该区域所有信息，示例见表 5-9。

表 5-9 排土区信息可视化示例

排土区	排土台阶编号	排土台阶 001
	排土设备	推土机 001
	当班司机	
	当前排土容量	
	已完成工作量	
	计划完成时间	
	推土机能耗	
	……	

(6) 三维展示复垦区，推送该区域所有信息，示例见表 5-10。

表 5-10 复垦区信息可视化示例

复垦区	复垦区域	+1 230 m 台阶西部
	区域面积	
	复垦类型	
	复垦工程量	
	已完成工程量	
	计划完成时间	
	……	

(7) 三维展示破碎区，推送该区域所有信息，示例见表 5-11。

表 5-11 破碎区信息可视化示例

破碎区	破碎设备编号	破碎设备 001
	当班人员	
	当班计划破碎量	
	已完成破碎量	
	计划完成时间	
	……	

5.6.2.4 其他系统可视化

时空演化模型可以展示疏干排水、供电、边坡监测等其他系统的所有信息，主要功能包括：

(1) 三维展示疏干排水区，推送该区域所有信息，示例见表 5-12。

表 5-12 疏干排水区信息可视化示例

疏干排水区	排水设备编号	排水泵 001
	当班作业人员	
	计划工作量	
	已完成工作量	
	计划完成时间	
	……	

(2) 三维展示供电系统，推送该系统所有信息，示例见表 5-13。

表 5-13　供电系统信息可视化示例

供电系统	中央变电站	1#变电站
	电缆	
	移动变电站	
	供电电压	
	供电电流	
	供电线路	
	……	

(3) 三维展示边坡监测区，推送该区域所有信息，示例见表 5-14。

表 5-14　边坡监测区信息可视化示例

边坡监测区	边坡监测设备	设备 1
	监测区域	区域 1
	设备布置台阶	
	计划监测时间	
	可能出现的滑坡类型	
	滑坡预报	
	……	

5.6.2.5　时空演化

时空演化模型应能够反映露天矿山整个生命周期的演化过程，露天矿山的生命周期主要分为三个阶段，即建矿前设计阶段、生产阶段和闭坑阶段。

(1) 建矿前设计阶段

① 露天矿山开挖前的三维地质模型，支持各种形式的剖切、展示，并包含地形、地层关系、煤质、岩性、地质构造、煤层储量等信息。

② 露天矿山预可行性研究、可行性研究、初步设计中各关键生产阶段、年度生产计划的三维模型，包含设计生产能力、剥采比、剥离量等生产技术参数信息，生产设备状态、生产工艺系统状态、基础设施布局、人员、机构、管理、服务等综合信息，支持查询与展示。

(2) 生产阶段

① 露天矿山从开挖总出入沟到投产、达产以及生产至今的各年度的三维模型，包含各年度的生产能力、剥采比、剥离量等生产技术参数信息，生产设备状态、生产工艺系统状态、基础设施布局、人员、机构、管理、服务等综合信息，支持查询与展示。

② 露天矿山生产时期中长期规划、年度或短期计划、采区转向方案的三维模型，包含各年度的生产能力、剥采比、剥离量等生产技术参数信息，生产设备状态、生产工艺系统状态、基础设施布局、人员、机构、管理、服务等综合信息，支持查询与展示。

③ 露天矿山边生产边复垦的三维模型，包含复垦工程、复垦类型、复垦区发展等信息。

④ 露天矿山经逐年补充勘探、工程揭露、测量验收数据修正后的三维地质模型、实时露天矿山三维模型以及各生产计划方案露天矿山三维模型。

(3) 闭坑阶段

① 露天矿山闭坑阶段的三维模型，包含各年度的生产能力、剥采比、剥离量等生产技术参数信息，生产设备状态、生产工艺系统状态、基础设施布局、人员、机构、管理、服务等综合信息，支持查询与展示。

② 露天矿山闭坑后矿坑、排土场继续进行复垦工程的三维模型，包含复垦逐年工程、复垦类型(林地、草地、农业用地、示范矿山、旅游景点等)、基础设施布局等信息。

5.7 基于时空演化模型的智能管控

随着智能化露天矿的建设进程，特别是勘探、测量的智能化改造，地测数据的获取周期愈来愈短，逐步完成从月、半月、周、日到实时的转变，地测信息的时效性愈来愈强，时空演化模型的演化周期愈来愈短，对露天生产的指导性愈发明显。随着时空演化模型基础应用功能的逐步完善，如测量验收、生产计划编制等功能的完善，使时空演化模型实现露天矿山生产的智能管控成为可能。

5.7.1 基于时空演化模型的分析应用系统

随着时空演化模型构建技术以及模型完整度的成熟，研究基于时空演化模型的分析对比技术，搭建基于时空演化模型的分析应用系统，以期初时空演化模型为基态，开展生产计划编制工作，如半月、周生产计划，包括穿孔、爆破、采剥、运输、破碎、供电、复垦等作业计划，进而获得期末计划时空演化模型，推送给生产执行部门执行。实际生产至期末时进行测量验收，形成期末实际时空演化模型。此时可将期末实际时空演化模型与期末计划时空演化模型对比，分析实际生产与计划是否相符，分析差异原因。以采剥作业为例，进行分析，对比指标见表 5-15。

表 5-15 基于时空演化模型的采剥作业分析对比指标

期末计划时空演化模型与期初时空演化模型对比	期末实际时空演化模型与期初时空演化模型对比	生产统计数据	对比分析	
①	②	③	②③	①③
计划外包剥离范围	统计外包剥离范围			
计划外包剥离量	模型外包剥离量	统计外包剥离量		
计划外包剥离能力	统计外包剥离能力			
计划自营剥离范围	统计自营剥离范围			
计划自营剥离量	模型自营剥离量	统计自营剥离量		
计划自营剥离能力	统计自营剥离能力			
计划采煤范围	统计采煤范围			
计划煤量	模型煤量	统计煤量		
计划自营采煤能力	统计自营采煤能力			
计划设备出动率	统计设备出动率			
计划剥采比	模型剥采比	统计剥采比		

表 5-15(续)

期末计划时空演化模型与期初时空演化模型对比	期末实际时空演化模型与期初时空演化模型对比	生产统计数据	对比分析	
计划煤质	模型煤质	统计煤质		
计划能耗	统计能耗			
计划耗材	统计耗材			
……	……	……		
期末计划剥离台阶状态	期末实际剥离台阶状态			
期末计划采煤台阶状态	期末实际采煤台阶状态			
期末计划设备位置	期末实际设备位置			

(1) ②③对比时,一些项目,如剥离范围、剥离能力、采煤范围等,实际是相同的,不需要对比。另一些项目,如剥离量、煤量、煤质等,若对比结果完全相同,说明时空演化模型的地质单元准确,暂时不需要进行进一步勘探,否则说明现有的地质模型不够准确,需要加强勘探,提出新的勘探需求,推送给相关部门[66-69]。

(2) ①③对比时,若各项指标完全相同,说明生产执行部门完全按照生产计划执行,时空演化模型的地质单元准确,暂时不需要加强勘探。

(3) ①③对比时,若剥离量、采煤量、设备能力类指标相同,范围类、状态类指标不同,说明时空演化模型的地质单元不够准确或生产执行部门没有完全按照生产计划执行,需要加强勘探或加强生产执行部门的管理,通过奖惩绩效等措施约束生产管理。

(4) ①③对比时,若范围类、设备能力类指标相同,而剥离量、采煤量、煤质等指标不同,说明生产执行部门完全按照生产计划执行,时空演化模型的地质单元不准确,需要加强勘探。

(5) ①③对比时,若范围类指标相同,而剥离量、采煤量、煤质、设备能力类等指标不同,说明生产执行部门完全按照生产计划执行,时空演化模型的地质单元不准确或设备能力推算不够准确,需要推送给相关部门,详细分析原因,做出相应的应对。

综上所述,基于时空演化模型的采剥作业分析信息流如图 5-10 所示。类比基于时空演化模型的采剥作业分析,可以实现对穿孔作业、爆破作业、运输作业等的分析,指导露天矿山的生产工作。

5.7.2 基于时空演化模型的智能管控系统

在智能化露天矿建设长远规划中,地测数据等信息能够实时采集,用于修正时空演化模型。以时空演化模型为基础,结合 GNSS 定位系统、设备能力分析系统、大数据分析系统、智能决策系统等构建智能管控系统,可以实现露天矿山生产的实时管控。

在智能化露天矿建设长远规划中,生产计划的编制可精确至每个班组,且生产计划是考虑露天矿山整体发展的最优方案,生产执行部门应严格执行生产计划,保证露天矿山的最优发展方向。

下面以穿孔作业为例,介绍如何基于时空演化模型实现露天矿山生产的智能管控。

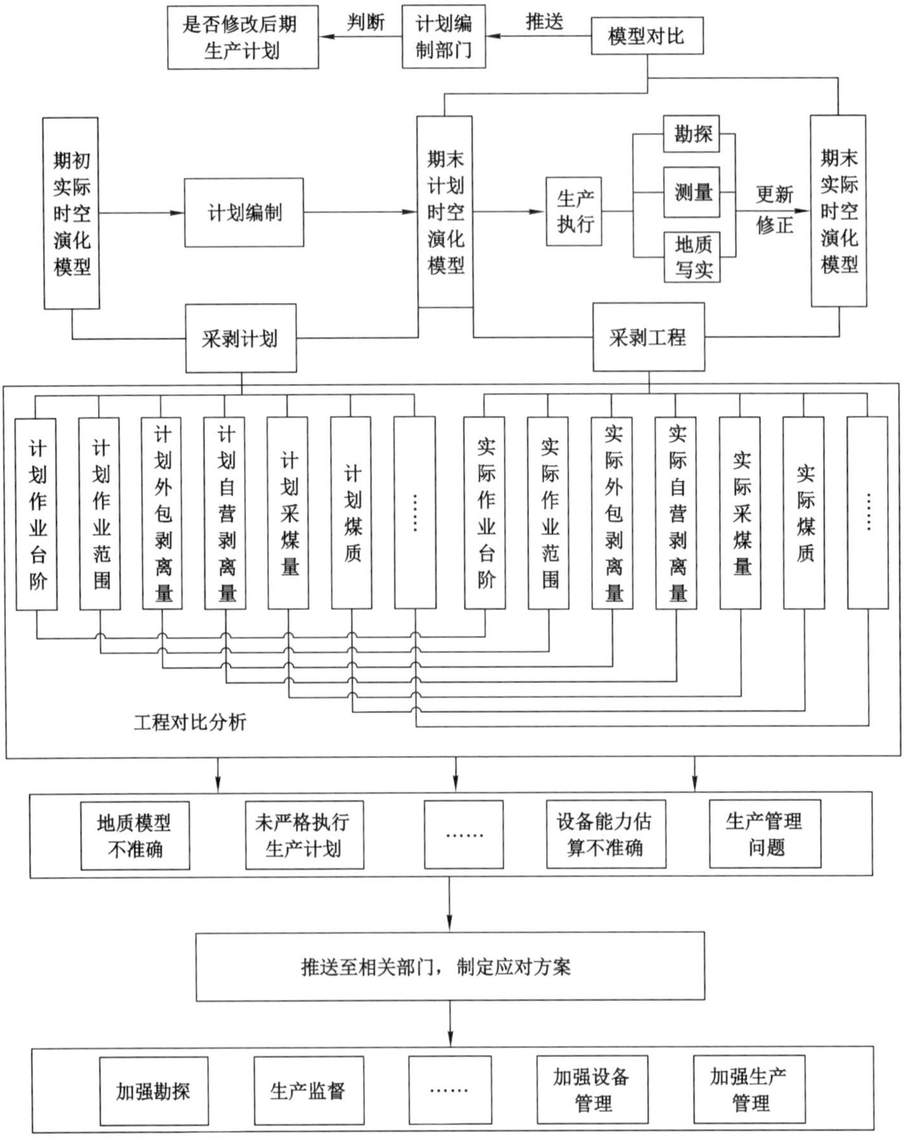

图 5-10 基于时空演化模型的采剥作业分析信息流

如图 5-11 所示，在实际生产中穿孔作业的所有信息在时空演化模型中都可以得到展示，班组穿孔作业计划同样精确包含所有细节的计划信息。将实时时空演化模型与计划时空演化模型对比，通过智能分析决策系统判断实际生产指标是否符合计划生产指标，若相符，则继续监控；若不符，则系统根据采集到的信息智能给出不符的原因、对生产影响的程度、系统智能决策处理方案，并推送给相关部门执行。

例如，当前穿孔设备与计划穿孔设备不同时，智能分析决策系统给出计划穿孔设备不能作业的原因，并调取数据分析当前穿孔设备与计划穿孔设备的区别，是否会影响生产计划的执行，是否需要因此修改生产计划以及时空演化模型等，具体如图 5-12 所示。

类比基于时空演化模型的穿孔作业智能管控，可以实现露天矿山其他生产作业环节的智能管控，从而实现整个露天矿山生产的智能管控。

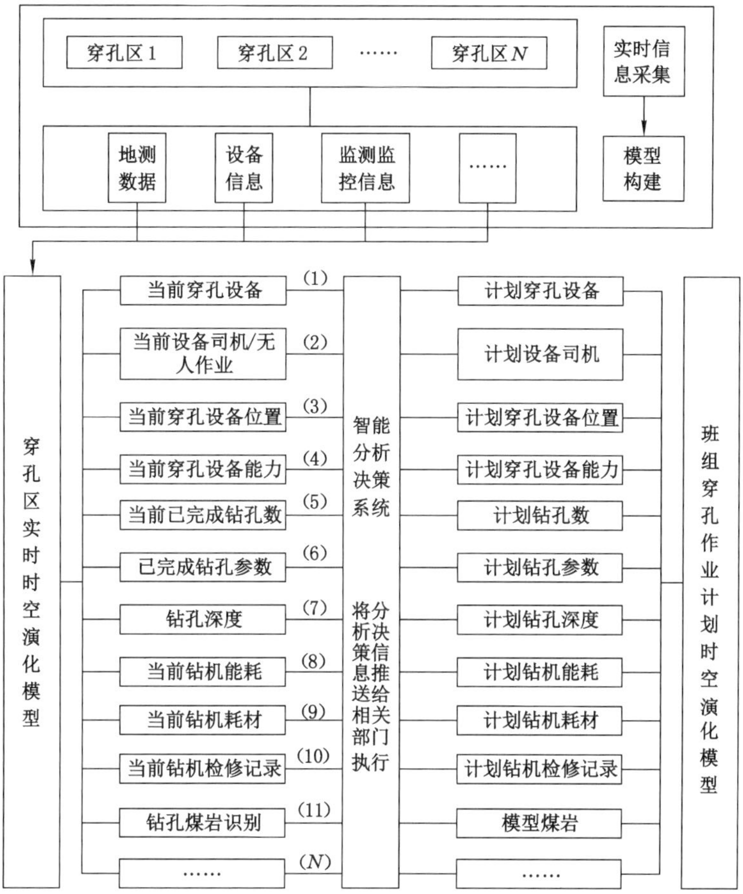

图 5-11 基于时空演化模型的穿孔作业智能管控

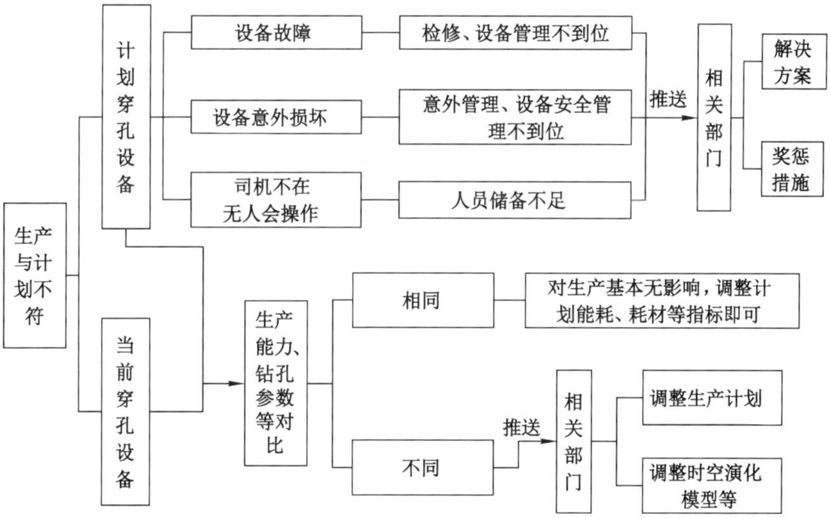

图 5-12 当前穿孔设备与计划穿孔设备不同时的智能管控

5.8 勘探智能化

露天矿山勘探是寻找矿产资源和查明地质条件的工作，为露天矿的生产活动提供技术性保障，以及查明矿藏的经济效益。勘探数据用于露天矿生产的过程如图 5-13 所示。

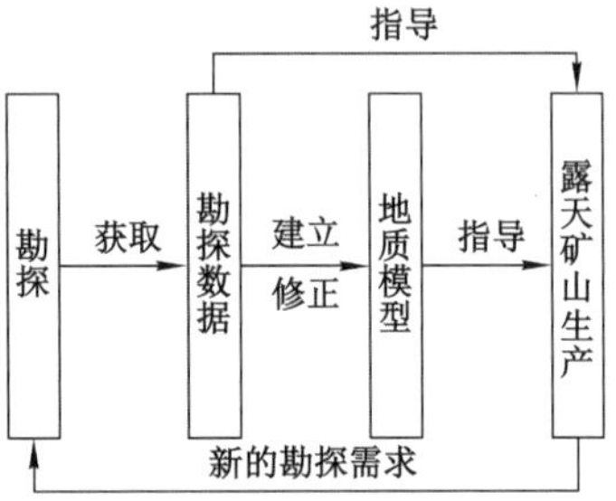

图 5-13 露天矿山勘探数据的利用

5.8.1 勘探内业管理系统

为提高本职工作效率、工作质量以及管理水平，从而提高勘探资料的利用率及时效性，保证智能化露天矿建设的稳步推进，构建勘探内业管理系统。该系统主要包括以下功能模块：

(1) 勘探技术规范、技术标准管理模块

该模块分为煤田地质和水文地质两类，主要包括增、删、改、查、在线编辑、对比分析、审批、分享等功能。

(2) 资源储量信息管理模块

该模块开放资源储量信息管理系统中勘探人员的相关权限，供勘探人员使用。

(3) 勘探设计模块

该模块分为煤田地质和水文地质两类，可以采集露天矿山最近的生产信息以及勘探信息进行比对，进行勘探设计时间预警以及勘探范围推送，并具有勘探设计在线编辑、历史查询等功能，还可以规划设计勘探设计辅助软件，提高勘探设计的效率。

(4) 地测信息管理模块

该模块开放地测信息管理系统中勘探人员的相关权限，供勘探人员使用。

(5) 地质资料共享模块

该模块主要包括煤田、水文地质报告的在线浏览、编辑、审批、推送、历史查询等功能，还包括地质模型的更新、推送、维护等功能。

(6) 招投标管理模块

通过研究勘探作业外委流程和主要工作内容，形成招投标管理模块，辅助招投标工作。同时通过研究勘探的先进技术和发展趋势，随着露天矿山的智能化建设情况，逐步提高外委勘探作业的智能化要求，使之与有外委管理模式企业的智能化建设相适应。

5.8.2 勘探外业等同管理系统

勘探外业等同管理系统是勘探外业作业质量、作业效率及现场过程等方面的信息管理系统，主要包括以下功能模块：

（1）勘探质量管理模块

勘探工程施工首先需要考虑的是保证质量，根据我国地质岩心钻探现行的标准《地质岩心钻探规程》（DZ/T 0227—2010），需要对以下指标进行控制来保证勘探质量：岩矿心采取率、钻孔弯曲度、钻孔深度、简易水文观测、原始班报表、封孔。

（2）勘探效率管理模块

勘探效率的影响因素很多，主要有施工条件、人员素质、设备、施工技术、工艺方法和现场管理等，并且各因素之间互相影响。

① 施工条件。施工条件主要包括地质条件、作业环境和工程类型。施工条件差，会导致作业效率低。施工条件是客观存在的事实，是无法改变的。

② 作业人员。人员的熟练程度、工作态度、对工具类型的了解程度以及劳动的组织方式，对钻机的操作水平都有影响，操作水平低导致设备的性能不能完全发挥，影响设备效率的发挥。

③ 设备。设备的机械化程度、操作方法、设计参数、维修保养水平，是影响设备效率的关键因素。

④ 现场管理。人员管理、施工工艺及设备的管理水平严重影响工作的效率。

（3）勘探成本管理模块

勘探作业需要根据露天矿山的生产需要进行，工期长短不一，其成本核算主要分为两类：

① 固定成本。固定成本主要包括设备费用、设备运输费用、施工准备费用（修路修基台、设备拆迁安装等费用）等。此费用是固定的，不受工作效率影响，施工结束后摊入每米进尺费用中。

② 非固定成本。非固定成本主要包括随施工效率变化的人员工资、管理费用、安全和劳动保护费用、能耗费用（电、油、水等费用）、材料费用、设备折旧费用、管材摊销费用、修理费用等。施工效率影响工期长短，决定上述费用支出的多少。

5.9 测量智能化

勘探技术是获取露天矿山地质资料的关键，而测量技术则是获取露天矿山地表形态的关键。测量技术是露天矿山开采中的重要工作，其测量结果的准确性、精确性、完整性、及时性直接影响着露天矿山的日常生产、经济效益及安全管理。随着露天矿山的发展，对测量技术的要求随之提高，测量技术只有不断结合测绘技术、矿业技术、自动化技术、智能化技术、信息传输技术等新技术，形成一整套含采集、管理、分析、传输、储存于一体的测量技术，才能为露天矿山的开采与管理提供重要的技术数据，促进整个露天矿山的智能化发展。

随着测量技术的发展，多种智能化的测量技术相继出现，如“3S”技术、三维激光扫描技术、无人机技术、倾斜摄影测量技术等，为露天矿山测量技术的智能化提供了多种选择方向。测量智能化设计如图 5-14 所示。

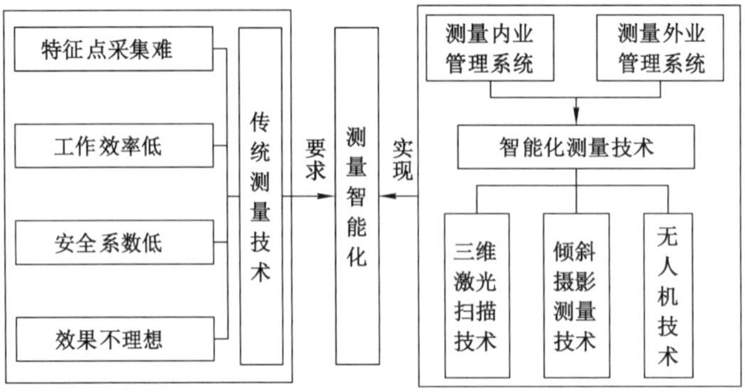

图 5-14　测量智能化设计

5.9.1　测量内业管理系统

根据测量人员的具体职责，规划设计测量内业管理系统，辅助测量人员进行日常工作，提高内业工作效率、工作质量以及管理水平，为外业工作保驾护航，保证智能化露天矿建设的稳步推进和测绘工作的高效产出。测量内业管理系统主要包括以下功能模块：

(1) 测量技术规范、技术标准管理模块

该模块主要包括增、删、改、查、在线编辑、对比分析、审批、分享等功能。

(2) 资源储量信息管理模块

该模块开放资源储量信息管理系统中测量人员的相关权限，供测量人员使用。

(3) 测量设计模块

该模块可以采集露天矿山最近的历史生产信息进行比对，进行测量时间预警以及测量范围推送，并具有测量设计在线编辑、历史查询等功能，还可以规划设计测量设计辅助软件，提高测量设计的效率。

(4) 地测信息管理模块

该模块开放地测信息管理系统中测量人员的相关权限，供测量人员使用。

(5) 地质资料共享模块

该模块主要包括测量验收报告的在线浏览、编辑、审批、推送、历史查询等功能，还包括地质模型的更新、推送以及维护等功能。

(6) 招投标管理模块

通过研究测量作业外委流程和主要工作内容，形成招投标管理模块，辅助招投标工作。

5.9.2　测量外业管理系统

采用智能化的测量技术，可以保障智能化露天矿的建设进程。通过对测量技术和测量区域研究，规划构建测量外业管理系统[70]，并通过智能化考核的方式指导测量外业的智能化工作。测量外业管理系统主要包括以下功能模块：

(1) 测量效率管理模块

露天矿山生产范围广，持续的生产使露天矿山地表形态每时每刻都在变化，对测量效率要求极高。在过去，限于测量的技术条件，测量效率低下，测量周期长，按月测量、按需测量属于不得已而为之。传统测量技术远不能满足智能化露天矿建设的要求,技术革新是必须的改进路径。

(2) 测量精度管理模块

露天矿山测量的精度影响着露天矿山的测量验收、矿区模型的构建,以至于影响露天矿山的生产、成本。影响测量精度的因素主要是测量技术,此外作业环境、气候条件以及人员操作水平对其也有影响,先进的测量技术能够克服作业环境以及人的影响。

(3) 测量安全管理模块

露天矿山设备多、条件复杂,无论是人工测量还是设备测量,都应注意安全。影响测量安全的主要因素包括人为因素以及矿山的管理水平。

(4) 测量成本管理模块

测量成本主要包括外业测量成本、内业处理成本、设备成本等。

5.9.3 无人机航测智能化

近年来,随着信息技术的快速发展,智能化露天矿将采用无人机航测技术提升测绘工作效率。无人机航测技术的优点主要有:

(1) 无人机影像分辨率高、重叠度大、效率高,作业人员可以固定在一个安全平稳的地点对整个矿山进行立体式的测绘工作,有效克服了传统测绘技术在矿山测量上存在的各种困难。

(2) 与传统测绘技术相比,这种新型测绘技术有着极大的优势:降低了成本,提高了精度,保障了测量人员的安全;不仅能够真实地反映地物情况,而且还通过采用先进的定位技术,嵌入更精确的地理信息、更丰富的影像信息、更高级的用户体验,有力扩展了遥感影像的应用领域,并使遥感影像的行业应用更加深入。

5.9.3.1 无人机航测技术引进

露天矿山外业测量工作在露天矿山测绘工作中占有很高的比例,在对测量外业管理过程中,对测量技术的考核(表 5-16)是衡量测绘工作成果优劣的主要内容,这就更加需要引进先进的无人机航测技术。基于人、机、环、管的指标,从感知、分析、决策、执行维度对无人机航测技术的引进效果进行分析,如表 5-17 所列。

表 5-16 测量技术考核指标分析

考核指标	影响因素分析			
	人	机	环	管
测量效率	操作水平	设备、技术		人工成本 设备成本
测量精度	操作水平	设备、技术	作业环境	设备管理
安全	行为	设备、技术		
成本	人员	设备		

表 5-17 无人机航测技术引进效果分析

	人	机	环	管
感知	操作行为	设备管理	作业环境	人工成本 设备成本
分析	安全、效率、精度	安全、效率、精度	测量精度	成本分析
决策	技能培训	少人作业		成本控制
执行	行为规划	无人作业		成本控制

现阶段主要引进的无人机航测技术有三维激光扫描技术和倾斜摄影测量技术。

(1) 三维激光扫描技术

三维激光扫描技术利用无接触式高精度激光测距传感技术，直接扫描各被测实景或实体表面，获取集合采样点三维坐标信息的点云，并基于点云模型和距离影像数据，快速重构目标三维模型[71]。利用建立的三维模型，能够获取矿山生产所需的三维点、线、面、体等基础数据。长距离三维激光扫描仪，利用三维激光扫描技术原理，能够快速、简便、准确地实现露天矿山大范围三维地标测量，其主要构成如图 5-15 所示。

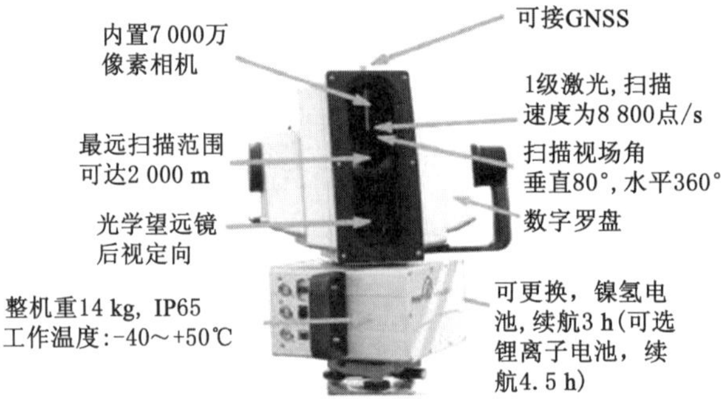

图 5-15 三维激光扫描仪主要构成

与传统矿山测量相比，三维激光扫描仪验收测量有以下优点[72]：

① 安全系数高。技术人员可在危险或难以到达的环境中，实现便携式快速测绘。

② 功能多样化。在高效获取数据成果的同时，可自动建立矿区真实三维模型。

③ 精度高。可以实现毫米级的三维地形测绘，填挖方工程量计算可靠。

④ 灵活性强。集远近距离扫描于一体，容易使用。

⑤ 高度集成。系统包括超远距离扫描仪、望远镜、电子罗盘、GNSS、数码照相，以及功能强大的后处理软件。

⑥ 高度整合。通过软件获得的成果，可与其他原始 CAD 等数据实现高度整合。

⑦ 一机多用。数据更加精确。

(2) 倾斜摄影测量技术

倾斜摄影测量技术是将多角度高清相机(目前常用的是五镜头相机)搭载在无人机平台上对地表对象进行拍摄，再基于多视影像的地表同名点坐标实现密集匹配，进而快速获取三维数据的技术手段，能有效克服地面建筑和复杂地形的限制干扰，如图 5-16 所示。

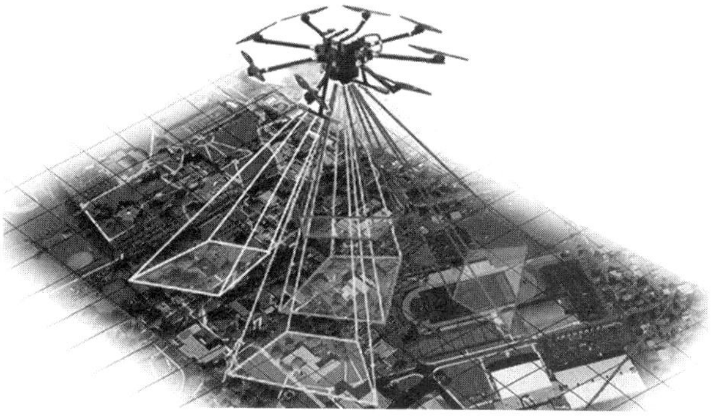

图 5-16 倾斜摄影测量技术

倾斜摄影测量技术和三维激光扫描技术是两套相对独立的测量技术体系，其测量成果均有自己独立的坐标体系。三维激光扫描的每一测站数据都具有独立坐标系，一般通过数据重叠区布设的同名控制点将每个站扫描的点云数据进行矩阵变换拼接，实现三维点云整合和坐标统一。倾斜摄影测量能够通过重叠率足够的相片组一次性构建一套完整的三维点云数据，其坐标系则依靠地面布设的控制点进行整体转换与校正[73-75]。因此，实现两类成果点云模型的坐标匹配是构建采场三维安全分析基础前提。

点云是三维激光扫描和倾斜摄影测量成果的基本体现形式，海量的点云集合记录着测量对象平面、高程，以及表面色系等信息，是实施后期建模、专业分析的基础支撑数据。因此，三维点云数据的测量精度至关重要。据调研分析，两类点云数据在水平面上均具有良好的控制效果，误差基本在毫米级和厘米级，但倾斜摄影测量在高陡地形上的高程精度控制明显要弱于三维激光扫描，误差能达米级，测量精度均可满足露天矿山的测量需求。

为弥补两类点云之间局部偏差问题，宜以三维激光点云为基准，将倾斜摄影测量点云进行配准拟合，实现点云数据的融合，从而构建出高精度的融合点云模型。通过应用研究，全站仪和 RTK(实时动态)测量是获取两类三维测量控制点地理坐标的通用方式[76]。三维激光扫描宜采用“测站点＋后视点”的数据采集方式，即在知测点布站，后视点测量控制；倾斜摄影测量则需要注意均匀布测地面控制点。点云数据处理流程如图 5-17 所示。

5.9.3.2 无人机航测技术应用规划

智能化露天矿建设的最终目的是无人开采，同样要求实现无人测量。根据当前的科技发展水平，无人机搭载倾斜摄影测量设备和三维激光扫描设备是实现测量工作无人作业的最佳手段，可以更高效地完成原测量人员外业工作内容，简化内业处理工作，还能缩短露天矿山测量验收周期，提供更加精准、时效性更强的测量数据，辅助构建更加准确的时空演化模型，指导露天矿山的生产，适应智能化露天矿建设的需要。

综上所述，建议在智能化露天矿建设初期革新测量技术，引入无人机搭载倾斜摄影测量设备和三维激光扫描设备进行基础测量、月度验收、输煤输岩系统移设、地形测量、地质验收、地质修图、储量管理、图纸打印、边坡监测、执法监督等作业，结合时空演化模型，指导露天矿山的生产。

通过研究，规划引进无人机、倾斜摄影测量设备、三维激光扫描设备，可在露天矿山实现以下应用：

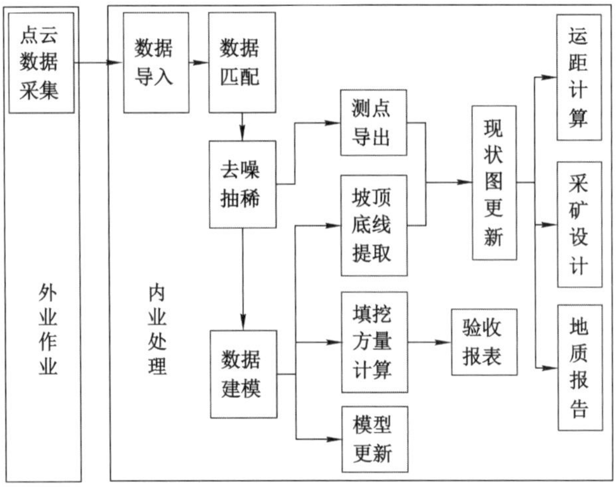

图 5-17 点云数据处理流程

(1) 三维地表模型：无人机采集数据后，通过内业处理，快速形成三维地表模型，用于搭建时空演化模型，指导露天矿山生产。倾斜摄影测量不仅能够进行矿坑内的测量，还可用于工业广场等所有露天矿区的测量，并利用点云数据构建整个矿区的模型，演化露天矿山的生产。

(2) 采矿许可证矿界坐标对比：无人机低空摄影测量平面精度可以达到厘米级，可以满足开采范围监测的精度要求，以判断是否越界开采。

(3) 剥离量、动用储量监测：根据两次无人机低空摄影测量得到的露天矿山 DEM(数字高程模型)数据，可以方便地进行露天矿山动用储量监测和剥离量的计算。

(4) 生产管理：将无人机正射投影与遥感影像结合，与露天矿山基础图件拟合，结合时空演化模型，实现采掘、运输、排卸、供电、防排水等的生产管理辅助工作。

(5) 智能执法：无人机在矿山治理过程中，相对于其他装备有无可比拟的优势。首先，无人机轻便易携，操作简单、智能化程度高，受环境因素影响小。其次，无人机可迅速到达需要监测的区域，获得准确的视频和高精度的图像，为快速发现违法行为人越界开采、无证开采、非法盗采国土资源行为提供视频影像证据。再次，无人机克服了动态巡查的效率低、有盲区的问题，同时弥补了遥感卫星执法周期长、分辨率低等缺点。最后，利用无人机对矿山企业和其他区域监测，能够及时发现、查处各种违法违规行为，做到早预防、早发现、及时查处，为执法监察工作提供可靠的技术保障。

5.9.3.3 无人机航测系统

无人机航测技术的诞生，颠覆了传统测绘的作业方式。无人机搭载倾斜摄影测量设备和三维激光扫描设备，可以快速实现地理信息的获取、处理以及应用，具有信息丰富、影像直观、可三维分析等特点，同时，数据采集效率高、成本低、数据精确。无人机航测在国内外露天矿山有许多成功的试用先例，在可预见的时间内采用无人机进行矿山测量将会是智能化露天矿建设的标志。

智能化露天矿建设过程中，无人机航测系统主要包括以下功能：

(1) 需求调研分析模块：确定无人机航拍范围，并智能外扩，避免数据覆盖范围不足的情况发生。

(2) 航线设计模块：智能识别采动区域、排土区域等测量范围，智能确定优化的航拍路线。

(3) 外业航拍模块：智能控制外业航拍，记录航高、航向和旁向重叠、坐标等参数，设计对倾斜影像的分析、整理功能。

(4) 内业处理模块：外业航拍获取数据后，应设计数据的处理功能，如内业空三加密、建模处理等，形成数字正摄影像和三维立体模型。

5.9.4 边坡监测预警智能化

5.9.4.1 边坡监测技术

基于现有边坡监测常规采用的边坡雷达技术，结合智能化露天矿建设过程中引进的三维激光扫描技术，实现整个露天矿山无盲区的边坡监测。

(1) 边坡雷达技术

边坡雷达(也称为地基差分干涉合成孔径雷达、地基雷达、干涉雷达、微变监测雷达)基于合成孔径雷达技术和干涉雷达技术，以微波作为探测手段，在地基平台上进行合成孔径实现对监测区域二维序列图像的获取，并通过序列图像数据的零基线干涉处理实现对边坡的形变信息提取，可实现全天时全天候(24 h、全气候条件)、大范围(数千米范围内全面覆盖)、高精度(0.1 mm 级位移监测精度)的实时自动化监测，从而实现边坡稳定性的分析与预警。与点式的测量技术相比，边坡雷达形变监测技术的图像测量结果具有连续空间覆盖优势，更有利于形变场的判定和形变趋势的预测。边坡雷达高灵敏度、高空间分辨率、宽覆盖率等的特点使其在地表下陷、山体滑坡和地震形变监测等方面具有重要研究意义[77-78]。

引入边坡雷达需进行配套基础设施建设，如网络、供配电、监测站、监控中心等，使其实现实时自动监测，实现亚毫米级的形变监测预警，具体工作内容包括：

① 常规高精度形变测量：将边坡雷达部署于露天矿山端帮，开展连续监测和量化测量，并分析其形变情况，辅助用户进行边坡稳定性判断；

② 定期监测报告：根据业务需求，生成相应的监测报告，项目单位根据监测报告分析边坡稳定性并指导安全生产。

与边坡雷达设备配套的边坡监测系统主要实现以下监测功能：

① 位移变化信息显示：对监测范围内任意位置的位移量、位移速度、位移加速度可以一键显示。

② 多个选点随时间变化的形变信息：可以按照用户的需求，显示某一时段内的监测累加结果，并选择多个感兴趣的点，在图表中同步显示多个选点随时间变化的累计形变量、形变速度、形变加速度，有助于用户对隐患点稳定性的判断。

③ 不同时段的形变累加图：可以通过不同时段的形变累加图，更加直观地看到不同时段边坡形变的变化过程。通过形变图可以宏观把握形变影响范围和扩张趋势，采用形变曲线结合形变图的观测方式有助于加深对边坡形变的理解。

④ 与原有影像的融合效果图：单纯通过形变曲线和形变图还不能实现对形变位置的准确定位，而通过雷达数据与多源地形数据融合技术可以良好解决这一问题。通过将雷达数据与地图、CAD 地图、三维激光点云、倾斜摄影测量点云进行数据融合，可以将雷达的监测结果准确定位到实际的形变发生位置，也可以对形变在实际中的影响范围有更加直观的

了解。

⑤ 与原有传感器数据的协同分析：边坡雷达可以对一个相当宽广的地区进行成像和微变提取，所以在实地监测过程中，可以选取多个监测点，并与周围的其他传感器数据做协同分析，相互辅佐以获得更加准确的目标形变信息。

(2) 三维激光扫描技术

根据三维激光扫描设备测量原理和优点，还可以将其用于边坡监测。露天矿山的测量验收是周期性进行的，随着智能化露天矿的建设，测量的外业时间不断缩短，三维激光扫描设备可以利用测量验收的周期间隔进行边坡的稳定性监测工作，若条件允许，露天矿山可采用两套三维激光扫描设备，分别用于测量验收和边坡监测。三维激光扫描设备用于边坡监测和验收测量的区别在于外业测量范围以及内业的数据处理分析。

利用三维激光点云数据对露天矿山边坡的位移变形趋势进行分析，变形分析主要内容有：

① 多时相边坡整体 DEM 叠加分析：不同观测日期采集的点云数据所形成的 DEM 会有所不同，通过对不同 DEM 进行叠加来分析这些变化，从而判断露天矿山边坡地表位移情况。

② 边坡切片叠加分析：为了更直观地看出边坡变形情况，实现完整体几何模型深度成像形成的深度图像区域分割，利用 2D 深度点和 3D 空间点之间的一一映射关系把曲面物体模型表面分割成曲面片进行分析。

③ 等高线重合分析：不同周期获取的点云数据生成的边坡等高线也是有变化的，通过重合多时期的等高线来判断边坡位移变化情况。

④ 近景摄影测量技术对比验证：为了消除技术的单一说，在进行地面三维激光扫描的同时也进行摄影测量图像数据采集和像控点坐标采集，并利用近景摄影测量技术对边坡数据处理和分析，进一步地与三维激光扫描技术对比分析及互相验证。

通过上述分析及验证，可以对露天矿山边坡的变形情况做出合理的推断，为露天矿山边坡灾害的管理提供科学的依据。

5.9.4.2 边坡监测智能预警系统

(1) 系统集成设计

基于智能化建设引进的边坡雷达技术、三维激光扫描技术、无人机测绘技术，研究各系统的具体功能及数据存储机制，结合当前智能化规划的数据存储机制，规划在引入边坡雷达技术时，基于时空数据库，进行系统整合，形成统一的边坡监测平台，实现对矿区地质灾害环境数据的全天候无人采集、自动快速传输、实时解算处理、监测信息可视化以及短信群发式预警，达到对矿山地质灾害进行全天候 24 h 无人辅助的实时监测和预警[79-81]。露天矿山边坡监测集成平台架构如图 5-18 所示。

该平台划分为三层体系结构：数据层、业务层和表现层，其中最低层次为数据层，该层是系统结构的基础，利用时空数据库管理监测数据，处理历史结果分析数据，为集成平台提供数据支持。中间层次是业务层，即系统的数据处理层，在该层生成主要分析和预测数据，包括数据的接收和格式转换、监测点数据处理、矿区变形预测与报警。最上层为表现层，在该层为用户提供可视化操作界面，实现系统的人机交互功能。

(2) 数据传输系统设计

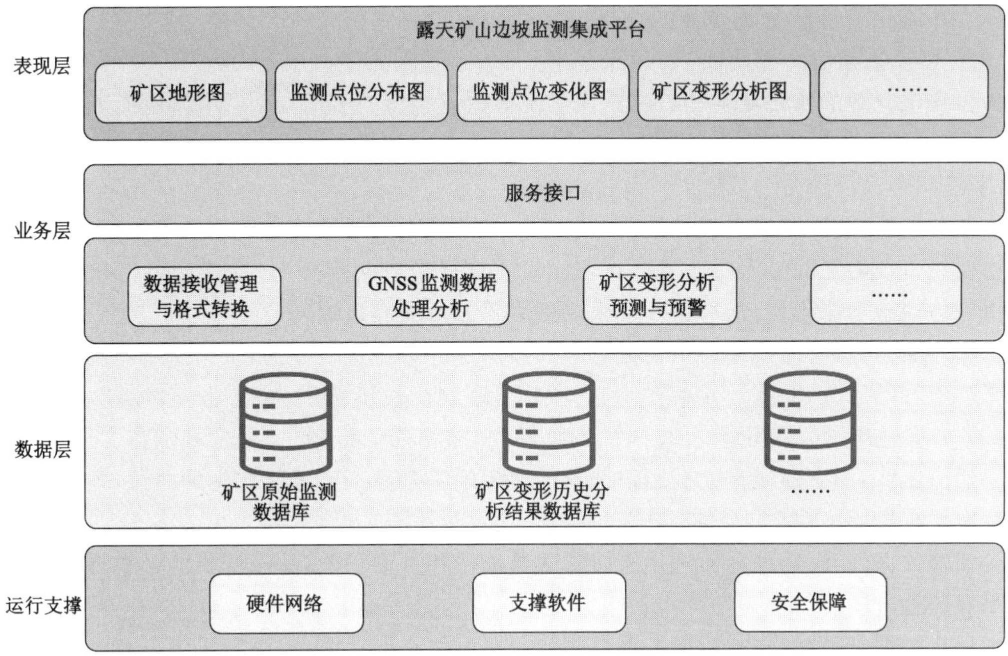

图 5-18 露天矿山边坡监测集成平台架构

形变监测数据采集传输网要解决形变数据的传输问题，主要将各系统采集的形变数据实时传输到数据处理中心，数据处理中心将对采集数据进行自动分析，并报告形变监测结果。根据矿区边坡区域监测的范围和监控中心所在的地点，采用无线数据传输和有线数据传输两种方法来实现数据的传输。设计中，将无线、有线相互结合，首先对传感器监测点采用无线接入，再对传感器采集的数据进行中继后，通过有线网传输到控制中心。

（3）边坡监测数据库管理设计

边坡监测数据库管理模型的设计主要包括对 GNSS 定位监测点和滑坡体信息的编辑以及报警模式的设置，信息的编辑包括空间信息和属性信息的修改。

① 监测点操作设计

添加 GNSS 定位监测点：添加 GNSS 定位时需要检查该监测点是否在已知滑坡体上，如果在滑坡体上，则 GNSS 定位监测点更新到数据库中，如果监测点不在滑坡体中，则提示重新输入监测点，监测点的输入以坐标值的形式输入。

编辑 GNSS 定位点：监测点的编辑功能主要是对监测点的属性信息进行更改，更改后的信息被重新保存到数据库系统中。

删除 GNSS 定位点：删除功能主要是对不必要的监测点进行删除，并在数据库中更新。

② 滑坡体操作设计

添加滑坡体：滑坡体的添加主要应该考虑滑坡体内选中的监测点，监测点的信息是滑坡体稳定性评价的基础。

编辑滑坡体：滑坡体的边界功能是一种限制的功能，修改选择只提供滑坡体数学的修改，而不提供监测信息的修改。

删除滑坡体：删除滑坡体操作功能只删除滑坡体的整体信息，监测点的属性和几何信息被保存在监测点信息中，不被删除。

③ 可视化操作功能设计

可视化视图的操作主要是对二维或三维地图直接进行操作，将菜单和地图工具建立联系，并使地图具有放大、缩小、平移等功能，三维地图中还需要添加飞行路线，对三维视图进行浏览。

监测分析功能：监测点的可视化模块主要是对矿山的滑坡体和监测进行数据分析，并将分析曲线直观明了的显示。监测分析功能模块被划分成两部分，包括监测点信息功能模块和滑坡体信息功能模块，通过这两个模块可以对分析内容迅速定位。

实时曲线：实时曲线模块主要是对当前监测点的数据进行处理，求出最近一期实时数据的平均值，计算后的曲线被保存在四个数组中，这四个数组分别为“X 方向数组”“Y 方向数组”“Z 方向数组”“时间数组”，每一个时间点都对应 X、Y、Z 三个方向的检测值。

历史曲线：历史曲线是根据用户选择的时间间隔来显示已监测数据的曲线，当选择历史曲线时系统会提示用户选择相应的时间段。

实时数据：实时数据界面提供滑坡体的当前位移查询功能，并以箭头的形式表示滑坡在水平和竖直方向上的位移量。

历史数据：历史数据界面提供滑坡体的历史位移查询功能，并以箭头的形式表示滑坡在水平和竖直方向上的位移量。

信息发送频率：报警信息的频率用统计时间来设置，系统在一定时间间隔内对监测数据和预测数据进行统计，做出报警日志，当报警频率大于设定值时才会发出报警信息。

位移报警日志：位移报警日志是将报警信息进行统计，以报告的形式利用报警界面呈现给用户，报警信息中显示报警监测点的名称、报警级别以及报警确认时间等。

(4) 智能预警设计

基于对监测信息分析预测和实时数值仿真等方法和理论的研究，综合物联网、数据库及信息处理等先进技术，针对露天矿山边坡，设计具备监测信息采集、传输、管理及实时边坡稳定性分析等功能相结合的边坡监测智能预警系统。

边坡监测智能预警系统设计遵循的主要原则有两个，一个是系统需具有边坡位移变形动态实时监测功能，并且系统具有安全风险的预测功能，另一个是系统容易被操作，需满足即使没有受计算机专业培训的人员也能使用的需要。只有这样才能做到边坡安全问题的提前防御，并对危险情况进行及时处理，避免因边坡安全问题造成工作人员的伤亡。

根据露天矿山地质灾害监测和预警的智能化要求，该系统具有前后台服务和管理两部分组成，主要服务内容包括地图的实时查询、监测点信息、边坡稳定性信息等内容，其中后台服务主要是根据实时监测数据和预测数据生成边坡安全监测报告。系统的功能设计如下：

① 信息查询：可以查看整个边坡的地图，可以实时查询监测点以及滑坡体的信息。

② 矿区管理：利用计算机信息技术手段，提高矿区的信息管理水平，创新矿区管理模式。

③ 应急调度：将日常服务和应急情况结合起来，为紧急调度提供预警信息，提高边坡地质灾害的防御功能。

④ 信息汇总：将边坡滑坡报警信息和安全评价进行统计，最后以报告的信息汇总输出。

系统的结构和层次比较合理，具有较强的可拓展性和伸缩性，功能设计既相对独立，又互相协调，形成数据合理流向，数据信息共享，主要功能设计如下：

① 信息管理：包括对监测点信息的添加和删除，监测人员信息的录入，以及相关气象和环境信息的录入。其中监测点信息包括位置信息和属性信息，气象信息录入之前需要选择对应的时间，可以对历史气象信息进行查看和修改。

② 可视化视图操作：包括各种基本功能的操作，如对二维地图和三维地图的放大、缩小、漫游、选择等操作，三维地图中还包含了对遥感地图的渲染、浏览及飞行功能。

③ 采集数据处理：对监测点全天候监测的数据进行分析处理，为边坡位移实时曲线和预测曲线的输出准备充足的数据资源，可以实现边坡位移安全预警。

④ 位移报警：设定边坡的位移变形报警阈值，当监测数据超过阈值时便通过在线报警的方式实现实时报警，报警信息以短信和邮件的方式发出，监测人员可以根据报警信息及时采取防御措施。

⑤ 设备报警：通过判断监测的运行状态来判断是否报警，当报警系统在一定时间内没有接收到返回数据时，数据库就会自动产生设备报警信息，报警方式和位移报警相似。

⑥ 位移预测评价：对监测点的位移和滑坡体的稳定性进行评价，选择最近一个周期内的数据进行分析，利用灰度预测模型预测下一时刻的位移和变形趋势。滑坡体的稳定性评价则需要结合气象环境条件，选择不同的内聚力参数和内摩擦角参数来进行。

⑦ 监测报告：将监测信息以 Word 报告文档的形式输出，并提供历史数据和实时数据两种方式的报告模型，用户可以根据不同的条件查阅报告内容，可以自定义方式，确定日期、位置等参数条件查阅报告。

⑧ 系统帮助：提高文字说明，为用户在使用过程中遇到的问题提出解决方案，使用户更加了解软件的功能。

在智能化露天矿建设长远规划中，随着新的测量技术和监测技术的引入，有针对性地对边坡监测智能预警系统升级即可。

6 智能化露天矿设备及工艺系统

6.1 规划目标

智能化露天矿设备及工艺系统对穿孔、爆破、采装、运输、排弃以及原煤地面生产系统等进行智能化规划，在实现设备作业过程的数字化、自动化以及作业环节的远程控制的基础上不同程度地实现设备和工艺系统的智能化。

6.1.1 一期规划目标

一期规划目标包括实现穿孔、爆破、采装、运输、排弃、原煤地面生产系统、生产工艺等部分的数字化；实现部分操作的自动化，实现设备故障高效诊断，提高生产效率、减少现场工作人员的劳动强度及重复性工作。

6.1.2 二期规划目标

二期规划目标包括实现钻孔环节的远程控制及自动作业；电铲可以自动挖掘与装载；卡车保证安全行驶的同时可实时采集油耗、胎压等数据，达到卡车作业过程的数字化，并在此基础上实现卡车智能调度、智能辅助驾驶以及智能作业；实现排土设备操作的精准执行并远程控制；实现自动识别和定位卡车，自动计算最佳挖掘位置和倾倒位置，完成自动化快速装卸载任务。

智能化露天矿设备及工艺系统规划目标见表 6-1。

表 6-1 智能化露天矿设备及工艺系统规划目标

<table>
<tr><th rowspan="2">规划
目标</th><th colspan="2">一期</th><th colspan="2">二期</th></tr>
<tr><th>建设内容</th><th>要素点</th><th>建设内容</th><th>要素点</th></tr>
<tr><td rowspan="2">穿孔设备
智能化</td><td>爆破孔导航
自动控制系统</td><td>爆破孔导航</td><td>地层岩性识别数字化系统</td><td>岩性识别</td></tr>
<tr><td>钻机监测数字化系统</td><td>钻机作业监控</td><td>钻机智能作业系统</td><td>自主导航；
自主穿孔；
凿岩综合智能控制；
远程控制</td></tr>
<tr><td rowspan="2">爆破设备
智能化</td><td rowspan="2" colspan="2">无</td><td>装药车工艺控制系统</td><td>工艺参数控制</td></tr>
<tr><td>装药车智能作业系统</td><td>炮孔自主定位；
智能装药；
自主行驶</td></tr>
</table>

表 6-1(续)

<table>
<tr><th rowspan="2">规划目标</th><th colspan="2">一期</th><th colspan="2">二期</th></tr>
<tr><th>建设内容</th><th>要素点</th><th>建设内容</th><th>要素点</th></tr>
<tr><td rowspan="2">采装设备智能化</td><td>电铲作业监测数字化系统</td><td>电气参数监测；
作业环境监测；
电量消耗监测</td><td>爆堆质量评价系统</td><td>可挖性指数；
爆堆块度分布</td></tr>
<tr><td>电铲在线动态数字化称重系统</td><td>动态称重；
配煤</td><td>电铲智能化作业系统</td><td>3D 图纸作业；
自主挖掘与装载；
远程控制</td></tr>
<tr><td rowspan="6">运输设备智能化</td><td rowspan="6" colspan="2">无</td><td>卡车安全管理数字化系统</td><td>超速；
防撞预警；
疲劳驾驶预警；
影像监测</td></tr>
<tr><td>卡车燃油监控数字化系统</td><td>油耗高精度监管</td></tr>
<tr><td>卡车轮胎管理数字化系统</td><td>轮胎报警；
TKPH 值</td></tr>
<tr><td>卡车调度管理系统</td><td>信息集成；
智能导航；
智能调度</td></tr>
<tr><td>卡车辅助节油智能驾驶系统</td><td>智能辅助驾驶</td></tr>
<tr><td>卡车无人驾驶作业系统</td><td>自主行驶；
自主装载；
综合管控平台；
“机群＋车”协同决策；
路径及速度规划；
辅助设备及设施配合作业；
机群管理调度自主行驶</td></tr>
<tr><td>排土设备智能化</td><td>推土机自动化作业系统</td><td>智能作业找平</td><td>推土机智能作业系统</td><td>远程智能作业</td></tr>
<tr><td rowspan="3">原煤地面生产系统智能化</td><td>破碎站无人值守智能化作业系统</td><td>卸料信号灯自动控制；
板式给料机给料速度控制；
失速保护</td><td rowspan="3" colspan="2">无</td></tr>
<tr><td>带式输送机智能化作业系统</td><td>保护预警；
智能作业；
远程控制；
实时监测；
工艺流程显示；
故障性质及地点显示远程控制；
巡检机器人</td></tr>
<tr><td>堆取料机智能化作业系统</td><td>远程控制系统；
料场储量系统</td></tr>
</table>

表 6-1(续)

规划目标	一期		二期	
	建设内容	要素点	建设内容	要素点
露天矿生产工艺系统智能化	大型设备智能快速准确自动对接系统	自移破碎站与胶带对接	电铲-卡车装载自动化系统	电铲-卡车装载自动化
设备故障实时诊断系统智能化	设备故障实时诊断系统	故障诊断	设备故障实时诊断系统	故障诊断
大型设备电力驱动	无		架线辅助双动力卡车运输	双动力卡车运行
辅助环节	维修系统	机电知识库； 设备点检； 维修保养； 故障处理； 备品备件管理； 统计分析	无	
	供电系统	设备检测保护； “四遥”； 供电质量控制； 能效管理； 数据集成； 监测报警		
	疏干排水系统	水位监测； 水泵远程控制		

6.2 规划设计

开采设备及工艺的数字化是运用先进的计算机管理技术，结合各种大型的智能化操作系统，利用先进的数据通信技术，实现系统的无人值守化和智能化操作。将生产、管理、自诊断、设备维护和安全等因素结合在一起，形成闭环控制系统，保护各大型设备的安全，有利于形成煤矿企业的综合自动化，大幅度提高了企业的综合效率。

(1) 高精度、高效率

传感系统精确定位、工作轨迹规划、行走路径规划、执行精确控制。

(2) 智能操控

基于大数据在线分析与决策、远程遥控、状态监测、自主作业。

(3) 大数据与集群控制

人工智能技术、故障诊断、在线评估、远程群控、云通信、云计算。

6.2.1 穿孔环节

智能化露天矿穿孔设备及工艺环节与相关系统间的关系如图 6-1 所示。

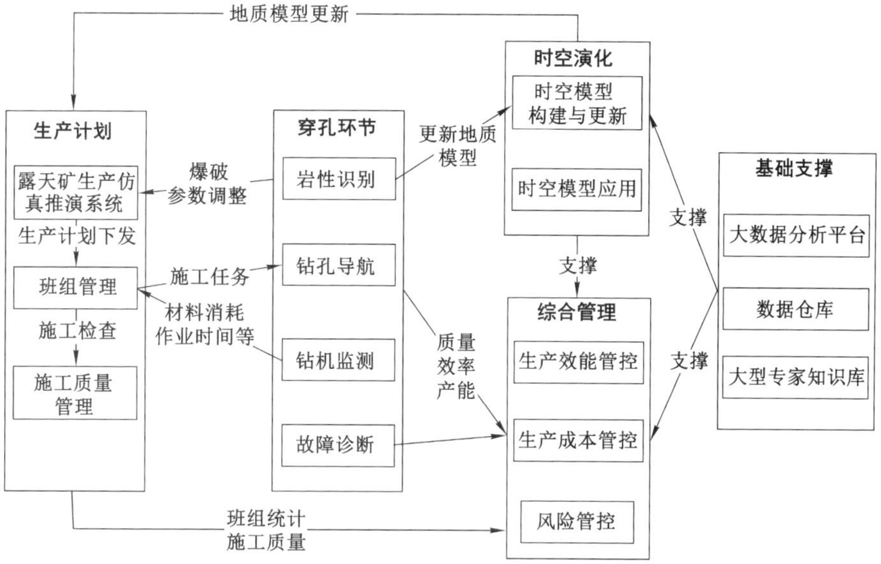

图 6-1 穿孔作业智能化逻辑关联图

6.2.2 爆破环节

智能化露天矿爆破工艺环节及相关系统间的关系如图 6-2 所示。

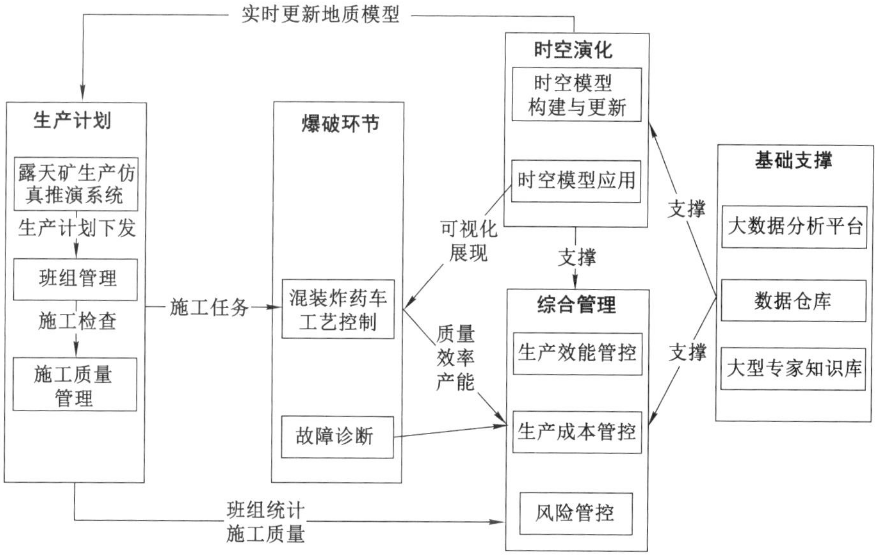

图 6-2 爆破作业智能化逻辑关联图

6.2.3 采装环节

智能化露天矿采装设备及工艺环节与相关系统间的关系如图 6-3 所示。

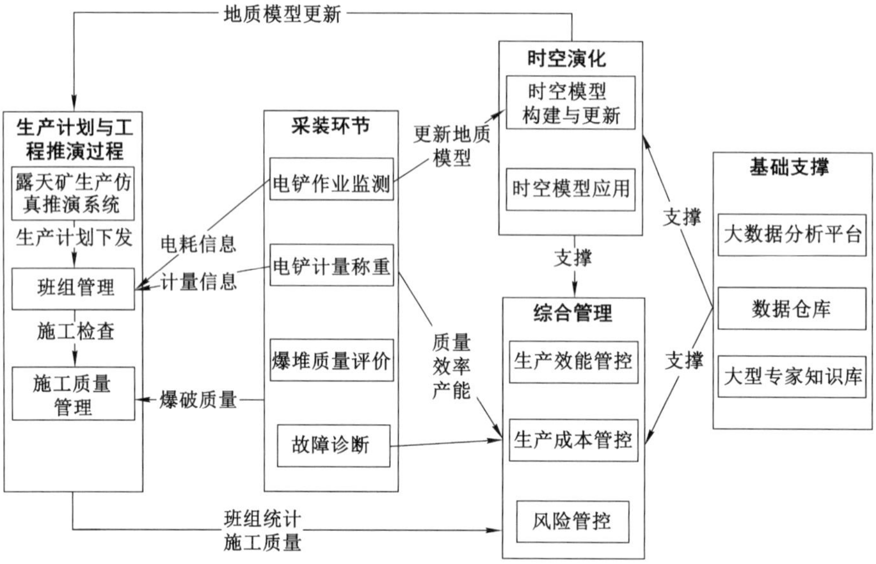

图 6-3 采装作业智能化逻辑关联图

智能化露天矿运输设备及工艺环节与相关系统间的关系如图 6-4 所示。

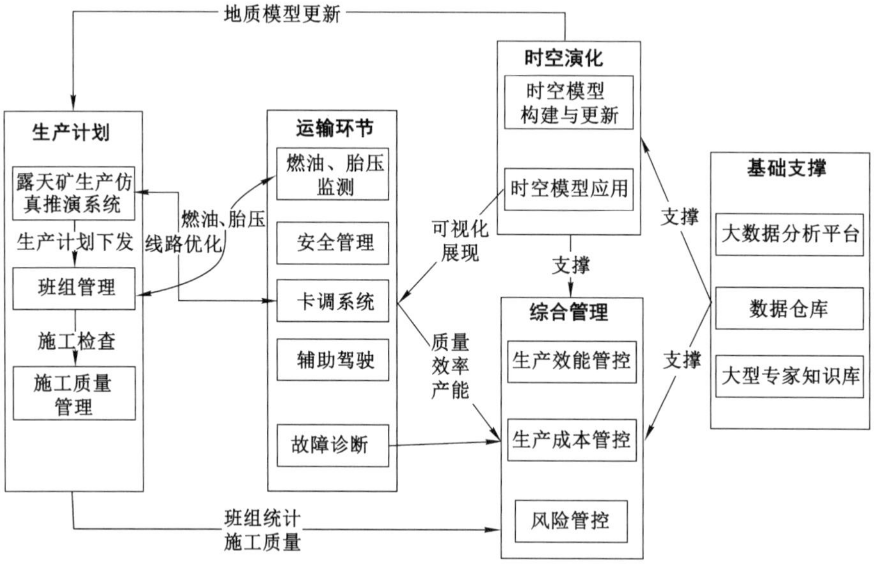

图 6-4 运输作业智能化逻辑关联图

6.2.4 排弃环节

智能化露天矿排弃设备及工艺环节与相关系统间的关系如图 6-5 所示。

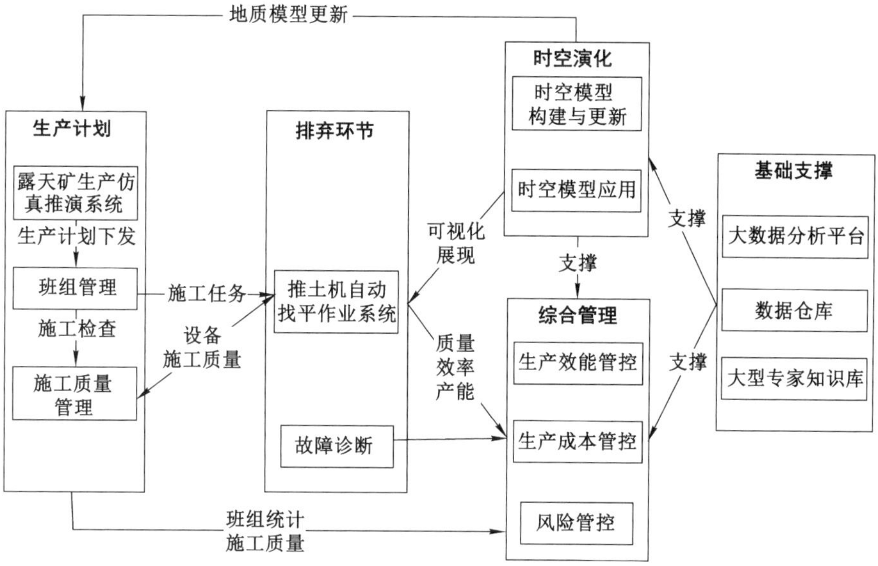

图 6-5 排弃作业智能化逻辑关联图

6.3 穿孔设备智能化

露天矿开采工艺系统主要由穿爆、采装、运输、排弃等诸多环节构成，作为剥离生产作业的前置环节，钻机穿孔质量直接影响到后续作业环节的效率。

6.3.1 爆破孔导航自动控制系统

利用高精度北斗定位和无线网络对钻机的钻孔作业提供通信和精确导航，可免去人工测量放样、检测炮孔参数和重复钻孔等工作，减轻一线人员的工作强度，提高钻孔效率和钻孔准确度，防止欠钻、过钻的情况发生，彻底解决矿山测量人手不足、户外测量工作量大的顽固难题，极大地提高测量数据的单位采集率；可每天节约交接班踩点时间 1.5 h[82]。

智能化露天矿需建设高精度地面中心差分站以便实现精确导航；钻机无线 PLC 自动控制实现钻机自动钻孔作业，完成钻机的自动导航控制功能。

(1) 孔位下传及钻机导航

爆破孔导航方案的实现指技术员根据爆区信息、孔网参数、孔深等约束信息，设计孔位数据列表并通过无线网络下发至钻机终端，钻机司机根据终端显示的孔位信息及系统的定位导航功能，完成精确对孔。当钻头接近新的炮孔时，屏幕图形可自动放大便于精准定位。当钻机钻完一个孔位后，系统将自动选择下一个钻孔或由司机选择作业钻孔。

(2) 底部台阶平整性控制

可对台阶上钻机当前高程坐标进行自动测量，对每一个孔的穿孔深度都进行自动补偿，以保证钻头停钻的位置在同一个设计控制平面上，防止欠钻、过钻的情况发生。

(3) 钻机自动穿孔作业

钻机到达指定位置后，经过自动找平，自动控制钻杆回转速度、回转扭矩、轴压力、钻进速度及排渣风量，且垂直振动、水平振动以及扭曲振动不超过预先设定值，保持钻机平稳作业。

(4) 电子围栏及爆区警戒

设置钻机电子围栏，为钻机司机提供作业位置信息，同时防止钻机在划定区域外作业。

爆破时需将人员及设备撤出爆区警戒范围内，需将爆区周围 200 m 范围内的区域设置为警戒区域，基于设备及人员的定位信息，对进入爆区的人员进行告警，对处于爆区警戒范围内的设备，警告提醒调度室或相关责任人进行相关处理。

6.3.2 钻机监测数字化系统

采用北斗导航定位、传感器感知等技术，可全天候自动采集设备工况、作业信息，并在钻机终端实时显示，同时可远程传输至调度中心，自动统计生产数据并生成报表，实时在线监测钻进作业进度[83]，钻机监测技术方案设计如图 6-6 所示。

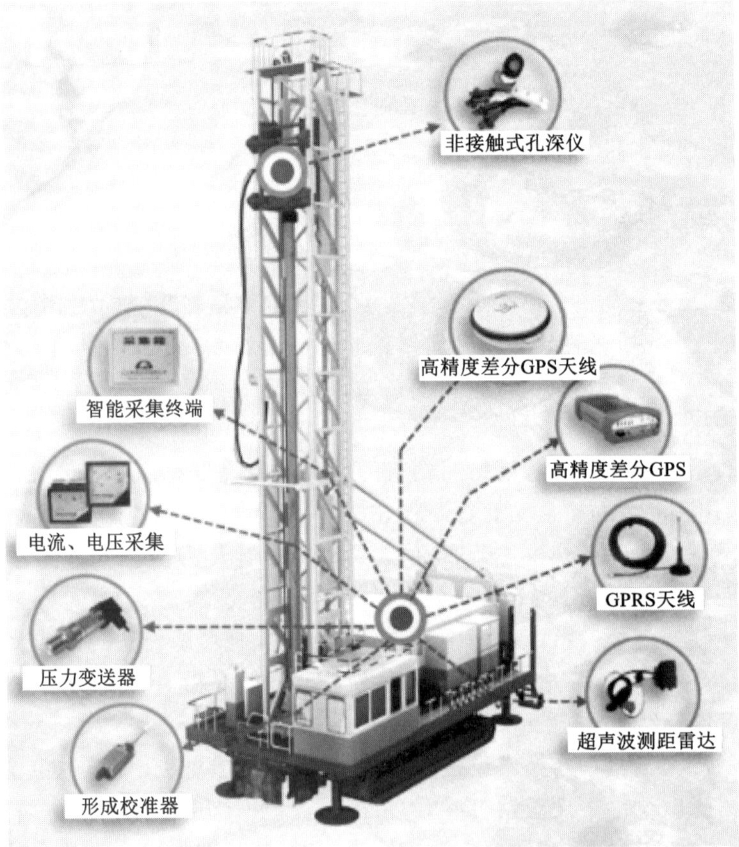

图 6-6 钻机监测技术

利用采集模块采集传感器信号，并依据现场分布式 CAN 总线将各采集模块数据进行汇总，最后通过辅助终端(图 6-7)对外接口采集数据并对外展示。

(1) 穿孔过程监测

可对爆破孔的钻进过程进行监测，同时存储采集的数据并远程传送，可实时显示钻孔深

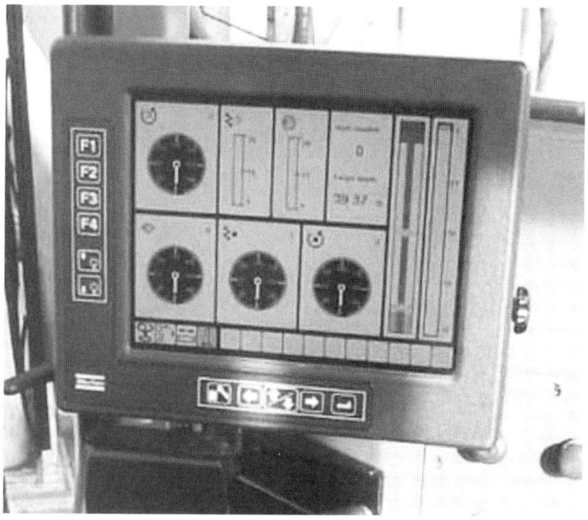

图 6-7 辅助终端

度、钻进速度、回转速度、回转电机电流、钻头负荷、回转扭矩、钻孔穿透率、压缩空气压力、振动幅度等参数(图 6-8),同时可通过无线网络等方式,在调度中心监测钻机生产活动。同时还可采集钻机开机、作业、移车、穿孔、停机、维修等过程的耗时时间。

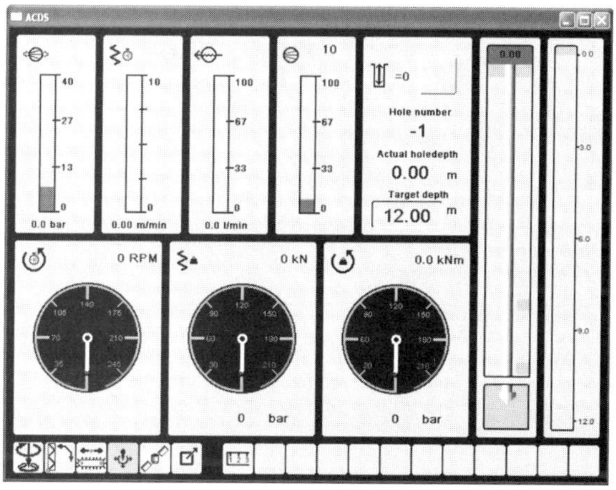

图 6-8 钻孔参数监测

(2) 穿孔作业监测

可查询每个孔的详细记录,包括穿孔时间、驾驶员姓名及穿孔过程等数据;自动生成每班、每台设备和每个操作人员的详细报告(累计钻进距离、穿孔数、穿孔时间、两孔间的推进距离和换钻杆次数)。

(3) 钻机能耗监测

可监测钻机的电量消耗;跟踪易损件和消耗件在其生命周期中旋转总圈数、总时长和总钻进距离,挖掘易损件和消耗件跟踪的寿命,辅助提前制订更换计划。

6.3.3 地层岩性识别数字化系统

采用模式识别技术分析钻进参数，把已知矿岩的类型划分成模式空间，未知模式则按照已知的模式空间进行机器学习进而完成岩性分类，有助于改进爆破设计和提升挖掘作业效率，同时也可基于不同岩性特征，选择更换不同种类的钻头[84]。

基于岩性知识库，根据钻进速度、回转扭矩、回转转速以及轴压力等参数，采用模式识别技术实时在线分析穿孔数据并显示岩石的性质，根据岩性以不同颜色绘制岩性分布图，辅助计算每个孔的装药量，图 6-9 为岩性识别样例。

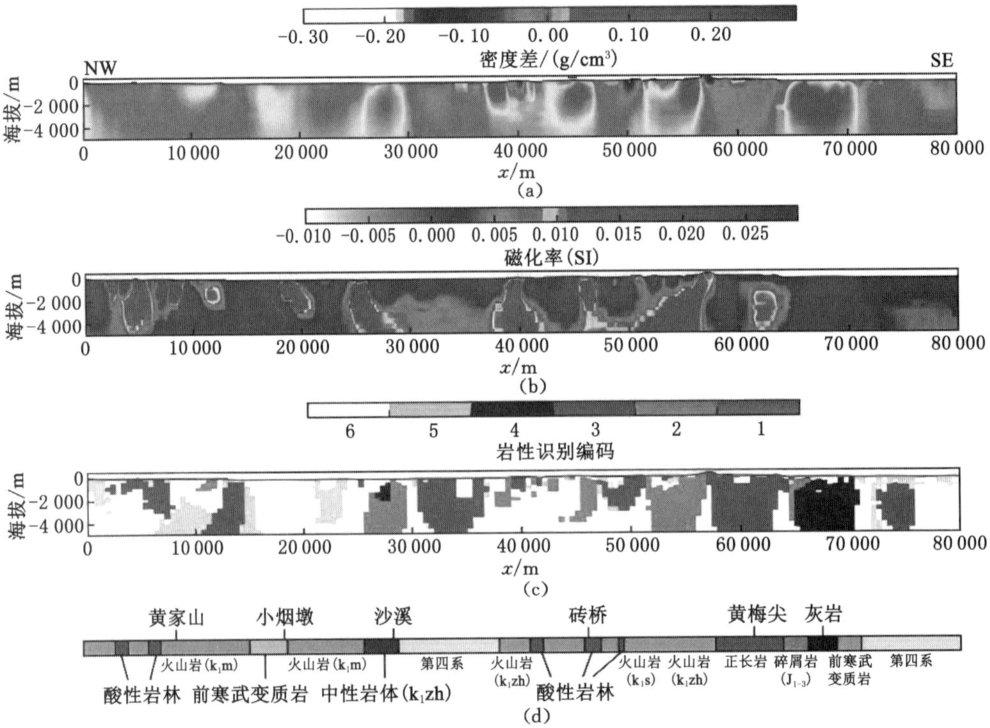

图 6-9 岩性识别

6.3.4 钻机智能作业系统

钻机智能作业系统包括北斗导航基站、基于 PC 的硬件、CAN 总线、PLC 控制系统、通信接口等软硬件部分以及钻机状态监测、爆破孔导航、地层岩性识别等智能化控制系统[85-86]。钻机智能作业系统的功能和实现目标如下。

(1) 钻孔自主导航

自主确定钻孔的先后顺序，并根据导航自主移动钻机至指定坐标点。

(2) 自主穿孔

能够实现自动调平—钻架自动提升与定向—自动打眼—接装加长钻杆—收回钻杆—钻架调平过程。

(3) 凿岩综合智能控制

不同的岩石条件下各凿岩参数与凿岩效率的关系不同，通过建立凿岩的气压、气量、钻头的推进轴压力、推进速度、回转扭矩、回转速度等参数的数据模型，建立最优的凿岩综合智能控制系统。

(4) 远程控制

基于视频监控和控制技术实现钻机运行的远程控制。

6.4 爆破设备智能化

露天矿爆破一般指把工业炸药按照一定要求填装在炮孔中，利用爆炸产生的化学能，将矿岩从岩体分离出来并破碎至一定块度和要求的爆堆几何形状。

6.4.1 装药车工艺控制系统

装药车工艺控制系统采用北斗导航、无线网络、PLC 等技术，实现工艺参数控制、自动计量、报警提示等功能，提高装药效率并降低劳动强度[87-88]。

(1) 位置监控：可以查看混装车所在工作位置，若未处于指定区域内则报警提示，确保混装车在爆破现场进行混装作业，并将位置信息实时上传至调度中心。

(2) 图像监控：配备红外防水筒型摄像机和车载硬盘录像机，实现现场混装车生产作业时视频图像的录制与存储。视频图像覆盖混装车输药管出口位置，可有效监控混装车现场生产出炸药的入孔情况，防止现场混装炸药外流。

(3) 工艺参数控制：自动控制现场混装车生产工艺过程，实时显示生产过程中压力、流量、温度等参数。

(4) 自动计量：自动计量混装炸药生产量数据，并显示历史总生产量与当天生产量。

(5) 报警提示：主要设备之间具有安全联锁保护，并具有输药泵超压、乳胶基质超温、断料等报警功能。

6.4.2 装药车智能作业系统

通过装药车炮孔自主定位、智能装药、自主行驶等功能，形成装药车智能作业系统[89]。

(1) 炮孔自主定位

利用机器视觉辨识炮孔得到炮孔的参数位置坐标，多自由度装药工作臂根据指令及炮孔坐标完成自动寻孔。

(2) 智能装药

依据炮孔位置及设计装药参数实现自动对孔、自动计算装药量、自动装药和自动退管；依据岩性实现装药密度、爆速的智能匹配。

(3) 自主行驶

借助于调度平台和电子地图的指引，可以完成自主路线规划的无人化行走、车辆位置的精确定位、避障行走。

以上系统所有数据均在基础平台储存，包括作业过程参数、消耗物件、消耗费用以及作业人员信息等。通过露天矿基础支撑智能化系统，实现可视化管理，现场作业通过管控指挥中心，实现安全高效管控。

6.5 采装设备智能化

采装环节是指利用挖掘设备将矿岩从岩体或爆堆中挖掘出来，直接排入邻近采空区、装入运转或转载设备的过程，在露天矿各主要生产环节中居主导地位。

露天矿最常用的是单斗-卡车间断工艺，铲车匹配与组合是生产计划、生产组织、生产调度的重要工作内容，优化调度是提高电铲与卡车设备效率的有效手段，因此采装与运输环节设备及其工艺系统联系紧密。

6.5.1 电铲作业监测数字化系统

采用传感器、无线网络等技术，实时监测电铲的电气参数、作业环境、用电量等数据，并在电铲终端实时显示监测信息，并通过无线网络传输至调度中心，实时监测电铲的运行状态，实现电铲的远程监控功能[90]，电铲监测技术方案如图 6-10 所示。

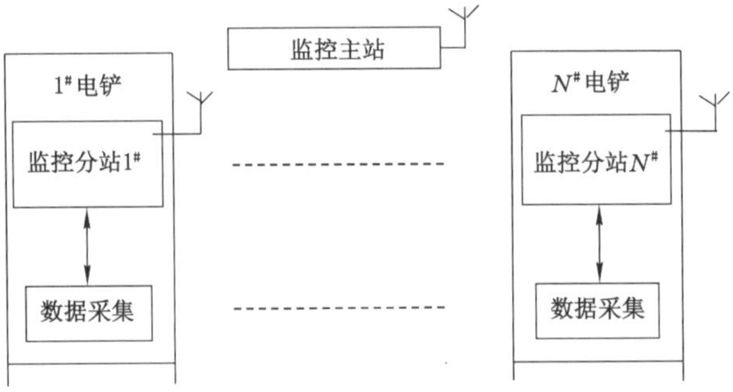

图 6-10 电铲监测技术方案

电铲参数监测系统（图 6-11）由一个监测主站和若干个监测分站组成。监测主站和各监测分站之间采用无线数据通信方式实现信息交换，主站轮询每个分站，监控分站应答主站的访问，把相应的信息送给主站。

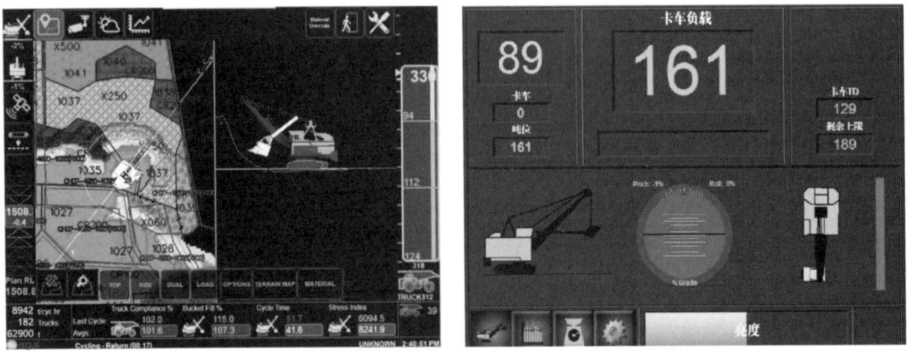

图 6-11 电铲生产状态监测

主站硬件主要由工业控制计算机、监视器、电台、通信控制器、天线等组成；分站硬件主要由工业控制计算机（工控机）、开入板、模拟输入板、通信板、电台、散热温控装置、电流电压变送器等组成。

(1) 电气参数监测

实时监测各推压、提升、回转条件下的电动机励磁电流、发电机正向励磁电流、发电机负向励磁电流、给定电流、电压反馈、位移、电动机电枢电压、发电机电枢电流等参数。

(2) 作业环境监测

实时监测作业环境(雨雪、气温、风向、风速等)以及作业工作面参数(台阶高度、采掘带宽度、爆破效果、底板平整度、工作线长度等)。

(3) 电量消耗监测

监测统计全矿、各班组人员、各电铲设备用电量(日用电量、月用电量)以及各班组的单机用电量及工艺单耗。

6.5.2 电铲在线动态数字化称重系统

动态称重技术方案实行的过程如图 6-12 所示,方案的实现是借助传感器采集提升钢绳拉力、铲杆的长度及角度三个参数,实现电铲的动态称重及配煤,量化每一铲斗挖掘重量及位置实现原煤的追溯,达到采场内配矿作业现场进行动态跟踪、调度目标[91-92]。

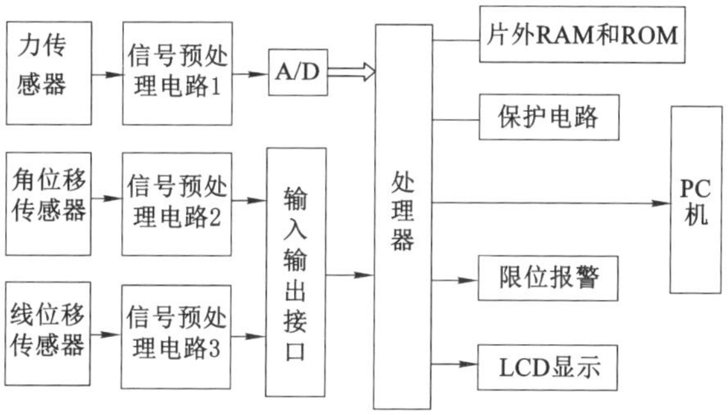

图 6-12 动态称重技术方案

(1) 动态称重

在电铲终端实时显示日期、操作员编号、电铲挖掘次数、每次挖掘重量、矿车次数、矿车装载量、挖掘时间、满载旋转时间、满载旋转角度、空载返回时间、空载返回角度、挖掘速度,并通过无线网络上传至调度中心,实时监测电铲作业进度。

(2) 配煤

电铲生产日计划可由调度中心下发至电铲,终端实时、动态地展示当前电铲位置、煤质,掌握当前剩余煤量和当前班电铲的实际装矿量,调度中心根据班配煤生产计划实现对现场电铲和卡车实施动态调整和调度。

6.5.3 爆堆质量评价系统

爆堆的块度组成是爆破质量的重要标志,也是爆堆唯一能量化的参数,它对铲装、运输及选矿破碎设备的生产效率都有着重要影响,利用电铲监测及图像识别技术,可识别装载性能与挖掘环境的关系,进行精确的爆破参数设计和优化[93],图 6-13 为块度识别样例。

图 6-13 块度识别样例

（1）可挖性指数

可挖性指数根据爆堆物料的块度、物料松散系数和根底存在情况影响工作面电铲作业能效的指数，结合铲装指标和图像传感器、挖掘振动传感器等可以对爆堆破岩质量进行综合评价。

采用提升电机电枢电压和电流总的信号垂直长度与它们信号下部面积比值的乘积值作为可挖性指数，终端实时显示可挖性指数并最终绘制可挖性指数分布图。

（2）爆堆块度分布

采用图像处理技术，实现岩体原始图像的获取、图像的分辨率推导、图像预处理、融合岩块的切割以及岩块几何尺寸的计算，最终获得块度分级曲线。

6.5.4 电铲智能化作业系统

采用北斗导航定位、传感器感知、自动化控制等技术，可实现挖掘机自动作业，省去操作人员烦琐的操作工序，减少劳动工作量，同时可提高工作效率，且具有比人为操作更高的操作精度[94]。

（1）3D 图纸作业

施工前将施工信息绘制成 3D 图纸，通过 3D 文件计算作业地点的坐标、制定作业目标，然后通过卫星定位技术获取现场实时地理信息以及挖机工作装置姿态信息（齿尖位置），实时调整铲斗高度并跟踪目标表面实现自动平整功能，防止超挖及欠挖；实时监测铲斗边缘到达设定表面的距离并控制铲斗停止动作。

（2）自主挖掘与装载

该挖掘机器人根据挖掘任务及环境信息，能自行决定挖掘步骤、挖掘位置及卸料地点。在铲斗向卡车的摆动过程中，激光扫描仪测量新挖掘表面，然后计算下一个要挖的位置。在铲斗返回挖掘面的过程中，扫描仪测量卡车上的矿石分布情况，根据矿石表面的高度起伏程度计算出下一个需要倾倒的位置，实现最佳的装车效果；完成定位挖掘位置—挖掘—回转—卸料—重新定位挖掘位置的闭环过程。

（3）远程控制

远程监控系统也可以将控制指令传送给车载智能控制系统，实现远程控制。

6.6 运输设备智能化

露天开采过程实际上是物料的运输过程，上部岩土剥离后运至排土场；下部煤层开采后运至选煤厂。运输环节作为生产工艺系统的中间环节，其设备选择与匹配将影响其他环节的生产效率。运输环节对其他环节的影响如下。

(1) 对穿爆环节的影响：穿孔爆破的质量决定爆破后矿石的大块数量，大块过多会严重影响卡车的装载。当物料采取半连续方式运输时，破碎机对爆破后物料的块度要求较高，破碎到合格块度后才能由带式输送机运送到指定地方。

(2) 对采装环节的影响：露天矿山最常用的是单斗-卡车间断工艺，铲车匹配与组合是生产计划、生产组织、生产调度的重要工作内容，优化调度是提高电铲与卡车设备效率的有效手段，因此采装与运输环节生产效率联系紧密。

(3) 对排弃环节的影响：卡车运输物料至卸载点后辅助车辆或排土机进行排弃作业，卡车运输卸载点的选择对排土作业的影响极大。运输环节选择合适的排弃点和合理的排弃量能减少推土机二次排土作业，提高排土作业效率。

6.6.1 卡车安全管理数字化系统

集成终端(图 6-14)在技术上可为司机提供下列信息：周围车辆的方位信息、车辆运行速度信息、前方障碍物距离信息以及司机自身的疲劳信息，并通过算法将这些信息进行归纳整理、综合判断，给出更加清晰的结论，让司机实时了解周围车辆的动态变化，必要时采取措施，减少事故的发生[95]。

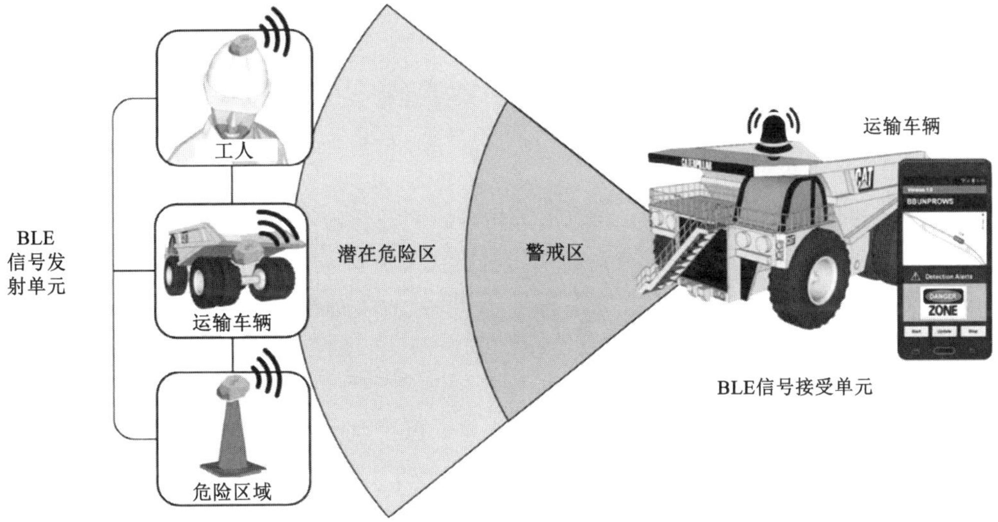

图 6-14 卡车安全数字化管理

(1) 超速管理系统

超速管理系统自动存储车辆在采场内超速的时间、地点、司机、车号、速度、超速时长等信息，最终形成超速管理报表对车辆进行管理，并进行报警提醒，以达到超速监督管理，使卡车的速度不超过限额速度。

（2）疲劳驾驶预警系统

疲劳驾驶预警系统采用机器视觉识别技术，自动检测人眼的眨眼状态，从眼睛的闭合来判断驾驶员是否处于疲劳驾驶，采用红外技术可以有效解决夜晚图像质量不足问题，实现更好的捕捉效果，监视司机瞌睡状态，并将图像上传。

（3）防撞预警系统

防撞预警系统采用毫米波雷达技术，实时测定车辆前方障碍物（或车辆）的距离，当接近障碍物并小于安全距离后，车辆自动刹车，避免与前方障碍物相撞的可能，实现运输车辆、工程管理等辅助车辆之间的防撞预警，防撞预警系统有效地解决了露天矿区因作业空间复杂、作业强度大、盲区多、车型复杂以及人员长时间作业等因素造成的车辆碰撞的问题，为露天矿的安全生产提供了可靠的技术保障。

（4）影像监测系统

采用多视频接口的监控摄像头，对右前视盲区、右后侧盲区、倒车后视盲区都进行了监控，辅助驾驶员进行实时盲区监控及倒车制动切换可视倒车画面，实现在驾驶室内倒车向前看，设备周围情况一览无余，解决卡车盲区大、视野窄的问题，提高倒车、会车时的安全系数，杜绝车辆滑落事故的发生。

6.6.2 卡车燃油监测数字化系统

采用无线网络远程油耗数据传输技术、卡车卫星定位技术和先进的传感器技术，采集加油记录、实时存油量、卡车油耗分析、班组油耗以及统计报表等数据并传输至监控中心的电脑，供监控中心的管理员查看和保存，通过智能型油耗监测装置，可精确监测卡车油耗，为提高生产效率、核算成本提供依据[96]。

（1）加油记录：在卡车加油时，将产生卡车加油点，可实时查看加油量，杜绝虚报燃油费的现象，并对指定时间段内卡车用油情况给出详细清单。

（2）实时存油量：显示卡车实时的油箱情况，实时了解卡车的存油情况，对卡车油量进行实时管理，杜绝虚报燃油费的现象。

（3）卡车油耗分析：通过累加油耗数据分析与瞬时油耗波动分析，可以推导出瞬时油耗数据表及瞬时油耗数据曲线，系统对油耗曲线进行图形分析，可找出油量异常情况。

（4）班组油耗：统计每个班组燃油消耗情况，根据卡车行驶情况，对每台卡车的燃油利用率进行对比，将燃油利用率作为驾驶员驾驶水平的考核要素，可以有效降低卡车燃油消耗量。

（5）偷油报警：油量异常减少时系统将产生偷油报警，杜绝燃油被偷事件。

（6）分析及打印车辆油耗的统计报表：对车辆油耗日报表、车队每台车辆油耗月报表、车辆燃油情况报表等进行分析和统计。

6.6.3 卡车轮胎监测数字化系统

采用传感器感知、无线网络通信等技术，可实时检测运行车辆轮胎的温度、压力、加速度等信息，并对采样信息进行统计分析，形成历史数据表格和曲线，有效统计轮胎磨损以及破坏规律，同时可对轮胎温度过高、压力过低进行报警提示。

(1) 轮胎报警功能

对轮胎气压进行实时监测(图 6-15)实现轮胎气压不达标、轮胎气压超标、轮胎温度超标、轮胎漏气、轮胎夹块等状况报警,在驾驶室内部的显示器采用报警方式来提醒车辆操作人员,在调度室的控制软件中将以图形及数字显示报警原因。

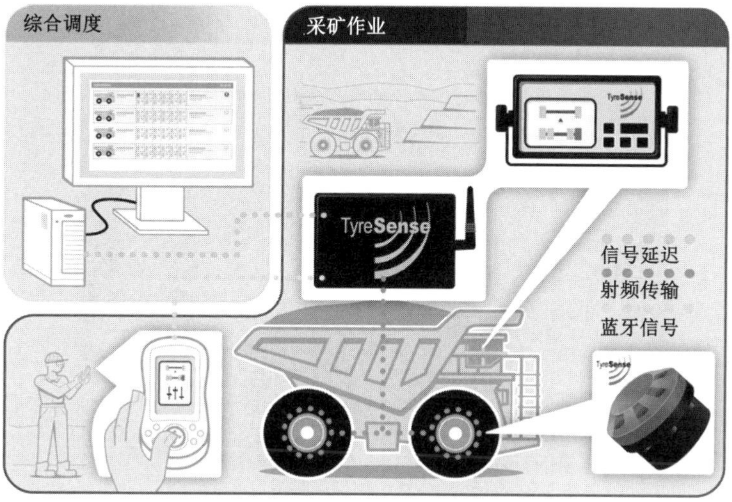

图 6-15 轮胎气压监测

(2) TKPH 值

主要从车辆的载荷、车速、运输距离三个方面进行综合计算,得出一个实际的 TKPH 值,再与标准值进行比较。如果高于标准值,则轮胎易产生高温,短期内会使轮胎内层的橡胶损坏(热剥离),轮胎因此而报废,大大缩短轮胎的使用寿命。

(3) 轮胎寿命预测

实现温度、压力、加速度、速度和位置等信息的实时采集,对采样信息进行统计分析,形成历史数据表格和曲线,有效地统计轮胎磨损以及破坏规律。对轮胎寿命、道路环境、荷载、驾驶习惯和车辆状况进行分析,及早发现轮胎早期破坏,准确研判卡车轮胎故障多发地点。

6.6.4 卡车调度管理系统

采用北斗导航定位技术、计算机及网络技术、无线数字通信技术、矿山系统工程及优化理论、地理信息系统技术(GIS)等高新技术,对传统的人工调度系统及管理体制进行改造,实时监控和优化调度卡车、电铲、辅助设备等设备的运行,自动统计产量、运距、提升高度、设备实动率和可用率等生产指标。实现铲车位置路径信息、采运排设备数量和工程量的动态监测,通过计算机综合调度模型实现露天矿总体目标(产量/总费用/效率)的动态调整,以及铲车实时运行管理的精细化[97-98]。

(1) 车载终端

① 导航功能:终端结合车载电子地图与自身位置数据,根据当前调度指令,自动寻找并提示最佳路径。

② 报警功能:适用于运输卡车、工程设备、辅助设备、指挥车和中巴车等。当设备出现超速、越界、非法停车、油量异常、无故停机、会车、举斗行车、驶离路线等异常变化时终端会

报警提示司机，如有必要还要上报调度室，并保存历史记录。

③ 燃油管理功能：加油车能够自动采集油料消耗情况，记录每台设备的加油量，然后及时传给中心。中心经过分析给出设备用量对比，为单机考核提供依据。

④ 轮胎管理功能：终端通过车速和载重量计算 TKPH 值，并通过无线网络上传到上位机管理系统，出具分析的图表和报告，供相关人员进行维护和管理时参考。卡车车载调度终端示意图如图 6-16 所示。

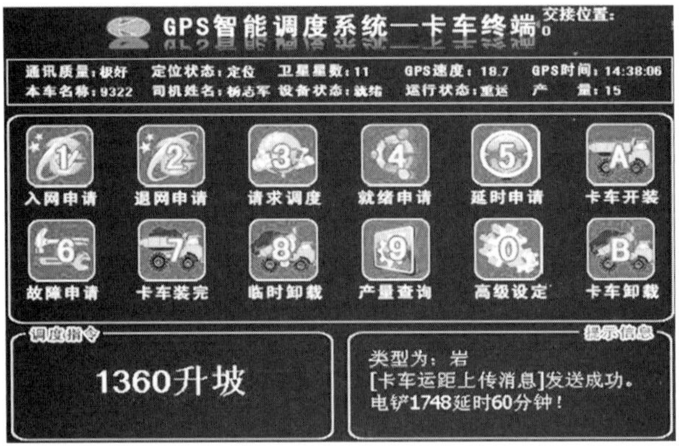

图 6-16　卡车车载调度终端示意图

（2）调度中心

① 智能调度：调度管理系统（图 6-17）根据生产现场道路网络基本信息、电铲和运输卡车等主要生产设备的基本信息（包括所在位置、车斗容量等），按照产量最大或成本最低等生产目标，自动生成优化的运输路径、车铲配比等指挥调度信息，及时发布到相应的铲、车终端实现调度优化控制，并对车辆进行实时监测。

图 6-17　调度管理系统

② 设备状态模块：通过设备的详细信息能直观地看出每台装载设备所在的作业平台及设备状态，并能实时统计出每台设备在各个平台到卸料点的产量、运距。同时，卸料点的高程可以通过台阶进行计算，再通过高程计算出每车运输的平均垂直运距和坡度。

③ 采矿设备控制：针对不同的生产区域、货物类型、设备种类、设备状态分别进行或组合跟踪监视，并根据应用需求对车流等进行监视（压车状况、车铲配套），最终形成调度报表。

④ 附加功能：包括电铲生产能力自动统计、车数自动统计、长路径二次派车、交接班和班中餐调度、调度报表、二维电子地图等。

6.6.5 卡车辅助节油智能驾驶系统

卡车辅助节油智能驾驶系统（图 6-18）采用传感器、无线网络、雷达、摄像头、自动控制等，实时采集人-车-环的数据，云平台根据收集来的信息综合计算和分析驾驶人行为、行车综合环境，辅助驾驶人养成良好的驾驶习惯，保证安全出行。

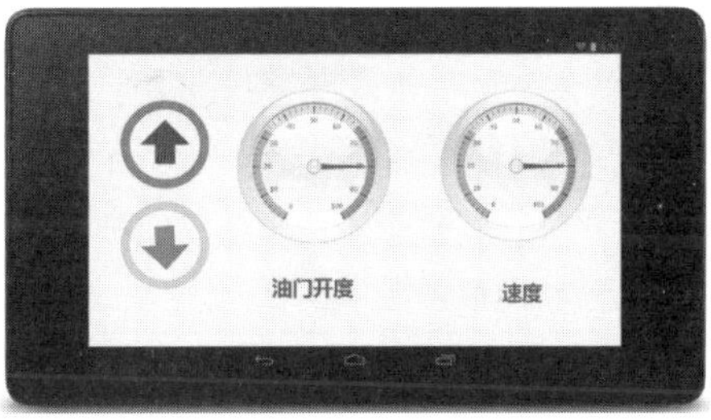

图 6-18 卡车辅助节油智能驾驶系统

(1) 节油驾驶：基于大数据分析同一车型、同一线路下，在不同路段、满载与空载条件下的最佳驾驶行为，按照最佳驾驶行为自动控制卡车的运行状态，在满足运量的前提下实现最少油耗。

(2) 驾驶水平评价：采用机器学习实现驾驶员驾驶行为水平的分级（优、良、中、差），并给出具体驾驶得分，量化司机驾驶水平。

6.6.6 卡车无人驾驶作业系统

无人驾驶技术采用车载传感器来感知车辆周围环境，并根据感知获得的道路、车辆位置信息和障碍物信息控制车辆的转向和速度，从而使汽车能够安全地、可靠地在道路上行驶。露天矿无人驾驶卡车可在无驾驶人员的情况下，按特定路线行驶、装载、卸载，自动地完成工作循环（图 6-19），有意外情况时能减速或停车[99]。

(1) 自主行驶：基于位置、方向、车辆状态、路线信息、道路状况、障碍物的信息、装载区、卸料区或排土场及等待区的地理信息等参数，车辆可接收无线指令并自动规划运输路径，以合适的速度前往目的地，完成自动行驶功能。为保证安全和经济性，可事先设定若干界限（速度、车距）、规则（驾驶规则、障碍物）。

(2) 自主装载：基于电铲位置、车辆位置、队列等工况，车辆自主选择继续等待，或电铲将装载位置的信息发给相应的车辆，并命令其进入装载位置，车辆会根据等待区及电铲的地理信息自行规划路线，进入装载位置。卸料的过程与装载类似。

(3) 综合管控平台：系统平台按照任务需求对接入平台的车队、设备、人员进行自动化管理与自主生产调度。

(4) “机群＋单车”协同决策：结合露天矿矿用卡车调度系统及新建 5G 通信网络和综合

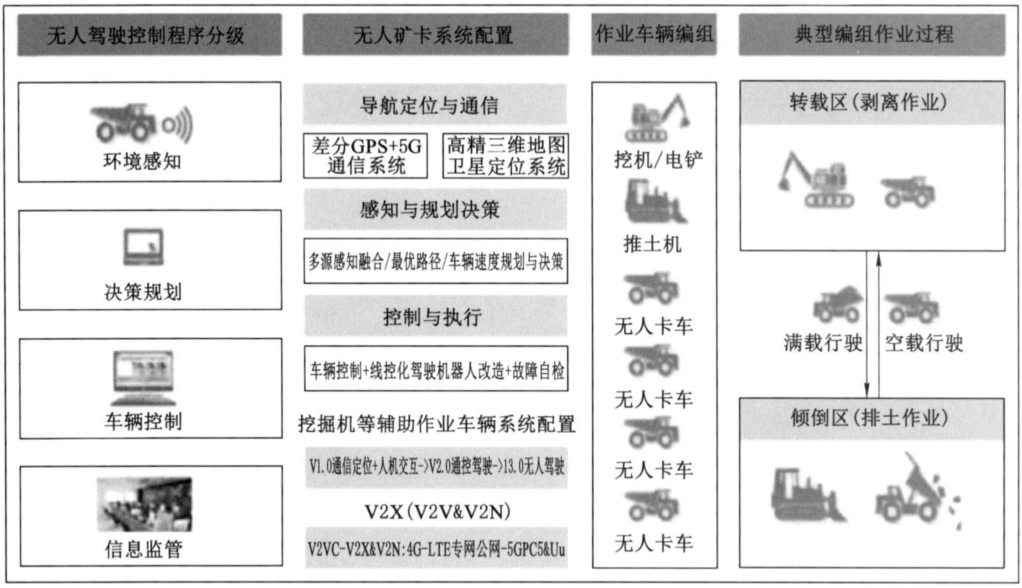

图 6-19　卡车无人驾驶作业系统

管控平台，建立基于人机意图的协同决策系统，利用机群系统对所有车辆行驶轨迹进行实时监控预测，对可能出现的情况设定特定决策。主要包括障碍物决策、会车处理、停车操作、十字路口、基于大数据的道路平整度自动检测与处理、故障问题决策等。

(5) 路径及速度规划：露天矿无人驾驶系统中配备高精度三维地图及定位系统，根据配备的矿区高精度三维地图及当前车辆位置和指定的终点位置进行全局行驶路径规划。根据参考路径的曲率、允许的侧向加速度极限值、道路坡度、行驶偏差、道路限速要求等对全局道路进行初始速度规划。管控系统依靠线控底盘和控制软件算法进行全面自动化控制，即使在弯道也具有极佳的轨迹控制能力。

(6) 辅助设备及设施配合作业：露天矿无人驾驶运输环节涉及物料的采掘与排弃，因此需要挖掘设备及推土设备的配合。通过在露天矿现有挖掘和推土设备上安装自动定位系统和感知系统，确定物料作业位置，卡车无人驾驶系统根据信息反馈结果，完成物料的装载、运输和排弃循环过程。

(7) 机群管理调度。通过车联网通信控制协议连接无人卡车、智能操作终端、管控中心以及其他设备，共同组成一体化的自动控制管理调度。机群管理调度主要包含以下内容：

① 起始点：系统对卡车车辆进行状态检查，完成检查可派发任务。

② 协同装载：机群管理调度系统根据当前任务情况对车辆进行指挥调度，使卡车与挖机完成协同装载，并按序驶离装载区。

③ 自动驾驶运输：卡车根据机群下发的排土点及全局路径规划自动行驶到排土场，运输过程中可实现主动避障遥控驾驶。

④ 协同卸载：卡车行驶到卸载区，按照机群指令依次完成卸载任务，并驶向下一次任务点或者返回停车场。

⑤ 终点：当车辆到达终点后系统对其状态进行再次确认及检查并记录在数据库中，等

待下一次任务。

6.7 排土设备智能化

排土作业是露天矿开采工艺环节中的最后一个环节，排土作业模式有两种：电铲装载的剥离物料经由卡车运至排土场指定卸载点卸载，再由推土机推平整理完成排土作业；剥离物料由连续或半连续工艺通过带式输送机运输至排土场，由排土机排弃物料，再通过推土机平整。排土工作的任务是选择合理的排土工艺、参数和设备，组织排土环节内部各工序的紧密配合，充分发挥排土场的能力，保证采场持续均衡生产，对各个环节影响如下。

(1) 对穿爆、采装环节的影响：剥离台阶穿孔爆破后物料的质量会严重影响排土作业，物料大块率过高将导致排土机无法压实路面，排土场路面不平整。

(2) 对运输环节的影响：推土机将排弃的物料平整压实后，扩展了排土台阶平盘，有利于运输卡车进行物料排弃作业。推土机排土作业后，形成排土机行走和地表胶带机移设的工作面，实现半连续剥离工艺系统的高效运行。

6.7.1 推土机自动化作业系统

推土机自动化作业系统(图 6-20)采用北斗导航、传感技术、PLC 等先进技术，使推土机的工作装置实现了自动找平。

图 6-20 推土机自动化作业系统

推土机通过无线终端接受露天矿生产计划与工程系统的作业目标和所分配的任务安排，分阶段制订作业计划，利用北斗导航确定推土机当前位置及刀板标高，实时获取当前作业的进度与轨迹，推土机的铲斗按预先给定的基准线(面)运行完成作业动作和目标；司机在驾驶室内能直观地了解机器的作业位置及状态，通过不同颜色区分作业是否完成并准确地判断出需要挖掘、回填或装载的土方量。

6.7.2 排土机智能作业系统

排土机智能作业系统采用无线信号数据转换及信号接入、无线遥控信号与整车 CAN 通信兼容等技术，通过纠偏控制、滑转率控制、防倾翻控制及功率自动匹配控制等方式，实现推土机的启动、熄火、行走及工作装置动作等全部基本功能的遥控[100]。排土机智能作业系统的远程遥控终端显示器如图 6-21 所示。

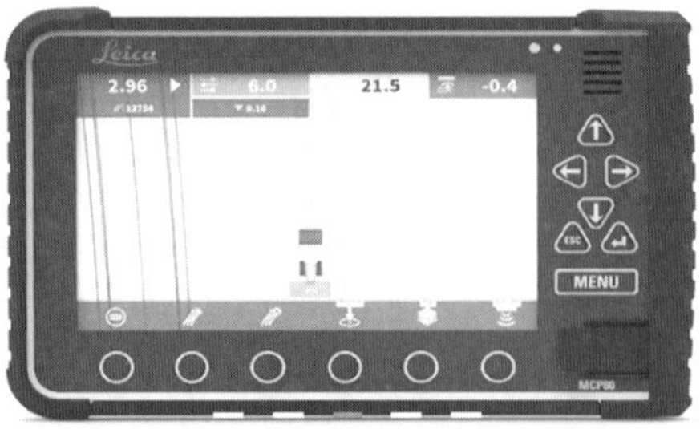

图 6-21 排土机智能作业系统的远程遥控终端显示器

6.8 原煤地面生产系统智能化

6.8.1 破碎站无人值守智能化作业

破碎站无人值守智能化作业采用传感器、激光雷达、PLC 等技术，实现卸料信号灯自动控制、给料速度控制以及失速保护功能，达到破碎站的无人值守目标，可减少 16 名操作人员，并最大限度地保护设备，提高系统生产效率，避免安全事故的发生[101]。破碎站无人值守系统可依据图 6-22 实现。

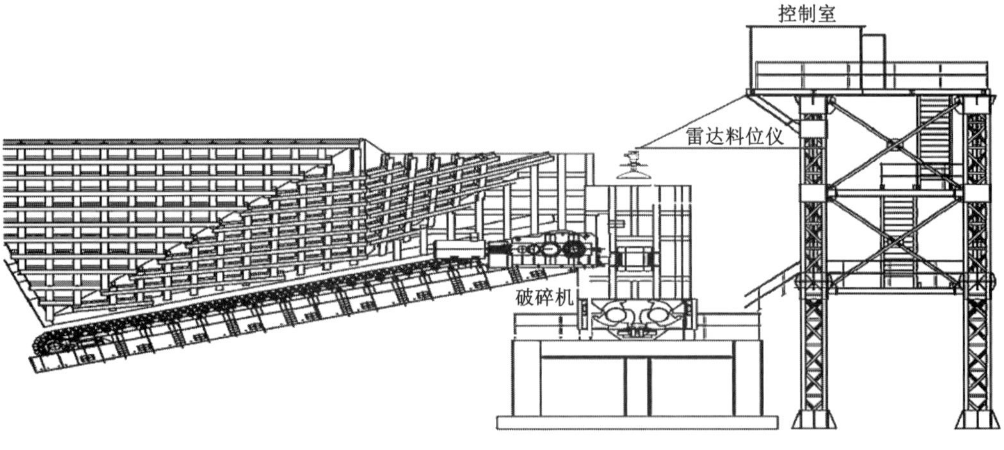

图 6-22 破碎站无人值守系统

(1) 卸料信号灯自动控制：通过激光雷达实时监测收料仓料位高度，并将其通过模拟信号输出到破碎站操作室内的操作台控制系统，使上述检测信号与控制系统车辆卸载信号灯进行联动，当料位超过一定高度后信号灯变成红色，卡车停止卸料；当料位下降至一定高度后信号灯变成绿色，卡车开始卸载。

(2) 板式给料机给料速度控制：研究板式给料机给料速度与带式输送机运行速度的最佳配比，当带式输送机某部位跑偏导致其运行速度降低，自动调节板式给料机的给料速度。

(3) 失速保护：当出现蓬煤或大块物料进入破碎腔内时，破碎轴停止转动、板式给料机停止给料,可设定自动或手动反转电机使破碎轴反向旋转,破碎机内的物料被排出,待异物清除后破碎机正常运转。

6.8.2 带式输送机智能化作业

6.8.2.1 带式输送机集控系统

为实现露天矿多台带式输送机的集中控制,采用一台核心交换机组建调度中心监控系统;多个 PLC 控制分站分别设置在各台带式输送机机头的集控箱中,并为每个 PLC 控制分站配备工业以太网数据交换机,采用树形网络拓扑结构,通过烟雾、温度、跑偏、急停、纵撕、速度等保护传感器对其进行监测与保护[102]。

该系统实现带式输送机具备防跑偏、防打滑、纵裂保护、堆煤保护、烟雾保护、紧急停车、电机温度保护等功能;并且根据运输工况实现智能调速,空载时降低带式输送机运行速度。系统可实现全胶带运输系统集中控制、局域控制、就地控制。带式输送机集控系统如图 6-23 所示。通过功能灯铃信号装置、起车预警及故障报警等设备组成功能更完善、更强大的保护控制系统。带式输送机集控系统的内部作业原理如图 6-24 所示。

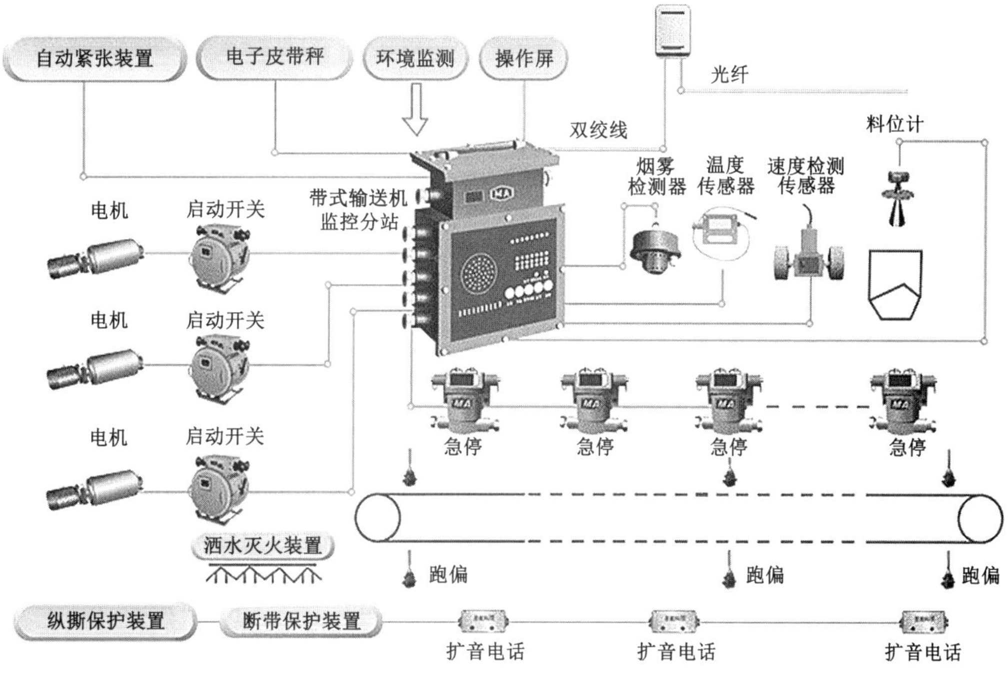

图 6-23 带式输送机集控系统

带式输送机集控系统实现功能如下:

(1) 保护预警:实现胶带跑偏保护、速度检测、打滑和超速保护、急停闭锁、温度检测、纵向撕裂保护、自动洒水、语音提示等功能。

(2) 智能作业:自动判断系统是否堵煤,自动停运胶带并联动控制系统胶带及破碎站,并自动检测煤块度大小,调整破碎机转速,满足出料粒度要求。

(3) 远程控制:在矿山调度管理中心远程控制地面生产系统多台带式输送机的启停,实时监测带式输送机的启停状态。

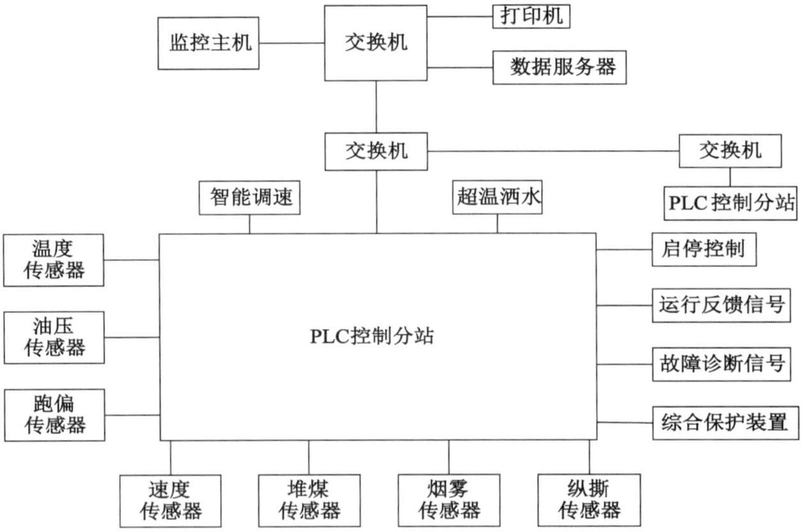

图 6-24 带式输送机集控系统内部作业原理

(4) 实时监测：带式输送机电动机的各项电气参数及前、后轴温度；带式输送机构的运行参数（如：调速型液力耦合器开度、液压系统油温、油压、张紧装置的张紧压力等）；带式输送机的保护状态（如：跑偏、急停、堆煤、纵撕等）。

(5) 综合显示：在监控主机上显示整个带式输送机集控系统的工艺流程，以及生产中的实时工况参数；显示故障报警及系统故障位置，报警内容、时间等细节可以文本、列表的形式保存输出；显示系统所采集的各类模拟量的趋势曲线和汇总报表，包括实时、历史曲线，以及日报表、周报表、月报表等。

(6) 故障性质及地点显示：故障诊断系统检测输入线的断路和短路，检测并显示胶带系统的故障位置；对设备起停、设备状态、沿线闭锁、传感器保护、各种故障等进行语音报警。

6.8.2.2 巡检机器人

针对露天矿带式输送机常见的输送带和托辊故障，设计了一种集成传感、控制及通信功能的带式输送机巡检机器人系统，可实现对带式输送机多种常见故障的检测。在带式输送机顶部或侧面设轨道智能巡检机器人，不间断地对带式输送机沿线进行巡检。

胶带自动巡检机器人（图 6-25）的关键零部件全部智能化，整机具有智能化、模块化和集成化的特点，可实现自动行走、自主定位、胶带运行参数监测、温度与烟雾感知、煤流监测、环境参数监测及预警等功能，能代替固定人员巡检，实现带式输送机系统的自主智能运行管控[103]。

巡检机器人自带照明设备、高速高清摄像头，依托高速无线网络平台，把实时画面传回调度室 PC 终端或现场值班室人员的手持终端，并自动对同一位置的画面信息进行比对，如同一位置画面出现变化，则可第一时间报警，供管理人员和值班人员迅速判断、决策故障情况和故障处理措施，方便现场值班人员迅速组织人力、物力进行现场事故处理。这一功能不仅能够代替带式输送机沿线巡检工，减轻工人的劳动强度，还可及时快速发现故障，缩短故障处理时间和故障停机时间，从而保证了设备开机率。

(1) 检测功能

巡检机器人能够完全代替人工巡检，通过多种传感器实时采集、存储、传输现场的图像、

图 6-25 胶带自动巡检机器人

声音、温度、烟雾、速度等数据，实现数据实时上传，及时发现故障。

(2) 巡检路线规划

巡检机器人具备巡检路线规划功能，严格执行预先制定的巡检路径及巡检点，支持通过后台系统在巡检过程中适时修改巡检点的功能。

(3) 重点设备关注功能

运维人员可根据带式输送机的情况添加重点关注的巡检部位，后台机主界面可直接显示该部位的巡检历史曲线。

(4) 移动图像采集功能

在低照度、高湿度和粉尘环境下，通过巡检机器人搭载的高清摄像机实现对带式输送机关键巡检点的图像采集，包括带式输送机电机、液力耦合器、减速机、散热器、制动器、联轴器、滚筒、拖辊等。通过对当前图像与正常作业状态对比分析，判断带式输送机是否发生故障、故障位置、损坏程度、是否需要停机检修以及有无违章操作等情况。

(5) 数据查询及分析功能

后台系统根据巡检所得数据对带式输送机运行状况以及巡视时间进行分类汇总并加以分析，形成检测报告，以供运维人员及时查阅。检测报告可根据需要详细记录巡检任务名称、巡检时间、关键部件工况、红外测温图像等信息。

(6) 故障报警功能

系统通过获取巡检机器人本体采集的现场温度、烟雾以及速度等数据，判断测量数据是否超过设定限制值。若超过设定限制值则发出报警信号，控制带式输送机紧急停车。当故障排除后，按事故复位按钮，清除故障信号，方可重新启动系统运行。

6.8.3 堆取料机智能化作业

6.8.3.1 远程控制系统

利用激光扫描技术对料堆进行动态实时扫描，并将数据存储，通过对外端口实时共享数据，在远程操作站安装 PLC 站，具体包括 PLC 模块、通信单元等，实现远程全自动操作，同时操作人员能够在需要时远程人工接管设备[104-105]。

(1) 取料俯仰角度系统

基于编码器和 PLC 自动检测控制的系统技术，准确计算钢丝绳伸长量与俯仰角度关系或角度传感器,准确匹配刮板在位置角度下的分层取料高度,实现取料刮板输送机臂架上升或下降的速度控制、俯仰方向及角度的更改、俯仰动作的启动或停止以及俯仰到位后刮板链条驱动刮板输送机取料作业的启动或停止等功能,极大地提高了取料俯仰精确性及安全性。

(2) 防碰撞安全系统

在堆取料机上的大臂和回转中心安装北斗导航系统。通过北斗导航的位置信息和空间几何算法,得出两台堆取料机之间的最小距离,从而可以判断出堆取料机发生碰撞的可能性。当判断可能性为较高时,进行碰撞报警,使得工作人员得知堆取料机之间即将发生碰撞,可以进行停机等处理;当判断可能性为中等时,进行减速报警,使得工作人员得知堆取料机之间可能要发生碰撞,需要减慢堆取料机运行速度;当判断可能性为较低时,不进行报警,堆取料机可以安全地进行作业。

(3) 料场管控系统

系统收到生产调度系统发送包含煤质、计划作业量和时间等信息的作业计划后远程控制堆取料机(图 6-26),其原理是通过激光三维扫描系统获取实时获取料堆的三维图像数据,并计算料堆的边界及高度数据、取料的切入点位置,进而得到堆取料机每次堆取料旋转角度范围、俯仰角度起始位置、终止位置、堆料总量,方便人工对堆料控制过程进行优化。

图 6-26 堆取料机的远程控制

① 堆取料机自动作业开始时,自动启动扫描仪开始工作,根据作业指令、三维图形以及模型计算的结果,控制堆取料机完成自动对位并实时采集料堆数据,形成三维图形。

② 当堆取料机在堆料作业时,根据实时形成的图形和采集的三维数据,判断料堆高度以及料堆的边界,实时模型计算出堆取料机的取料回转角度,控制堆取料机的大臂回转;同时根据实时三维图形和当前流量,实时控制堆取料机的回转速度和进斗深度。堆料作业完成后,最新的料堆信息保存于数据库。

6.8.3.2 料场储量系统

通过激光扫描设备对料场进行整体成像,计算分析料场储量,煤堆信息可以以不同形式如颜色来区分不同煤种的信息。不同煤质通过自动控制中的堆料信息来自动确认,也可手动更改。

6.9 露天矿生产工艺系统智能化

6.9.1 大型装备智能快速准确自动对接系统

大型装备智能快速准确自动对接系统采用的是结构创新与智能对接控制技术相结合的

方式。结构创新是通过在自移式破碎站和转载机上附加一个回转自由度,实现微摆回转动作;智能对接控制技术是通过加装于自移式破碎站和转载机上的差分 GPS 和 UWB 元件来对自移式破碎站和转载机的位置进行定位,以实现对自移式破碎站和转载机自动对接的控制,每班可节约对接时间 20 min[106]。

(1) 姿态数据存储:对作业环境内不同的作业人员和设备进行自动识别,感知并采集作业人员的身份信息,以及作业现场的实际工况和环境信息等相关数据,进行数据的自动存储。

(2) 设备故障管理:进行设备故障信息资料的收集整理与管理,随时了解设备技术状况,对设备隐患及早预防,对已发现的设备故障进行机理分析并提出对策。

(3) 自动对接:基于现场数据采集获得的电铲、自移式破碎站、转载机、受料车及其待对接部件的高精度位置和姿态数据,迅速生成对接方案,进行自动对接。

(4) 接口管理:实现系统的软件接口与通信接口的管理。

6.9.2 电铲-卡车装载自动化系统

采用扫描激光测距仪来识别和定位卡车,并自动计算最佳挖掘位置和倾倒位置,完成卡车快速装载任务,提高电铲装车效率,降低人员操作难度[107]。

(1) 卡车识别与定位:采集作业环境的点云信息,并通过点云的分割和拟合实现对挖掘点和卡车卸载点的准确定位,识别、定位和测量卡车的尺寸。

(2) 最佳装载点与挖掘点:该挖掘机器人根据挖掘任务及环境信息,能自行决定挖掘步骤、挖掘位置及卸料地点。在铲斗向卡车的摆动过程中,扫描仪测量新挖掘表面,然后计算下一个要挖的位置。在铲斗返回挖掘面的过程中,测量卡车上的矿石分布情况,根据矿石表面的高度起伏程度计算出下一个需要倾倒的位置,实现最佳的装车效果;完成定位挖掘位置—挖掘—回转—卸料—重新定位的闭环过程。

6.10 设备故障实时诊断智能化

6.10.1 故障诊断知识库

根据设备厂家手册,构建涵盖牙轮钻机、电铲、自卸卡车、推土机的故障诊断知识库,涵盖常见故障及故障处理措施。

6.10.2 牙轮钻机故障诊断

牙轮钻机故障诊断[108]是指当提升电机、回转电机、油泵系统和空压机系统出现故障时,系统自动提示报警信息。

6.10.3 电铲故障诊断

当电铲推压控制、提升控制、过流等出现故障时,系统提示报警信息[109]。

(1) 开斗电机:开斗电源故障、开斗电机转子接触器故障、开斗电机过热。

(2) 空压机:空压机电机电源故障、空压机机械故障、空压机供电故障。

（3）抱闸：提升抱闸故障、推压抱闸故障、回转抱闸故障、左行走抱闸故障、右行走抱闸故障。

6.10.4 自卸卡车故障诊断

自卸卡车故障诊断包括以下几项内容：

（1）发动机：发动机温度过高、发动机转速异常、发动机压力过大等故障。

（2）轮胎：轮胎气压不达标、轮胎气压超标、轮胎温度超标、轮胎漏气等故障。

（3）举升系统：卡车举升系统举升无力、举升缓慢甚至无举升等。

（4）液压系统：液压系统油温过高故障。

6.10.5 破碎机故障诊断

破碎机故障诊断包括以下几项内容[110]：

（1）系统故障：破碎机的动锥、传动系统故障，主要有动锥不平衡、转轴不对中、轴承座松动、轴承损坏、轴向碰磨等故障。

（2）润滑故障：润滑油油量不足。

（3）液压系统故障：液压系统温度过高、液压系统压力过大故障。

（4）破碎机失速故障：破碎腔内大块卡堵或蓬煤故障导致破碎站失速停机故障。

（5）黏料故障：料仓黏料、破碎机冻黏故障。

6.10.6 推土机故障诊断

推土机故障诊断包括以下内容：

（1）运行故障：行走故障、转向故障、启动故障。

（2）变速器：变速器缺挡、无空挡、等挡故障。

（3）液压系统：系统无压力或压力较低故障；换向阀无压力或压力较低故障；系统持续高压并发热故障。

（4）润滑系统：润滑系统压力低、润滑油进水、油道堵塞等故障。

（5）发动机：发动机怠速故障、发动机运行时转速过低、发动机捣缸故障、发动机高温、发动机动力不足、作业异响、发动机膨胀水箱喷水故障等。

6.11 大型卡车架线式电力驱动系统

大型卡车架线式电力驱动系统（图 6-27）主要由电源供电设备、集线装置、受电器装置和自卸车系统 4 部分构成。通过架设在空中的输电线，经受电器将电能传给电动轮卡车的电动机使用。架空线架设在相对稳定的主干道上，在重载上坡时，卡车采用辅助架线直接供电驱动，柴油发动机只做怠速运行，在平道行驶时则由柴油发动机驱动；在下坡时，车辆制动所产生的电力经辅助架线直接返回给电网[111-112]。

大型设备电力驱动主要适用于：大量物料需要从低水平向高水平排放；电力和燃油比价合理；深坑开采作业；在斜坡道上运输卡车集中，并在较长的时间内有大量物料运输排放。

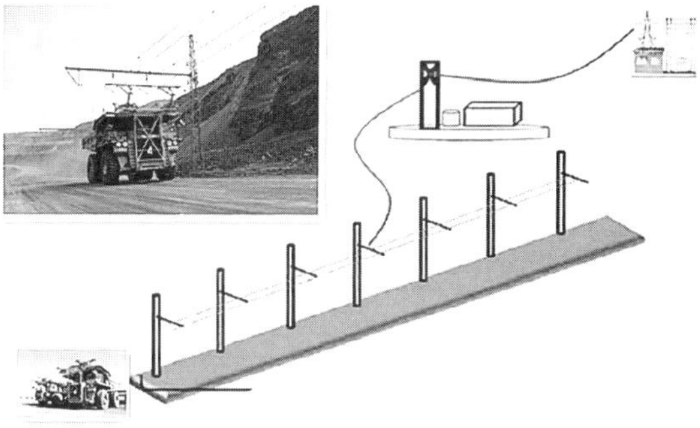

图 6-27 大型卡车架线式电力驱动系统示意图

6.12 辅助环节

6.12.1 维修系统

全矿建立统一的设备运行保障体系及保障模式，建立统一的故障处理流程标准，采用统一的点检和巡检模式、计划检修和保养模式、异常报警提示信息等。通过采用标准化的设备运营管理手段，提高工作效率、降低劳动及设备维修工作的强度、保障一线工人的安全，以实现设备的智能管理。实现全员、全效率、全过程的全方位智能化的管理(图 6-28)。对所有的车间、设备、备品备件按照标准进行统一编码、统一存储，奠定数据共享的基础，提高数据查询和处理速度。做到停机为零、废件为零、事故为零、速度损失为零，在保证露天矿生产效益最大化的同时，实现费用消耗的合理化。

图 6-28 设备智能化管理平台

(1) 机电设备知识库

构建自移式破碎机、单斗挖掘机、卡车、带式输送机等设备知识库，知识库内容包括配件安装手册、图纸、使用说明书、操作手册等。

(2) 设备点检和维护保养模式

① 设备点检：实现露天矿大型设备点检实时全局管控。故障申报和领导审批、工单生

成、库房管理、维修流程融为一体，申报后所有信息按照流程自动流转，管理人员可以通过移动终端进行审批。

② 设备维护保养：可以为维护人员的任何一组设备创建巡检计划、定期维护计划、年度维修计划。为了确保维护活动能够顺利执行，可以在计划中定义好任何工人所需的资源、备件、注意措施以及相关文档，该维护计划会按照预设的条件自动提醒。管理人员可以通过PC端或者App端查看维保计划的执行反馈情况。在露天矿设备资产的整个生命周期中，可以随时查找与之相关的文档和维护数据，构成智能检修的运行模式。

(3) 故障处理模式

打通生产现场、点检人员、作业区、车间、协同部门、设备室之间的信息沟通渠道，当专业点检、一线生产岗位发现隐患后，直接将信息共享给相关部门，进入定修、抢修、日修、大修等相关流程。审批流程和工作票生成后全部通过网上流转，管理人员可以通过移动终端，在任何时间、任何地点进行审批，取代传统的纸质文件，提高劳动生产率。根据以往设备故障数据，实现设备利用率、故障率的自主分析，并自动生成报表，为成本控制提供数据支持和管理参考。

(4) 备品备件管理

及时获取库存设备数量信息，并通过查询功能及时掌握备品备件领用情况及库存状况。如当所需的某备件用到最低限度时，给予信息提示，便于管理人员进行查询、核对。

(5) 统计分析

可以根据需求通过系统自动分析，比如分析设备故障率(哪台机器故障率高)，通过设备故障信息和检验信息分析设备后期出现故障的可能性，以及设备配件更换周期、维修配件使用统计等。

6.12.2 供电系统

供电系统智能控制通过计算机控制，将供电系统各部分工作协调好，使整个供电系统达到效率最大化，实现全煤矿供电系统一体化统一管理，提高煤矿供电系统的稳定性。同时实现变电站、移动站的无人值守。

(1) 设备监测保护

实时监测各设备的运行状态，实现对变压器、线路、电容器的电流保护、电压保护、UPS电源或直流电池组监控、漏电保护等。同时自动化控制系统可通过系统自带的监测系统对煤矿中各电力设施进行监测，有异常状况可及时报警。

(2) “四遥”功能

对高压站点运行的模拟量和状态量进行实时采集及传输，地面中心控制室可远程控制操作、修正设定值、可视对讲等，还可授权移动终端办理工作票等功能。

(3) 供电质量控制

对高压站点的供电质量进行监测控制，主要监测项目有实际线路电压与标准电压的差距、规定范围内的电压合格率、实际频率与标准设定频率的差距、规定范围内的频率合格率、谐波监测等。

(4) 能效管理

实时计算每个部分运转所消耗的电能，得到整个系统的能耗分布。

（5）监测、统计数据

监测数据的动态曲线（实时跟踪曲线）并显示每日、每月、每年采样曲线，显示视频图像，自动统计数据信息，生成运行报表，进行电能计算。

（6）实时告警信息

可语音播放，也可以提供短消息、微信通知功能，将重要的告警信息发送至指定用户手机。

（7）数据集成

设有对接端口，将遥控记录、操作记录等信息合理集中统一管理，数据可设定存储期限、实时调出，所有相关数据可集成到大数据平台。

（8）报警功能

当出现超温、烟雾、明火等情况时，系统可实现消防报警功能。当有人未经允许进入变电站、移动变电站内，系统将发出入侵报警，并且实现报警联动，及时通知相关部门。

（9）环境监测监控

系统自动监测站内环境，包括温度、湿度、水浸、气体等。

（10）门禁功能

通过设置权限，清楚地界定可以自由出入的范围，并对人员的进出情况进行记录，以备查询。认证方式多样化，系统可以使用指纹、密码、刷卡来实现进出，避免因指纹无法识别而不能正常进出。

6.12.3　疏干排水系统

基于无线网络及 PLC 技术，实现水位监测及水泵远程控制，避免人工监测的缺点，而且具有及时、准确的特点。

（1）水位监测

自动采集水位数据并上传至地面调度室，实时监测当前水位，并与水泵联动工作，自动计量抽取的水量。

（2）水泵远程控制

将传统多人值守泵站改造成具有就地/远程操作及远程监控功能，在调度室通过上位机就可以安全准确地完成泵站开泵操作、监控、记录等。

7 智能化露天矿生产计划与工程管理系统

7.1 规划目标

智能化露天矿生产计划与工程管理系统分期规划目标如下：

（1）一期规划目标

实现穿孔、爆破、采装、运输和排弃等环节的智能化设计，以及局部作业过程的推演和分析；实现作业环节关键点的细化和量化，规范施工标准，班组生产成本的自动核算以及绩效的自动考核，矿山施工质量的智能管控；提高作业效率，保证安全生产，降低生产作业成本。

（2）二期规划目标

实现开采过程的动态仿真，开采设计和施工的交互分析和优化，最终达到智能决策的目的；在设备智能化基础上，实现生产目标最优下各工艺环节自动决策和施工。

智能化露天矿生产计划与工程管理系统规划目标、分期建设内容等见表 7-1。在图 7-1 中根据多个系统之间的逻辑关系确定了各个智能化系统等高层次的建设内容。

表 7-1 智能化露天矿生产计划与工程管理系统规划目标

规划系统	一期		二期	
	建设系统	要素点	建设系统	要素点
智能化露天矿生产计划系统	露天矿生产计划系统（初级版）	主要生产环节的仿真模拟； 设计方案仿真优选和优化	露天矿生产计划系统（高级版）	对矿用设备及矿山生产全过程的仿真模拟； 对设计方案进行动态调整； 对经济效益进行分析评估
智能化露天矿工程管理系统	岗位标准作业流程系统	作业内容、作业程序和作业标准统一化； 为施工作业质量考核提供标准	无	
	班组管理系统	实时统计产量和任务完成情况； 工作任务自动分配、任务进度自动追踪和班组绩效自动统计； 自动排班、生产作业过程智能识别； 生产班组数据自动分析，自动核算班组成本、生产能耗等		

表 7-1(续)

<table>
<tr><th rowspan="2">规划系统</th><th colspan="2">一期</th><th colspan="2">二期</th></tr>
<tr><th>建设系统</th><th>要素点</th><th>建设系统</th><th>要素点</th></tr>
<tr><td rowspan="2">智能化露天矿工程管理系统</td><td>施工质量管理系统</td><td>施工标准、施工考核、施工验收等材料数字化管理；
工程施工考核无纸化；
工程施工质量考核自动对比分析；
矿山施工质量数据智能化分析</td><td colspan="2">无</td></tr>
<tr><td colspan="2">无</td><td>矿山工程智能管理系统</td><td>设备和作业状态智能监控，动态优化卡车调度、作业设备位置；
设计与施工一体化；
生产大数据智能分析、处理与决策</td></tr>
</table>

7.2 规划设计

7.2.1 智能化露天矿生产计划系统建设规划

首先，建立露天矿生产计划系统初级版，按照现有工艺设备和设计以及中短期计划，确定最佳穿孔、爆破、土岩煤各个工作面的采装、运输、排弃、道路维护等工程或生产作业的施工设计/计划方案、最优技术参数、设备系统布局及调度、人员及物资保障、辅助工程等。

然后，在露天矿生产计划系统初级版的基础上，建立露天矿生产计划系统高级版，按照即时、阶段确定的生产目标(优化目标如成本最低、总体产能最大等)，应用“物联网＋”对单台设备的即时空间位置、运行轨迹、作业状态、完好情况以及各种经济技术指标的测算等，进行综合调度优化，实现整体最优目标下的穿孔、爆破、采装、运输、排弃等主要工艺系统的分目标优化运行。

7.2.2 智能化露天矿工程管理系统建设规划

首先，通过建立矿山工程施工的岗位标准作业流程系统和班组管理系统，对现场作业进行标准化管理，并实现以班组为单位的矿山工程施工管理，同时实现矿山工程施工过程计划任务自动分配，现场工程问题智能上报、班组绩效自动考核、生产成本智能核算、员工考核以及生产数据智能分析等，从而提升班组人员的标准化作业水平和工作效率，同时也通过班组管理加强了对外委施工的监管。后续随着基础平台数字化、智能化建设的逐步完善和发展，逐渐增加和实现更多的智能化采集、分析、决策相关功能。实现现场作业的规范化管理和生产计划的智能发布。

然后，在岗位标准作业流程系统和班组管理系统的基础上，对工程施工质量以及矿山工作人员工作质量进行量化考核，不仅要通过人为的质量检查考核，而且要在建成大数据云平台、矿山视频智能监控以及矿山设备智能终端等条件下，通过智能化信息传感技术、智能分

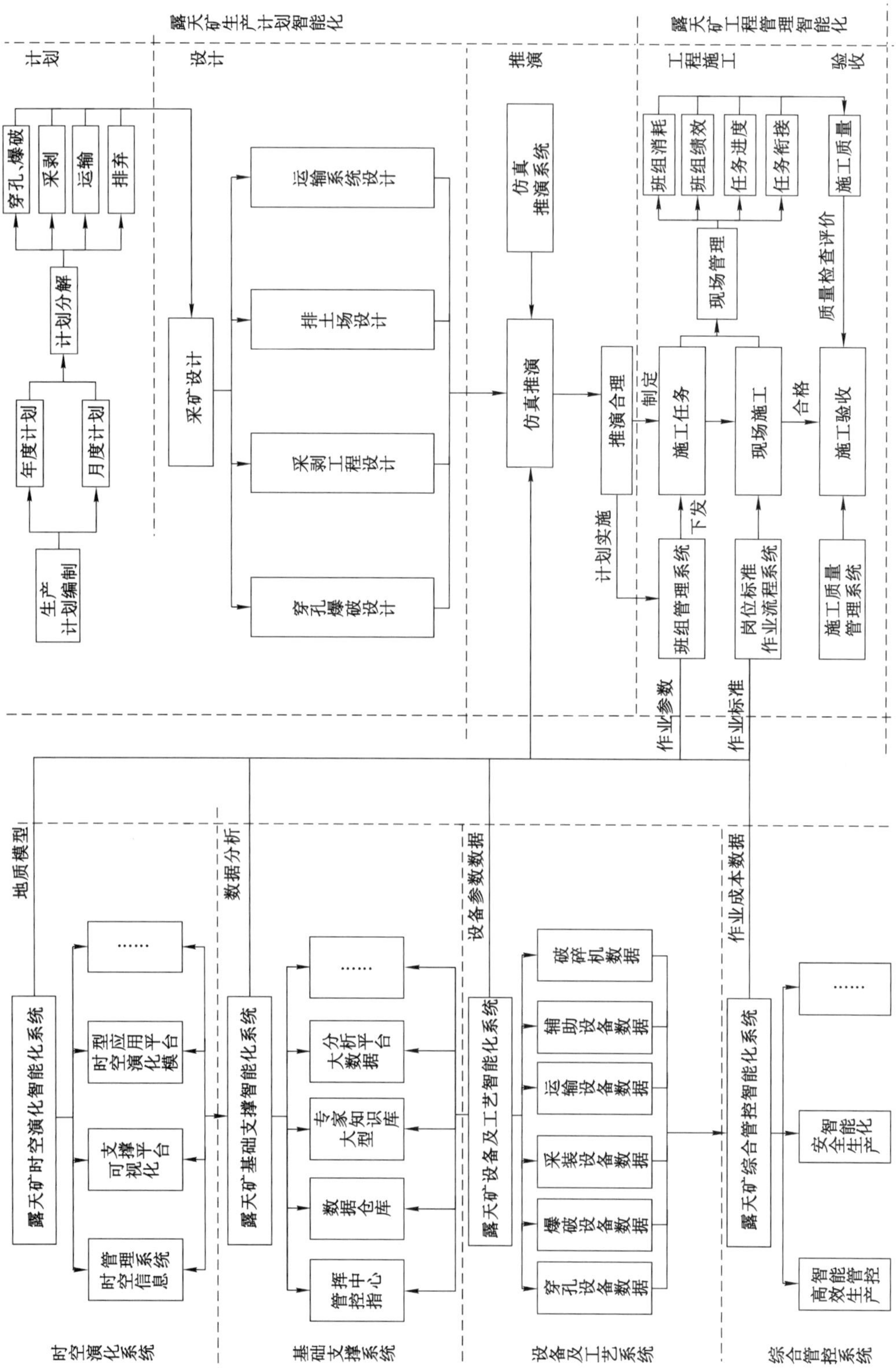

图7-1 智能化露天矿生产计划与工程管理系统

析技术、智能决策技术等，实现对矿山工作人员和施工质量的系统内智能分析考核，从而实现施工作业和质量管理的标准化、智能化。

最后，在基础平台和前三个系统建成的基础上，建设矿山工程智能管理系统，使得矿山生产计划可以细化到人的智能发布，以及矿山工程施工中精确、严格、规范的管理和质量控制，杜绝矿山计量过程中的失误和矿山采装运输的排队、堵塞、空置现象，以及越界采掘等问题。实现对现场各生产环节的综合管理以及辅助作业人员进行判断、决策和施工，从而使得相关人员的作业更加精确、效率更高；实现施工作业的少人、甚至无人，从而提高矿山的整体效益；同时实现对设备作业状态、设备作业量、作业位置、生产进度、生产成本等情况进行实时追踪、分析以及预测，了解现场生产情况以及各项指标数据实时反馈到时空演化智慧化系统、综合管控智慧化系统等基础系统，形成一个生产作业系统的综合智能化监管决策平台，达到提高施工工作效率，减少现场管理人员成本的目的。

智能化露天矿生产计划与工程管理系统中各系统业务流如图 7-2 所示。

7.3 智能化露天矿生产计划系统

鉴于现代露天矿山工程的复杂性，当前开采工艺优化工作应借鉴军事领域兵棋推演方法，重新重视而非取代"以人为中心"的矿山开采指挥决策模式，打破传统理论优化方法及主观经验分析方法中所存在的局限性，积极地引入兵棋仿真推演优化思想，实现优化设计与现场实践的紧密联系，提高露天矿山工程的生产组织管理水平。

7.3.1 露天矿生产计划系统初级版

露天矿生产计划系统初级版包括系统管理子系统、推演管理子系统、生产设计推演子系统和推演评估子系统 4 个部分。

系统管理子系统和推演管理子系统是系统的基础，系统管理子系统提供基础的组织机构、用户及角色等管理；推演管理子系统提供地质模型管理以及基础数据维护和设置，包括基础信息配置、演练脚本配置和信息汇集等。生产设计推演子系统是整个系统的核心模块，实现露天矿生产设计方案等的推演功能。推演评估子系统实现推演结束后的总结评估。露天矿生产计划系统初级版功能如图 7-3 所示。

7.3.1.1 系统管理子系统

系统管理子系统主要实现维护系统中的组织机构、用户和角色等管理功能，以及为组织机构和用户分配相应角色的功能，支撑业务系统，提供基础数据维护等功能。

(1) 组织机构管理功能

使用业务服务平台在系统中建立组织机构，其基本组织类型包括单位、部门、岗位和职工等。

(2) 用户管理功能

同步系统用户为推演系统使用，并可在本功能界面显示的"用户树"中完成用户的增加、修改和删除。

(3) 角色管理功能

建立演练的角色，为组织机构和用户赋予不同的演练角色。主要角色包括控制组(推演

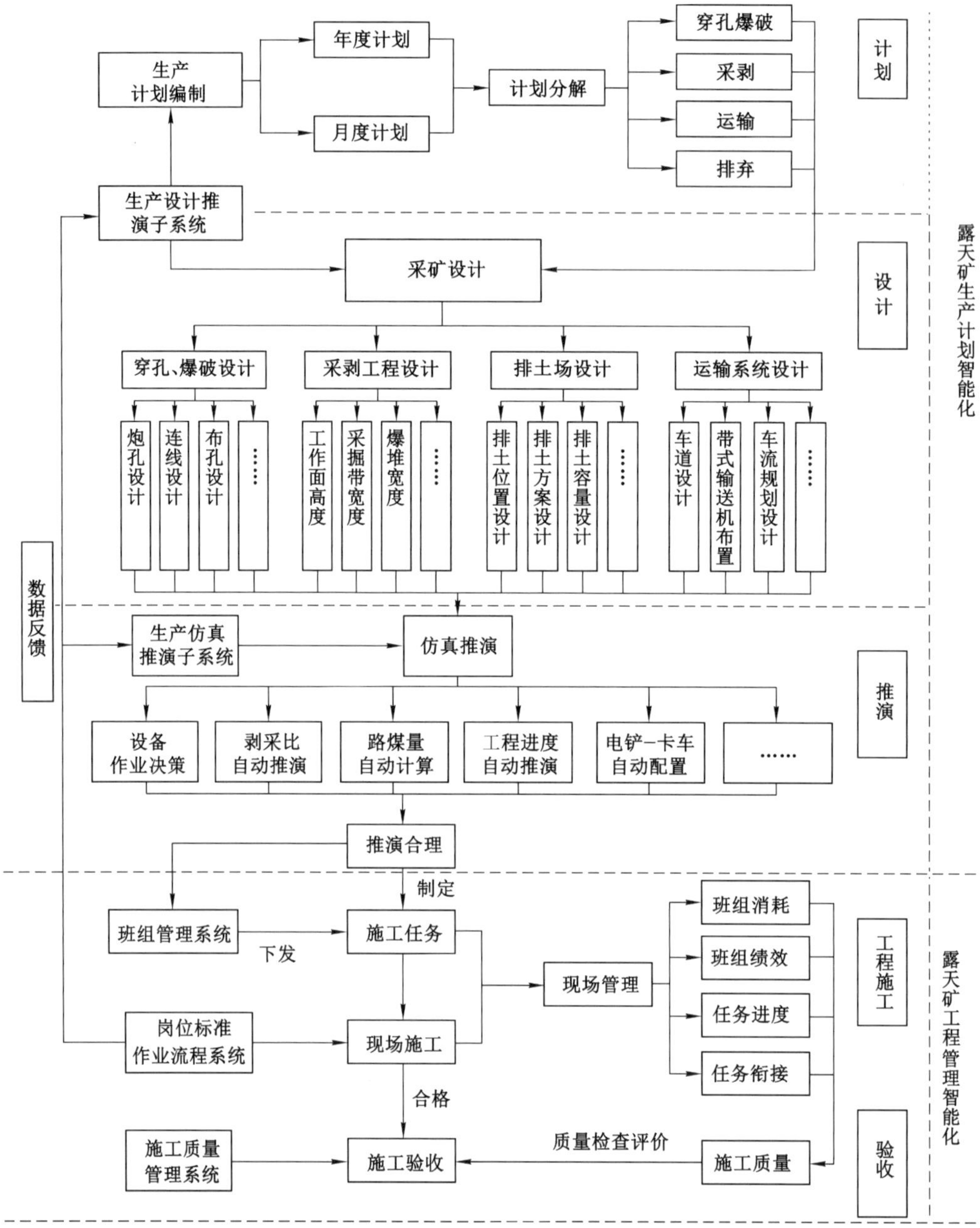

图 7-2 智能化露天矿生产计划与工程管理系统业务流程

控制人员）、专家组（演练评估人员）和观摩组（领导及各级观摩人员）。

7.3.1.2 推演管理子系统

推演管理子系统的登录权限应为推演控制人员。系统根据计划和演练任务的要求，结合开采设计方案，生成演练脚本。基于矿业软件建立地质模型库，根据演练脚本生成推演场景，实现各种不同配置的演练。同时实现推演案例信息的展示，包括案例的配置信息、推演信息及评估信息等。

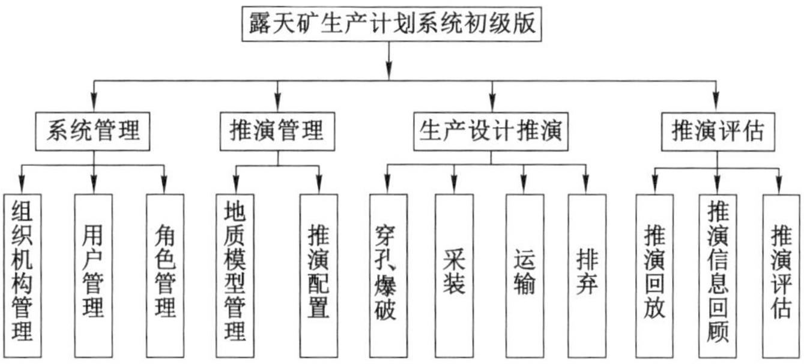

图 7-3 露天矿生产计划系统初级版功能

(1) 地质模型管理功能

基础地质模型管理功能基于矿业软件建立露天矿地质模型，实现二维与三维图形信息的展现。既能体现二维图形的便捷，还能体现三维图形的直观。在三维采场模型中显现重要的任务信息，主要包括作业设备的位置、状态，相关作业任务，以及重点工程等信息。推演过程中推演人力投入信息和设备投入信息，任务完成情况等各方面数据统计，其统计形式可以是表格、柱状图、饼状图等。

(2) 推演配置功能

整理规范标准的推演任务，实现数据库的维护及查询功能，包括实体模型库、推演规则库、消息调度的配置等，系统根据突发事件类别如设备设施类、人为因素类、环境影响类等提供具体突发事件选项，选定事件后根据系统显示对该事件对应的设备状态和突发事件的开始时刻等参数进行设置。

7.3.1.3 生产设计推演子系统

生产设计推演子系统是整个推演系统的核心功能，主要实现设计方案模拟演练功能。露天矿生产设计主要涉及穿孔和爆破设计、采装设计、运输设计和排弃设计。穿孔、爆破设计主要为后续采装设计、运输设计和排弃设计服务。穿孔、爆破设计的好坏不仅与矿岩性质、地质构造(节理、层理、裂隙方向)、炸药的性能等有关，而且与采用的爆破方法、起爆方式以及布孔方式和参数等有关。穿孔、爆破设计的合理性，将直接影响爆破施工的质量，同时对采装设计中工作面高度参数、采掘带宽度参数、爆堆宽度参数和工作面形状、运输设计中的运输系统状态、运输路线，以及排弃设计中的合理排弃顺序和排弃台阶产生影响，同时会对后续采装环节、运输环节和排弃环节的效率产生影响。

(1) 穿孔、爆破设计

① 穿孔、爆破设计概述

穿孔设计人员指定穿孔区域，通过系统查询该区域相关地质地形信息、岩体物理力学性质与地质结构构造、爆破设计的孔网参数、穿孔设备的作业信息和规格参数，确定合适的穿孔方案和穿孔设备，记录穿孔计划相关参数数据和实际穿孔效果数据；通过系统获取操作人员相关技能信息、穿孔设备状态信息，确定该区域工程量大致完成的时间节点，为下一阶段穿孔计划做准备。在整个露天开采的过程中，穿孔费用占生产总费用的10%～15%，穿孔质量的好坏和效率的高低，将对后续爆破、采装等工序产生很大的影响。

爆破设计人员指定爆破区域，通过系统查询该区域相关地质地形信息、岩体物理力学性质与地质结构构造，以及当前装药设备在籍情况和出动情况、运行状态、分布位置和爆破材料库存情况，合理确定爆破方案（炸药单耗、填塞长度与超深、孔网参数、炮孔设计、连线设计、布孔设计、装药结构图等）[113-114]。

② 穿孔爆破设计功能

a. 基础数据获取。获取的基础数据主要包括设备能力参数、作业设备效率、操作人员情况、每班组的作业起始时间、地质地形等信息，为后续设计提供基础资料。

b. 穿孔作业数据管理。穿孔作业数据是根据矿山生产的实际情况制定的某一段时间内（通常是一班）的作业计划数据，包括穿孔设备信息、穿孔作业方案、设备作业路径、作业量、作业时间等信息，对穿孔作业数据进行管理，便于穿孔计划优化。

c. 爆破作业数据管理。爆破作业数据是根据矿山生产的实际情况制定的某一段时间内（通常是一班）的作业计划数据，包括爆破设计方案、装药量、装药时间、引爆方式等信息，对爆破作业数据进行管理，便于爆破参数和爆破计划优化。

d. 模板管理。方便设置系统基础参数，如矿区范围、图层、输出典型图类型等，快速设置不同装药模板和火工品管理模板。炮孔装药结构模型方便成排装药、分段装药和不耦合装药的设计操作；能够显示孔内所装不同种类的炸药，且已装炮孔和未装炮孔有明显的区别；以不同形式显示孔内所装的不同种类和不同段别的导爆雷管。

e. 炮孔设计。系统根据具体给出和计算出的条件参数，能够自动完成布孔，对个别特殊孔必须方便修改，输出各设计孔位的三维坐标。

f. 连线设计。炮孔连线模型能够实现成排或成列连线且能显示不同段别的导爆雷管。炮孔连线模型实现模拟起爆，查询是否存在漏连和漏装药的设计，显示不同时间段内的“等时线”图和各个炮孔周围岩石运动方向图。

g. 智能孔位和延时调整。主要包括前排孔位置调整、短孔调整以及爆破延时调整。前排孔位置调整，可以根据用户设置的首排孔最优抵抗以及合理抵抗范围来调整首排孔，然后调整受首排孔位置影响的其他排孔的位置；短孔调整可以调整受预裂孔影响端帮主体孔长度，确保预裂爆破时不会影响到边帮主体孔的安全；爆破延时调整，可以根据用户设置的安全同时起爆药量来判断是否调整设计的连线延时时间，如果超过了最大起爆药量，则增加该时间段最后起爆炮孔的延时时间，以将此孔的爆破时间排除在这个时间段。

h. 布孔设计。主要为预裂爆破设计炮孔的位置，需要填写爆破的设计名称、孔距、孔径、倾角、炮孔编号、首孔末孔距爆区边界的距离、布孔方式、首孔的位置及炮孔的倾向、孔内延时、超欠深、装药模板、火工品名称等内容。

i. 图表输出。输出爆破图表（孔位、孔深、孔长、等时线、连线网络、岩石移动方向、单耗、装药结构图等）、爆破设计详细数据表、装药量计算表等。

j. 数据接口。录入数据时，数据能够以扫描仪数据格式直接导入软件，并在已有的露天矿图上以断面图形式显现出扫描的点、线和面，可以方便、快捷地浏览各孔的主要参数（角度、孔深、钻孔方向等）。

（2）采装设计

① 采装设计概述

采矿设计人员指定采装区域，通过系统查询该区域相关地质条件数据、地质模型数据以及采掘设备的作业信息和规格参数，合理确定工作面高度参数、采掘带宽度参数、爆堆宽度参数和工作面形状，同时分析出该区域工程量；通过系统获取操作人员相关技能信息、采掘设备状态信息和装车效率信息，分析该区域工程量大致完成的时间节点，为下一阶段采装计划做准备。

② 采装设计功能

a. 基础数据获取。获取的基础数据主要包括设备能力参数、采装作业设备效率、操作人员情况和每班组的作业起始时间等数据，为后续设计提供基础资料。

b. 采装作业数据管理。采装作业数据主要是根据电铲作业计划的实际情况制定的某一段时间内(通常是一班)的作业计划数据，包括采装作业标准流程、工程位置、工程量和作业时间等信息，对采装作业数据进行管理，便于采装计划优化。

c. 工作面高度参数设计。根据给出的露天采场地形信息和设备的物理参数，实现系统自动给出工作面高度参数。

d. 采掘带宽度设计。系统查询是否需要爆破，然后根据采掘设备参数等数据确定采掘带宽度。

e. 爆堆宽度设计。系统首先判断为“一爆一采”还是“一爆两采”，然后根据采掘设备参数、线路中心线到爆堆坡底线距离等参数实现对爆堆宽度的确定。

(3) 运输设计

① 运输设计概述

采矿设计人员通过系统获取当前地质模型数据、所需运输区域物料总量、采掘装车效率、操作人员相关技能信息、运输设备的性能参数和运输目的地等参数，合理确定运输设备数量和运输线路。

② 运输设计功能

a. 基础数据管理。基础数据是为调度系统提供设备能力参数、运输设备的限定速度、操作人员情况、每班的作业起止时间等数据。

b. 作业数据管理。作业数据是根据卡车作业计划的实际情况制定的某一段时间内(通常是一班)的作业计划数据，作业数据管理主要包括运输作业标准流程和运输设备作业路径等。

c. 运输系统状态评估。系统根据指定运输位置、运输量目的位置，以及当前的运输系统，推荐运输线路，提供运输距离、重车和空车运行次数、运输能耗、运费等信息。

d. 运输路线确定。根据采掘场推进计划以及运输方案，系统自动分析规划运输线路，提供各台阶运输物料的运输线路、运输距离、提升高度、运费、能耗等信息。

e. 车流规划。通过数学规划，实现在满足运输量、剥采比、车流连续性等约束条件下，对发往各装卸点的车流进行优化分配，其结果是对运输系统中的卡车进行实时调度。露天矿常追求多种目标的实现，具体可分为：重车总运费最少、空车总运行时间最少、班盈利最大、完成一定产量的情况下出动的卡车最少、卡车电铲等待时间最少、班产量最大、满足电铲生产的均衡性要求等。

f. 带式输送机布置。根据运输物料性质确定带式输送机的布置倾角，合理处理与卡车运输的相互影响，确定带式输送机的布置位置。

(4) 排弃设计

① 排弃设计概述

采矿设计人员通过系统查询排弃土岩的性质、当前内外排土场排弃信息、排土场各排弃台阶容量信息和排弃设计方案信息，确定合理排弃顺序和排弃台阶。

② 排弃设计功能

a. 排土容量查询。通过系统查询外排土场的当前排土信息以及设计方案信息，推算外排土场各作业平盘发展成标准作业平盘时各平盘的排土容量、排土场发展成最终状态时各平盘的排土容量和各平盘推进指定宽度时的排土容量。

b. 排土位置确定。系统自动分析采区坑底地形以及采掘终了图等信息，判断露天矿各区域是否适合内排。

c. 排土容量设计。通过系统查询当前内排土场的排土状态以及采掘场、采空区的发展状态等信息，推算内排土场最下部向前跟进时，各内排台阶最快发展至标准形态时以及各平盘保持最小工作平盘状态时的排土容量；推算指定内排台阶向前推进指定宽度时的排土容量；推算内排土场整体推进指定宽度时各内排台阶的排土容量；推算内排土场根据当前的采掘状态发展至极限（坑底内排土场与采掘场保持最小安全距离）时各内排台阶的排土容量。

d. 排土方案设计。排土设计人员给某排土台阶指定排土容量，系统推算该台阶发展成标准形态时的推进情况，包含推进终了状态图、排土台阶高度、排土工作线长度、推进宽度、排土方法、排土作业时间。排土设计人员给多个排土台阶指定排土容量，系统推算各台阶发展成标准形态时的推进情况，并自动分析该推进状态下各排土平盘能否保持正常的工作状态及维持排土场工作帮的边坡稳定，提供各排土台阶合适的排土容量、排土顺序及排土时间等信息。生产设计推演子系统如图 7-4 所示。

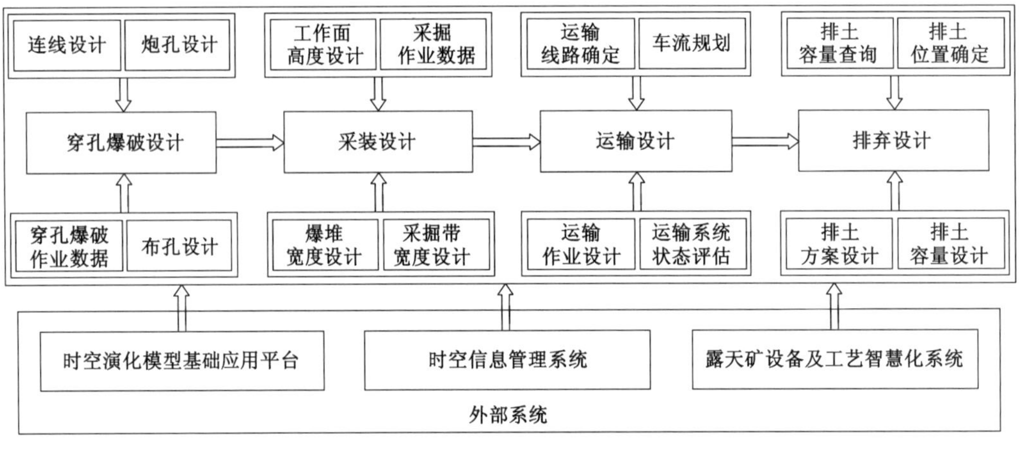

图 7-4 生产设计推演子系统

7.3.1.4 推演评估子系统

（1）推演回放

该功能记录历次总体/专项方案推演过程的信息，实现实施方案查看、推演过程回放以及对应推演结果的查询，并可对推演结果进行表格化并打印输出。演练开始后根据用户设置开始录屏，并根据用户选择播放记录推演的录屏视频。

（2）推演信息回顾

可查看推演的详细信息，包括推演方案、推演脚本、参与推演的设备类型和数量、推演过程、设定任务的完成情况以及推演评估总结等信息，实现推演配置信息、推演过程信息和推演评估信息的展示以及推演信息的导出打印等功能。

（3）推演评估

依据评估标准，对推演进行回放，研判推演组织及实施。系统记录推演的信息，统计分析各参演单位的推演任务完成情况、推演用时及推演脚本的执行情况等，生成推演报告，并依据对各推演任务设置的评价指标和评估标准生成评估报告，且能够下载查看评估报告。

7.3.2 露天矿生产计划系统高级版

7.3.2.1 基本思路

综合考虑地质赋存可能存在的动态变化，如矿山开采中设备作业规律的随机性和各作业环节突发事件的概率性等，会影响开采过程中的连续性、稳定性和高效性。同时以各环节、各部门的标准化作业流程和安全作业规程为基础规则，进行生产计划或优化方案推演，并基于推演结果及过程数据，综合分析生产计划的可行性和经济效益，方便生产计划制定者和决策者进行决策。露天矿生产计划系统高级版流程如图 7-5 所示。

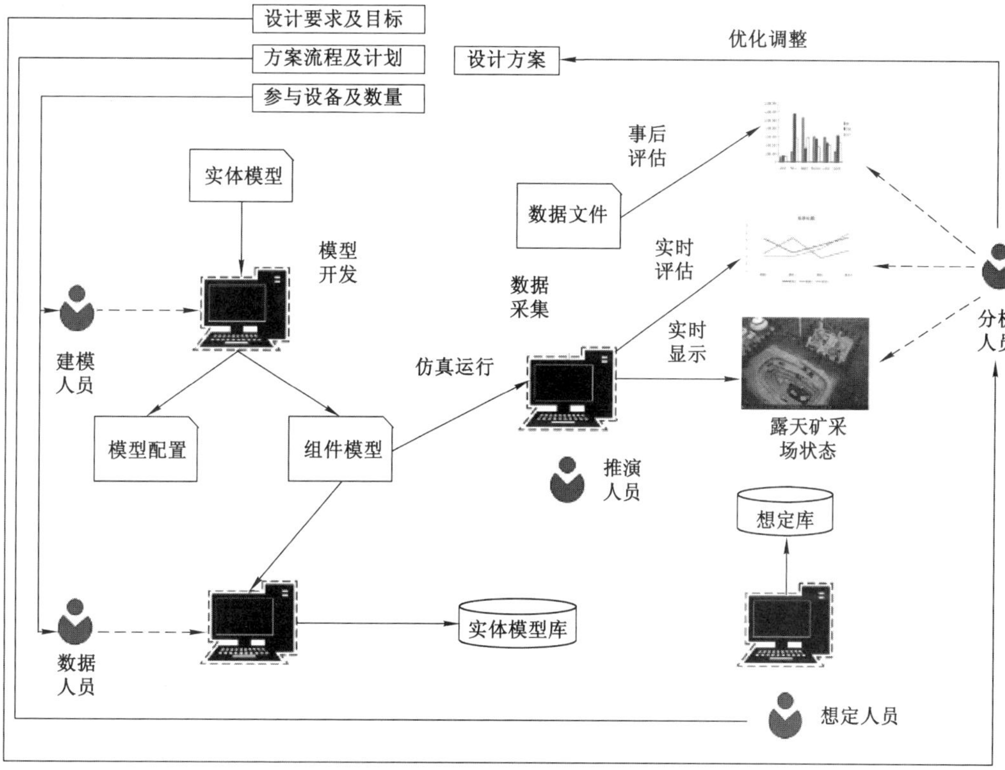

图 7-5 露天矿生产计划系统高级版流程

7.3.2.2 总体架构

露天矿生产计划系统主要功能模块包括仿真实体决策模型构建、仿真推演、推演数据分析评估三部分。信息输入包括开采设计方案或优化设计方案，信息输出包括方案推演过程信息、方案评估结果等，支撑技术涉及露天矿基础支撑智能化系统、时空演化模型、露天矿设备及工艺系统和仿真技术等，实现对设计方案的推演、分析与评估。露天矿生产计划系统高级版总体架构如图 7-6 所示。

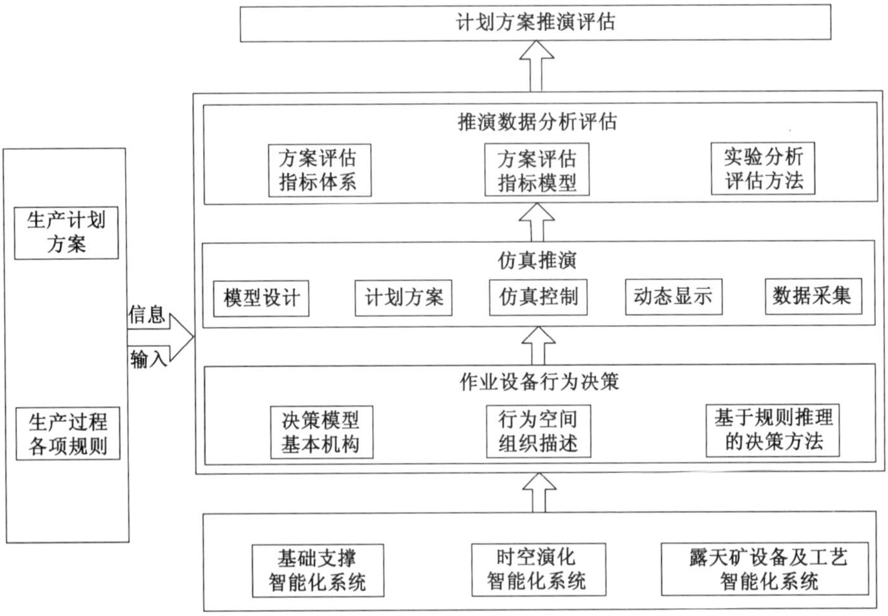

图 7-6 露天矿生产计划系统高级版总体架构

7.3.2.3 流程设计

设计方案推演分为两个阶段。第一阶段为设计方案推演评估准备阶段。首先，在设计方案库编辑工具中，根据露天矿生产设计方案或优化设计方案进行编辑，编辑完成后保存文件，存储在设计方案库中；其次，构建推演所需部分的精确地质模型，构建地质模型库；再次，根据露天矿标准作业流程和安全作业规程，抽象画出规则形式化描述的数据结构，构建规则集容器；然后，结合工程成本数据库和作业设备参数数据库，构建基础数据库；最后，梳理方案推演过程中的关键要素，建立方案评估指标体系及评估模型，形成方案评估指标体系预模型。

第二阶段为设计方案推演评估实施阶段。首先，启动方案推演平台，从设计方案库中选择设计方案，运行方案推演到调控制软件；其次，方案推演平台按照设计方案进行推演，露天矿作业设备根据接收到的指令或面临的现场实际情况做出行动决策，实现设计方案仿真推演；再次，数据采集软件对设计方案推演数据进行采集和存储；最后，基于设计方案推演数据，进行方案评估，显示方案评估结果。基于决策模型的方案推演评估方法流程图如图 7-7 所示。

7.3.2.4 系统功能

(1) 作业设备行为决策规则

将露天矿生产作业规则和作业标准转化成适当的形式提供给露天矿作业设备进行行为决策，供其进行识别、存储和正确解读。行为决策规则设计作为模型知识库的数据结构存在，主要由三部分组成。

① 基本信息：该部分主要描述行为决策规则的总体信息，如行为决策规则的序号、优先

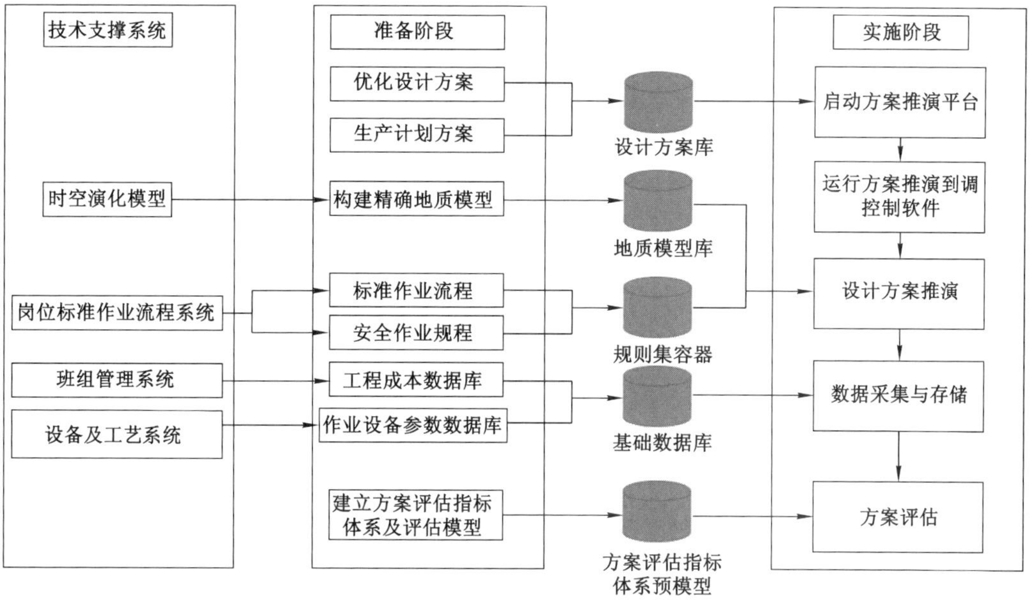

图 7-7 露天矿生产计划系统高级版流程设计

等级和适用对象类型等。

② 条件部分:该部分是行为决策规则被触发执行的前提条件的集合。在露天矿生产中指采取某种行动必须具备的条件,主要是生产任务和现场作业环境等信息。

③ 结论部分:该部分是行为决策规则被触发后所采取的行动,可以是突发的命令,也可以是上报的各类请求。

下面就对行为决策规则的结构进行设计,如图 7-8 所示。

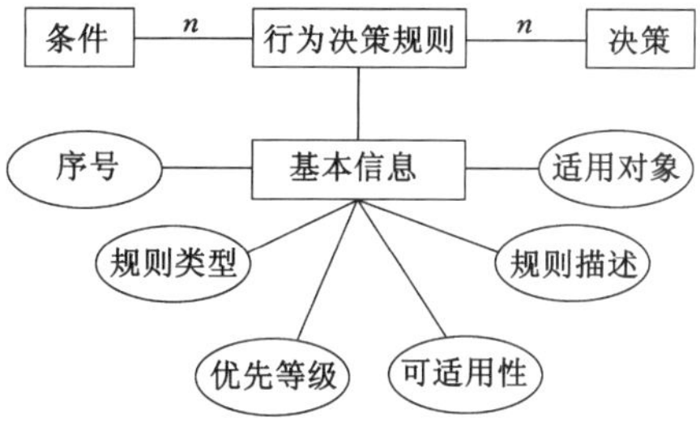

图 7-8 行为决策规则结构

(2) 作业设备行为决策模型

构建基于规则推理的露天矿作业设备行为决策模型,确定露天矿作业设备能够决策的行动空间及其作业条件。

① 露天矿作业设备功能应该包括感知、推理、动作等模块,除通信部件、传感器部件和执行器部件这些物理功能性部件外,采场实体的决策部件,也就是其"大脑",可以表示为一个四元组:DB=<KB,IP,PM,DM>。其中,KB 是知识库,包括露天矿作业设备行为决策依据的标准作业流程和经验等;IP 是信息处理模块,其主要功能是对来自传感器和通信单

元的信息进行解析并更新知识库；PM 是任务规划模块，根据任务要求和自身的经验知识确定作业计划，进行影响因素分析判断和权衡选择；DM 是调度模块，当多个行动计划同时执行时调度模块对作业设备行为进行调度管理。

② 构建作业设备行为空间组织描述模型 DO=<ST，RU>。其中，ST 是作业设备状态，作业设备某一推演时刻的状态包括时间、位置等；RU 是依据作业设备行为类型和运行状态以及作业环境情况，进行作业设备行为互相转换的规则[115-116]。

③ 设计基于规则推理的仿真决策方法，能够根据作业设备运行状态和方案推演信息，结合行为规则集容器中的作业规则，实现规则推理控制并完成决策推理过程，生成作业设备行为决策结果。基于规则推理的仿真决策方法是在决策推理过程中进行基本的数学运算和复杂的决策计算，根据信息处理模块中存储的态势信息，利用行为规则集容器中的决策规则与算法库中的算法，以各种算法辅助对决策规则进行推理控制并完成决策推理过程，生成决策结果，并通过执行接口输出，驱动作业设备的行为。

(3) 专家系统

专家系统由综合数据库、知识库和推理机 3 个主要部分组成。综合数据库包含露天矿生产过程中的基本规则和知识。知识库包含所有用“如果:〈前提〉，于是:〈结果〉”形式表达的知识规则，用来存放专家提供的知识。专家系统的过程是通过知识库中的知识来模拟专家的思维方式的，知识库中知识的质量和数量决定着专家系统的质量水平。一般来说，专家系统中的知识库与专家系统程序是相互独立的，可以通过改变、完善知识库中的知识内容来提高专家系统的性能。推理机的任务是运用控制策略找到可以应用的规则，推理机针对当前问题的条件或已知信息，反复匹配知识库中的规则，获得新的结论，以得到结果[117]。

(4) 露天矿生产计划

露天矿生产计划可以精确到日计划，通过速度指示板可以迅速看到采掘过程中一系列参数的变化，通过调度模块控制采掘设备和运输的排土安排，从而也可以达到优化排土场的结构和位置的效果。通过对煤岩输送的精确控制，实现完整的运输集成，更好地处理运煤和排土之间的相互影响，从而实现各地带交互布局和开掘参数等的精准设计，达到更好的可视化设计。

① 月度生产计划概述

以采掘工程平面图为基础，根据主要生产参数(台阶高度、可采宽度、斜坡道位置等)，圈定采掘范围并计算面积，结合相关参数或资料(地质模型、块体、实体模型)计算体积等所需信息，不断调整计算，直至完成月度生产计划的编制。

② 月度生产计划自动化系统功能

a. 沟道几何尺寸计算。根据掘沟作业及推帮作业的要求，实现开段沟底宽度的自动设计和计算；根据开段沟底宽度、开段沟深度和开段沟坡面角度等参数，实现开段沟量的自动设计和计算；根据开段沟深度或台阶高度、沟道纵坡，实现出入开段沟长度的自动设计和计算。

b. 沟道工程量计算。根据掘沟作业、运输线路、有关设施的位置，以及推帮作业的要求，实现出入开段沟底宽度的自动设计和计算；根据开段沟底宽度、开段沟深度、开段沟坡面角度和出入开段沟纵向坡度等参数，实现出入开段沟工程量的自动设计和计算。

c. VP 曲线自动绘制。VP 曲线即实时剥离量和采掘量累加曲线，其斜率为剥采比，是露天矿日常生产设计应用最频繁的曲线。根据数据的采集周期可绘制班组的日、月、季度、年度 VP 曲线，也可绘制各关键开采期的 VP 曲线，辅助输出剥采比波动曲线。原始数据以一定格式的表格或文本形式呈现，通过读取这些文件，自动绘制 VP 曲线，自定义选择 VP 曲线的周期类型、显示类型、曲线横纵坐标的缩放因子、关键节点的属性赋予等操作。

d. 剥采比自动计算。剥采比是衡量露天矿生产经济性的重要指标，根据应用方式的不同分为多种类型，如经济合理剥采比、生产剥采比、平均剥采比、钻孔垂直剥采比等，计算原理各不相同。后台配置各种剥采比的计算公式，交互设置各种参数，实现剥采比的自动计算。

e. 剥采比等值线自动确定。最原始的地质勘探数据为钻孔数据，通过钻孔数据库计算钻孔垂直剥采比散点，以及通过一定的方法加密散点，进而形成等值线图，也可通过钻孔数据库建立煤层、地表、岩层等的实体模型以及块体模型，通过处理这些模型得到剥采比等值线图。

f. 露煤量自动计算。露煤量是指采场剥离台阶不用推进可以开采出的煤量，根据常用的露天计算资料，设计了 3 种计算方式。第一种是根据指定月度采掘工程平面图(实体)、块体模型及主要开采参数，后台自动计算露煤量；第二种是根据指定月度采掘工程平面图(实体)、煤层顶底板实体模型及主要开采参数，后台自动计算露煤量；第三种是根据指定月度采掘工程平面图(实体)、煤层开采区域、煤层厚度，后台自动计算露煤量。

g. 端帮压煤量自动计算。端帮压煤量是指露天矿地表境界与坑底境界间端帮的含煤量，为保证露天矿采场的稳定性，在当前的开采技术条件下，这部分的矿产资源是不适合开采的，计算端帮压煤量是为了做好资源统计，作为后备资源，当技术达到或露天矿境界改变时进行开采。

h. 露天矿采场生产现状动态调整。在露天矿开采过程中，建立动态的采场生产调整优化方案模型，通过结合现场工程实际情况，对露天矿进行全天候实时动态监测，对露天矿采场生产现状做出动态的稳定分析评价，从而指导矿山实际生产。

i. 剥采工程矿岩量动态调整。实时更新剥采工程延伸到各水平或者实际工程位置的平面图，依据平面图和实时地质资料计算延伸到每一水平或者实际工程位置采出的矿石量和剥离岩量，可提供各水平掘沟量及推帮量，实现实时分析生产能力。

j. 电铲自动配置。在露天矿开采过程中，建立电铲配置的数学模型，结合采场实际开采现状、设备生产能力、设备数量、设备能耗、剥采工程矿岩量等综合决策因素，实现最优的电铲自动配置。

k. 采剥总量自动规划。采剥总量智能精确规划考虑矿区自然条件、现有技术条件、市场需求及所在地区配套基础设施对规划的影响程度，对照工程所处位置的不同自然地质条件来确定生产技术条件和可靠的推进速度，根据实时推进速度连续性得出即时生产位置与一定时间内的采剥总量，亦可以根据市场需求来调节采剥总量及推进速度。

l. 运距自动优化。在月度生产计划图上，由指定运输的起始点，通过考虑交互选择多条运输路径，根据运距优化目标确定合理路径，并根据优选出的路径或指定的路径及其他基本参数，后台自动计算出一定开采区域的运距、运量、爬坡成本、综合吨公里运费等。

m. 开拓坑道自动定线。根据矿区地质地形图、露天矿总平面图、主要开采技术(如开采境界、台阶高度、运输设备型号、稳定边帮角及台阶坡面角、矿山发展程序、坑线的基本特征等)、限制坡度、坑道使用宽度、露天矿采场坑底宽度及长度,实现开拓坑线在露天采场空间位置的自动确定。

③ 年度生产计划概述

以图表形式表现矿山工程在采场空间和时间上的计划安排,以年为单位。露天矿设计和生产必须遵循矿山工程在空间上和时间上的发展关系。在不造成生产恢复工作极度困难的条件下,允许短时间的、局部的不协调,同时创造一切可能的条件,采取积极平衡的办法,特别是加强薄弱环节,安排好重点工程,以适应剥采工程发展的需求。

④ 年度生产计划自动化系统的功能

a. 年度生产计划自动规划。露天矿年度生产计划一般按推进度或矿石产量进行计算,选择推算方式,配置推算参数,进行年度生产计划的设计。

指定各阶段推进度,进行年度生产计划自动规划:以开采现状图、开采终了平面图、煤层顶底板图为基础,通过指定的开采起始位置、推进方向、推进度,按工作帮坡角生成各阶段的基本工作面,然后计算采场现状图、各期工作面图、开采终了平面图约束出的体积,再通过煤层约束,对体积进行矿岩分类和统计、出图(各台阶开采后位置)、出报告、绘制 VP 曲线。

指定各阶段产量(剥离量),进行年度生产计划:按工作帮坡角生成基本的工作面,计算各期工作面图、采场现状图、开采终了图、煤层顶底板图等约束的煤的产量,不断调整工作面,当符合目标产量,记录工作面位置,计算相关剥离量等信息,继续下一阶段的推算,直至完成各阶段的目标产量,并出图、出报告以及绘制 VP 曲线。

b. 分层平面图自动绘制。根据矿岩分界线和开采境界,自动绘制出年末的工作线位置,以及采出的矿石数量和岩石数量、工作电铲台数及编号、本水平的开拓沟和出入沟位置等。

c. 设备配置图表自动生成。根据作业设备的作业水平、作业区间、完成的矿岩量和调度情况,自动绘制设备配置图表。

d. 矿山工程进度计划自动编排。根据地质地形图、分层平面图或者地质横剖面图、分水平矿岩量表、露天矿最终开拓运输系统图,以及露天矿的采掘带宽度、采区长度、最小工作平盘宽度和工作线推进方向等有关开采要素,同时根据露天矿延深程度、新水平准备时间和沟道几何要素、开拓煤量和回采煤量的要求、采装设备的能力和数量,进行矿山工程进度计划编制,进度计划中表示不同时间、不同水平上挖掘机的配置和调动情况,作业内容及完成的矿岩量。

e. 年度综合平面图自动绘制。将各水平分层平面图上确定的某时期的年末工作线位置投影到同一张平面图上,绘出运输线路、采掘设备和工作面。

f. 工作线长度动态设计。基于透明地质模型,在露天矿开采过程中通过对工作线长度与剥采比、剥离费用、剥离运输费用、运距等决策因素的关系进行系统分析评价,确定经济合理的工作线长度。

g. 设备数量自动计算。基于年度矿石产量和剥离物运输量,根据分析计算法和计算机模拟法进行设备数量的确定。

h. 露天矿开采境界自动优化。开采境界自动优化即计算提供一个经济上较优的露天坑,包含地表境界、坑底境界、开采深度、最终边帮角等参数。通过调用块体模型、实体模型,结合输入的采掘成本、剥离成本、贫化率、损失率、复垦成本、销售成本等经济参数,将块体模型转化为价值模型，再结合帮坡角等工程参数进行约束，采用浮动圆锥法或LG图论法优化生成露天矿合理开采境界。

i. 矿石产量自动优化。对影响矿石生产能力的矿区内部条件(如推进速度、地质条件、开采工艺系统等)和外部条件(如能源规划、运输条件等)因素进行系统性的实时权重分析，制定出最优矿石产量方案。生产计划系统框架如图7-9所示。

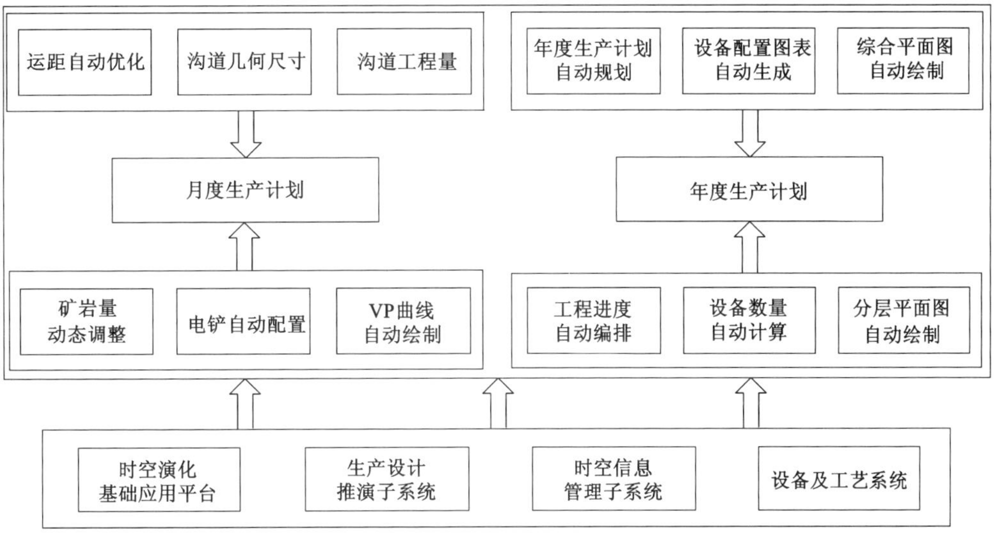

图7-9 生产计划系统框架

(5) 仿真推演可视化系统

仿真推演可视化系统可跟踪定位数据、设备数据、操作人员数据等多种业务，接入无人机图像数据、气象数据、地理水文数据进行综合展示。支持作业设备等相关生产因素的聚合解聚显示功能，即根据观察距离地面高度的不同，改变显示形态，让决策者和工作人员更直观地观察露天矿生产运行情况。系统能够接入第三方数据，综合展现作业设备当前位置、轨迹、作业范围、各属性信息[118-119]。

通过露天矿时空演化模型，可以实现露天矿的开采回放和开采计划的超前预演。露天矿的开采回放就是从一个规定时刻的露天矿模型开始，通过对时间轴的控制，按月度或年度推进，依次展现露天矿各时期的生产状态，完成正向演变；也可以是从一个规定时刻的露天矿三维模型开始，通过对时间轴的控制往前逐阶段(月度、季度、年度)开采，各阶段采剥位置状态信息具备实时显示功能，以便现场技术人员后续根据实时采剥位置信息对开采过程进行演变追溯。通过对露天矿的开采回放，结合露天矿的当前形态和生产计划方案，可以反向修正露天矿的三维模型，汲取历史开采经验，调整开采计划方案。

(6) 方案评估系统

推演过程各方做效能评估，根据系统定义的规则进行效能统计，同时也可根据第三方规则导入进行效能评估，达到总结经验的目的。系统支持第三方数据导入进行作业过程推演回放功能，第三方的数据可以是数据库文件的读入，也可以是第三方约定格式数据的对接导入。本地可保存推演过程的所有过程数据，可以随时查看任何已经保存推演的数据分析和效能分析，随时回放作业过程推演全过程。

7.4 智能化露天矿生产作业管控系统

在露天矿一线施工生产过程中，一直以来存在着一定的粗放性，施工过程以经验为主导。通过对露天矿生产作业管控的建设，结合露天矿综合管理智能化整体建设，实现矿山计划细化到人的智能发布，以及矿山施工中精确、严格、规范的管理和质量控制，杜绝矿山生产、计量过程的失误，以及矿山采装运输的排队、堵塞、空置现象和越界采掘等问题，达到提高施工工作效率，减少现场管理人员成本的目的，从而解决矿山施工管理困难的问题[120-122]。

7.4.1 岗位标准作业流程系统

岗位标准作业流程系统是为了对作业环节关键点进行细化和量化，对现场工作人员施工标准做出规范，统一作业内容，明确作业标准、作业程序、安全标识等。岗位标准作业流程系统框架如图 7-10 所示。

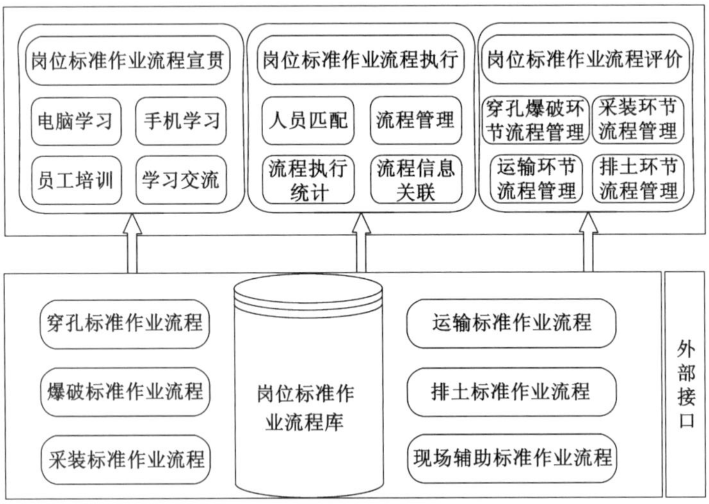

图 7-10 岗位标准作业流程系统框架

拟建立岗位标准作业流程系统，从而使员工清楚明了地掌握作业步骤、作业内容、作业标准、作业人员、作业表单、相关制度、安全提示等内容。岗位标准作业流程系统包括标准化作业流程建立成库、标准化作业流程执行宣传、标准化作业流程评价等内容。通过对岗位作业流程的制定和学习，从而规范露天矿所有工作人员的生产行为，提高工作人员的工作效率，实现降本增效。

7.4.1.1 作业流程库

通过建立岗位标准作业流程动态库，实现对各类煤矿生产工种操作标准化进行网络化、信息化管理，可以提供对不同生产各类标准流程的增加、修改、删除及查询操作，以及对流程标准进行更新、更改等。作业流程库可以作为进一步对员工进行标准化流程学习、标准化岗位培训、标准化作业考核等的基础数据，同时也作为露天矿施工过程规范化考核的评价标准之一[123]。

(1) 穿孔环节

穿孔工作是露天矿生产的重要环节之一,穿孔的速度和炮孔质量对爆破、采装以及破碎等各个环节的作业都有影响,通过实施穿孔作业岗位标准化,可以提高穿孔人员的操作技能、钻孔效率以及钻孔精度等。目前露天矿普遍采用的穿孔方法是机械穿孔法,所以对穿孔作业的标准化更多地体现在穿孔施工人员的钻机操作方面,钻机标准作业流程主要包括交班标准作业、接班标准作业和钻机操作标准作业等。

(2) 爆破环节

露天矿爆破是利用炸药爆炸产生的能量将矿岩从岩体中分离出来并且破碎到一定块度和形状的工作,露天矿爆破的质量不仅与矿岩性质、地质构造、炸药性能有关,还与爆破方法、布孔方式和参数等有关。通过对爆破环节的施工标准化,将爆破过程中的装药、爆破网络连接,以及爆破后的处理等环节制定岗位标准化流程,使得相关工作人员按标准作业,可以提高装药、连线、爆破后处理的质量和效率,从而提高爆破工程的施工质量,节约成本,提高经济效益。爆破生产作业流程主要包括爆破网络连接、装药车装药标准作业、实施爆破、拒爆点处理、拉底处理等工作的标准作业流程等。

(3) 采装环节

采装环节在露天矿山各个主要生产环节中居于主导地位,是露天矿生产过程的中心环节,其他工艺过程都是围绕采装工作展开的。采装环节的综合效益直接影响到矿山的整体效益,对采装环节进行作业流程标准化,对相关从业人员进行标准学习、培训以及考核,可以提高作业水平,从而提高采装效率。采装环节作业流程主要包括电铲、液压铲车、前装机以及这些设备联合作业的岗位标准化流程等。

(4) 运输环节

露天矿运输环节是将工作面的物料、煤等运送到指定地点的过程,上部岩土剥离后运至排土场;下部煤层开采后运至选煤厂。运输工作在露天矿各生产环节起着“纽带”作用,而且露天矿运输的基建投资、运输成本在矿山总投资、矿石总成本中占有很大比例,对运输环节实施标准化,提高从业人员作业水平,提高运输环节的工作效率,从而使得运输环节的能耗降低,提高经济效益。运输环节涉及的设备作业过程主要为:自卸卡车运输作业、带式输送机运输以及转载机作业等[124]。

(5) 排土环节

排土作业是与运输环节相衔接的环节,其任务是充分发挥排土场能力,保证采场持续均衡生产,目前排土工艺主要是排土机排土,由排土机完成排土作业过程,所以排土环节的标准化主要是对排土机作业的岗位流程标准化,包括推土机交接班、修路、修筑坡道、排土等设备操作和作业的标准化。

(6) 辅助环节

露天矿生产作业辅助主要是疏干排水、线路修筑以及动力供应等,这些环节往往是劳动强度大、占用的工人多、劳动生产率低,而且直接影响主要设备生产能力的发挥,所以很有必要制定一系列标准化的作业流程,从而提高作业水平,增加经济效益。辅助环节具体标准流程包括堆取料机标准作业流程、洒水车道路洒水降尘标准作业流程、平路机标准作业流程、履带推土机清理煤层顶底板标准作业流程、电缆车吊装作业标准作业流程、电缆桥架移设标准作业流程、架空线路巡查标准作业流程、缆车铺设电缆标准作业流程、露天矿坑下排水管路敷设标准作业流程、疏干井和集水池巡检标准作业流程、疏排管路巡检标准作业流程等。

7.4.1.2 流程宣贯

流程宣贯主要是实现对岗位标准的学习、交流、培训等内容，各类人员通过对标准化后的工作流程进行学习，从而提升自我管理意识、强化工作本领、提高工作效率。

(1) 流程学习

生产现场各类操作人员可以通过电脑端或者移动端学习对应岗位的标准作业流程，包括所属岗位必修流程、所属岗位选修流程及其他相关流程；学习后可以针对流程分享自己的学习心得和操作体验，学习的内容包括岗位标准化流程信息、安全信息、危险源、不安全行为、音视频、交流信息、专家信息等。

(2) 流程培训

系统针对各类工作人员，定期安排相关专业专家、技术人员和经验丰富的操作员工对相应工种的从业人员开展岗位标准作业流程的培训，并且录入培训信息，作为后期对相关人员的考核。

7.4.1.3 流程执行

系统自动将相应的标准化流程分配到相应工种的从业人员，相关从业人员完成对标准化流程的学习、记录等。同时可以对各类人员的学习等情况进行统计、管理、分析等，从而实现全方位的岗位标准化管理。

(1) 岗位标准化流程匹配

系统选定需要执行的标准化流程和选定需要执行标准化流程的人员，实现将人员和流程快速进行匹配，各执行单位将需要执行流程的区队或者人员，加入流程执行中，完成标准化流程匹配任务，实现各标准化流程与相关从业人员精准匹配，从而达到精准执行，完成岗位标准化的培训、学习，实现岗位标准化，提高员工工作效率。

(2) 现场检查管理

实现对各级单位岗位标准作业流程各类检查结果的管理，在各级单位对岗位标准作业流程进行培训、学习等检查后，相关人员录入系统，检查记录数据将在评价模块中形成统计报表或分析图表。

(3) 岗位标准化统计

系统根据不同层级的组织机构，从流程指标、人员指标、培训指标、学习评价指标等对岗位标准化宣贯情况进行不同维度的统计分析，从组织检查次数和人员检查情况对现场执行情况进行不同维度的统计分析。系统自动形成智能化报表，清晰地展示统计情况和标准化执行情况。

7.4.1.4 流程评价

对流程管理、宣贯、执行及综合情况等进行多维度评价，评价结果作为考核单位和个人的依据，实现对各工种操作人员的量化考核，提高从业人员的工作能力和工作积极性，从而提高工作效率[125]。

(1) 岗位标准化管理评价

从岗位标准作业流程发布、流程关联信息加载、流程优化意见处理等流程管理活动进行分析评价，实现对岗位标准化管理工作的量化考核。

(2) 岗位标准化流程宣贯评价

对岗位标准化流程培训活动和员工学习的次数、内容等进行分析，实现岗位标准化流程宣贯的评价。

(3) 岗位标准化流程执行评价

对岗位标准化流程匹配的情况以及各级单位对现场执行情况的检查情况等各方面进行综合评价，形成绩效分布图表，从而显现流程在执行过程中的问题与不足，为岗位标准化流程执行的改进和完善提供基础。

(4) 岗位标准化检查考核评价

系统将岗位标准化检查记录按照组织层级、单位、专业类型、奖罚类型等进行统计分析，形成岗位标准化作业流程在各单位执行的绩效分布，从而发现标准化执行过程中的薄弱环节，为流程管理改进和优化提供数据支撑。

7.4.2 班组管理系统

以班组成本核算和绩效考核为核心，以标准作业为指导，以核算到人为目标，为现场生产作业和日常管理提供一体化信息平台，平台将现场生产中自营和外委纳入统一的管理，切实解决露天矿在生产过程中的班组建设以及现场施工过程中的任务分配、交接等问题，班组管理系统框架如图 7-11 所示[126-127]。

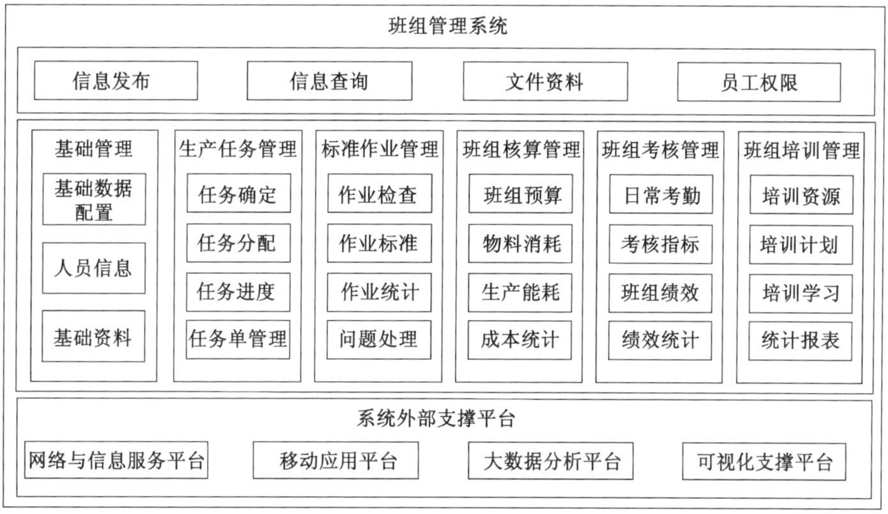

图 7-11 班组管理系统框架

依托于矿山网络服务平台、移动应用平台、大数据决策平台和运营支撑管理系统等，对现场施工班组进行管理，实现施工过程计划任务自动分配，现场问题数字化、智能化上报以及班组绩效、生产成本管理、员工考核以及生产数据智能分析等，从而提升班组人员的标准化作业水平和工作效率。班组管理系统图有基础管理、班组标准作业管理、班组考核管理、班组生产任务管理、班组核算管理和班组培训管理等功能模拟。

7.4.2.1 基础管理

基础管理是针对基层人员的个体需求而设计的，主要实现矿方本单位和外委单位日常生产活动的基础管理工作，以及在生产过程中产生的所有的表格、记录、数据在系统中相互流转、共享，从而实现矿山施工流程化管理，主要功能如下。

(1) 人员信息采集。实现对露天矿各类人员信息的在线采集、更新等，包括人员的基本信息、工作信息、教育经历、辅助信息等内容，保存到相应的数据库中，从而进一步完成对各类人员的按工种、班组的配置，外委单位施工人员也纳入相应的生产施工班组。

(2) 基础数据配置。实现业务的基础数据的配置，包括班组长、倒班制、班前会环节以及班组关注的设备、业务等数据，需要从各类数据的基础数据库中调用数据。

(3) 资料查询。集成与生产相关的各类系统，可以实时查看班组当前设备状况、材料信息、人员分布、作业状态以及班组关注的生产数据等。

(4) 移动端配置。班组管理移动端包括整个系统的内容，现场作业人员在现场作业过程中实时将需求手动录入，并将填报的数据上传到系统，同时也作为矿山生产计划任务实时推送的端口之一，实时推送相应的工作任务，并语音提示。

(5) 智能管理平台。依托于智能视频监控和大数据、物联网平台，实现对班组人员施工的智能管控，该模块融合于管控指挥中心。通过基础平台的智能识别技术、图像处理技术、快速网络传输技术和设备的基础硬件(各类智能传感器、智能车载系统)等，实现班组人员上下班智能识别(进入/离开矿场以后自动人脸识别传输到班组系统，自动生成记录)和生产过程智能识别(是否标准作业，是否违规作业等，生成相应的记录)，以及各班组之间的智能调配。

(6) 智能化分析。连接矿山基础大数据源平台的智能分析系统，对生产施工数据进行快速、精准、有效地分析，形成生产施工数据分析结果，及时推送到生产技术部以及相关部门，为矿山生产计划等提供技术保证。

(7) 数据接口。提供数据向外传输和从外部调取的接口。

7.4.2.2 班组标准作业管理

依赖于现场设置的作业控制环节，通过调取现场设备的智能化系统数据以及露天矿场的智能视频监控等信息，对现场班组各岗位人员作业情况进行全过程监控，结合岗位标准化流程系统，实现现场作业的标准化管理。

(1) 现场作业检查管理。建立现场人员和设备的排班信息数据库，形成不定期的生产作业检查排班表，定期对班组施工作业检查，检查内容包括矿方以及外委的所有施工作业所实施的标准化程度、施工质量、施工安全等。

(2) 施工人员作业标准管理。通过现场作业监控系统等基础硬件和智能化，实现对操作人员实时监控、感知以及监管人员的检查，结合岗位标准化流程实时智能分析工作人员的行为，并且自动生成相对应的报告，记录在案，作为员工综合评价的一项指标。

(3) 设备作业标准管理。通过各种基础硬件和智能化技术，实现设备作业的智能化检查，包括现场施工各环节设备的标准化作业识别、违规识别和运行识别等。

(4) 现场问题处理。作业施工过程中，难免遇到难以解决的实际问题，此时，通过手机端系统快速上报，快速形成解决方案。解决问题以后，在系统备案，为以后的生产问题提供间接经验。

(5) 标准作业统计。在系统内按部门、班组分别进行标准作业情况自动统计和分析，形成班组内人员标准作业的统计报表，作为后期班组考核的一项指标。

7.4.2.3　班组生产任务管理

系统严格按照采矿设计计划，制定任务并且将任务通过系统精确分配到各班组，各班组按分配进行作业，在交接班时按时将任务交接或者提交验收。作业任务承接生产计划管理，面向露天矿各级施工作业班组，用于管理工作任务的下达和标准作业的执行与反馈，实现生产施工与生产计划无缝对接，以及各班组之间任务的精确交接，主要具有以下功能：

(1) 任务的确定。根据采矿设计的生产计划和不同的任务类别对班组作业任务进行定义，包括任务名称、任务描述、任务要求、任务类型、任务来源等。

(2) 任务的分配。根据定义的任务，系统智能决策，将任务分配到班组每个人，对人员进行安排，建立任务单，对工作流程进行监控，实现对工作安排以及人员工作情况和设备负荷情况的实时掌握，同时可以对后续工作安排以及设备、物料使用情况进行预测和调度。

(3) 任务进度的管理。现场工作人员根据分配的任务，由现场施工班组长在手持终端上，实时记录现场施工开始的时间，以及任务进行情况，定期进行更新任务完成情况等，管理人员以及调度室可以实时查看现场工作进度和状态，涵盖了矿山生产作业计划的制订、作业计划的执行与跟踪、作业计划的反馈与调整，并将作业的执行情况与人员、物料消耗等成本信息关联起来。

(4) 任务单的管理。主要是实现对各类任务分门别类的管理，区分工作的来源，包括：生产任务、日常运行任务、巡检任务、故障处理任务、统计核算任务、培训学习任务等。

7.4.2.4　班组核算管理

班组核算管理是在生产小组范围内，利用价值或实物指标，将其劳动耗费和劳动占用与劳动成果进行比较，以取得良好经济效果的一种管理方法。它是整个生产现场管理的基础，是生产成本分析和现场成本控制不可缺少的重要环节，班组核算指标包含产量指标、质量指标、材料消耗指标等[128]。班组核算管理以轮班为核算主体，具体实现功能如下：

(1) 班组预算管理。班组预算的目标是实现施工过程中所需成本的提前预估，其准确性会对生产造成一定影响，班组预算内容主要包括物料费用（大型配件、材料、工器具、燃油消耗、火工品消耗）、能源消耗（水、电）和维修费等三方面的内容。班组预算是在以往数据和现在生产状况的基础上进行预测的，系统可以通过大数据分析系统提供智能预测算法，对整个生产预算进行智能预测并细分到班组。

(2) 班组实际物料消耗管理。班组长把实际消耗的物料数量通过手机端录入系统，系统根据消耗的物料量数据，自动计算消耗金额，生成物料消耗报表。

(3) 生产能耗分摊。根据现场实际作业消耗的实际情况，对班组的能耗成本进行管理，对能耗数据进行统计、分析，从而进一步分摊到个人。

(4) 班组成本分析。通过大数据平台，针对班组发生的物料费用、能源消耗和维修费等实际成本按月度、年度与成本预算进行对比分析，从而实现对班组发生的生产物料消耗情况和生产物料消耗明细实时查询、统计，以及成本差异分析等功能。

7.4.2.5　班组考核管理

以核算到人为目标，设置区队/班组绩效考核指标，通过集成平台汇集生产过程数据、生产管理数据以及 ERP（企业资源计划）中以工单形式归集的人、财、物等数据，进行考核指标的统计分析，满足区队/班组的绩效管理要求[129]。主要实现的功能如下：

(1) 日常考勤。在智能化基础平台建成的情况下，通过智能管理平台，实现施工人员考勤信息的智能化采集，作为班组日常考核的指标。

(2) 绩效考核指标体系的建立。系统内根据生产数据、考勤数据等建立考核指标模型库，通过系统对数据分析，实现班组、人员绩效的自动核算，并通过系统接口，将班组内人员绩效核算结果传输到综合管理平台的人员绩效分析系统。

(3) 班组绩效考核的核算发布。主要是通过结合生产数据和 ERP 等系统数据，进行统计分析，建立整个班组的绩效考核信息表，实现整个班组绩效的管理。同时可以把绩效细化到每个人，发布员工绩效考核。

(4) 班组绩效考核的统计。可以对班组、员工的绩效进行统计分析，以此作为员工综合职业技能水平的参考。

7.4.2.6 班组培训管理

为提高各岗位操作人员的施工水平、岗位意识和综合素质，应定期组织培训并且录入系统，也可以通过系统进行学习相关内容，从而提高员工素质和班组成员的理论水平以及实际操作技能，营造良好的学习氛围，提高施工效率，提升经济效益。具体实现功能如下。

(1) 培训资源管理。主要实现培训资源的共享，包括班组生产过程中的技能、安全、操作规程等培训相关的视频资料和文本资料，以及各种题库等，为企业员工提供一个资料共享、学习交流的平台。

(2) 培训计划。主要实现各个部门和班组培训计划的制订，包括年计划、季度计划和月计划等，且方便对培训计划的查询、管理和归档保存，有效地帮助矿山着眼于班组工作的需要，加强新技术、新工艺、新理论等的吸收学习和应用以及施工过程中标准作业的规范化等。

(3) 培训学习。对培训计划的内容安排实施，由相关专业专家和技术人员对相应工种的从业人员进行相关培训，并且录入培训信息，作为后期对相关从业人员的考核，同时各类人员可以通过系统进行相关内容的学习并且自动记录和自动统计。

(4) 统计报表及综合查询。在各种培训、学习记录的基础上，生成各种更加直观的统计报表和综合查询，从而使相关管理人员及时得到准确的培训学习信息。

7.4.3 施工质量管理系统

露天矿山工程的施工是按照相关规范和设计图纸的要求对矿山进行一系列的生产活动，并将煤炭采出的过程，整个生产过程就是生产施工质量的形成过程。为了加强对施工质量的管理，在岗位标准化系统和班组系统的基础上建立生产施工质量标准考核评价的系统，可以实现矿山施工质量的智能管控，从而提高现场生产施工效率。该系统依托于时空演化平台、管控指挥中心、大数据基础平台、设备智能化等，通过基础平台的智能识别技术、快速网络传输技术，以及矿山设备的基础硬件(各类智能传感器、智能车载系统)等，实现矿山施工质量信息采集、施工验收和评价的全过程管理[130]。该系统包括矿山施工作业过程、施工质量的检验和验收以及施工过程人员的考核等，对矿山工作工程施工和质量标准进行管理和评估，从而实现施工作业和质量管理的标准化和智能化。施工质量管理系统框架图如图 7-12 所示。

7.4.3.1 综合管理

质量综合管理主要是对质量系统的日常维护和管理，包括各类施工计划的管理、施工信息的更新、外委施工合同的管理以及施工质量的控制、评估文件和生产法规法律等的管理，

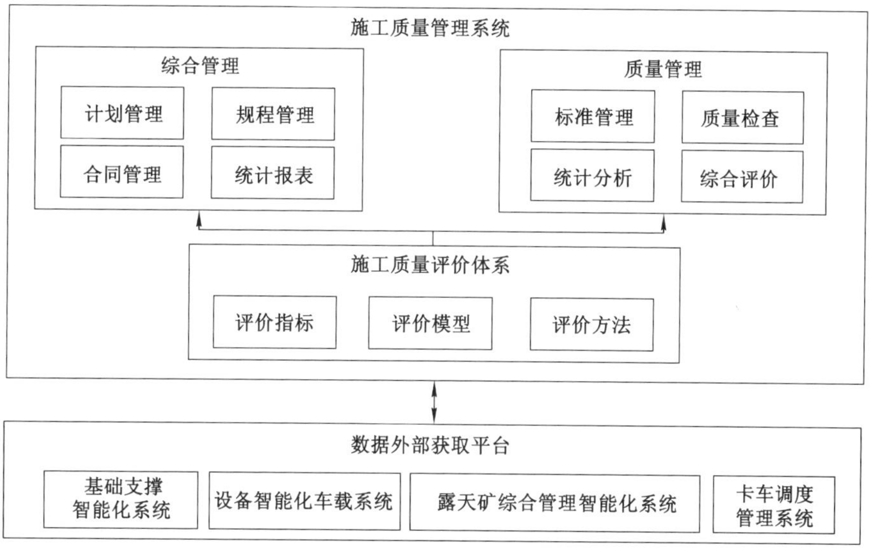

图 7-12 施工质量管理系统框架图

实现质量评估管理日常的表格、记录、数据在系统中相互流转、共享,以及对有关数据的各种分析计算等[131]。

(1) 施工计划管理。结合生产计划系统、班组管理系统与现场智能监控系统,将拟定的施工计划与现场自营以及外委的施工对应起来,智能追踪现场施工计划完成进度与质量,实时对生产计划进行修正,同时对于拖延施工的外委单位给予一定的惩罚。

(2) 法规文件资料管理。对国家以及公司的相关法律法规、单位规章制度、质量检查标准等进行统一管理,并且形成相应的数据库,为施工质量评价和分析提供支撑,例如国家层面上的《煤矿安全生产标准化管理体系基本要求及评分方法(试行)》,以及矿山企业层面的诸如《工程验收管理办法》《安全协议和外委考核细则》等文件。

(3) 合同管理。主要是对外委单位施工合同进行统一的全流程数字化管理,包括合同的起草、审批以及进度等的管理,同时形成相应的合同数据库,为施工验收等提供支撑。

(4) 质量文件管理。主要是对质量手册、程序文件、作业书、施工质量标准、矿山施工质量验收记录等的管理,形成质量考核体系的数字化管理。

(5) 统计报表及综合查询。在各种业务记录的基础上,生成各种更加直观的统计报表和综合查询,使相关管理人员及时准确地得到各生产单位的施工质量信息,从而进一步指导生产。

(6) 数据接口。提供数据向外传输和从外部调取的接口。

7.4.3.2 信息采集管理

信息采集管理的主要是实现矿山生产各种施工数据及时地获取并且载入系统,同时管理人员还可以及时对管控数据进行管理,实现智能化与人工远程监控,不仅可以降低人力消耗,同时可以有效地监管项目进程和项目质量,使施工质量信息采集克服了时间和空间的限制,实现项目质量管理真正的远程化控制[132]。具体包括以下内容:

(1) 工程信息管理。主要是对现场穿孔、爆破、采装、运输、排土等工程项目信息的管理,包含施工项目开始时间、项目名称、项目施工内容、施工位置等数据的管理和统计。

(2) 施工参与人员管理。按照穿孔、爆破、采掘、运输、排弃、辅助等各施工环节形成专门施工单位和施工人员档案表，将矿方和外委单位统一纳入管理，方便对施工过程的控制和检查等。

(3) 施工数据采集。通过手持终端将现场施工数据录入或者调用矿山智能监控、生产设备车载系统、矿山调度等各个与生产相关的系统对露天矿各个施工环节项目的数据进行自动获取，录入对应项目的相关数据库。各类数据包括各环节产量情况(可以通过智能化设备自动识别)、人员"三违"记录、各类施工人员施工信息、设备工况信息、对应施工项目位置信息、施工状态信息等。

(4) 现场验收评定数据采集。系统自动定位需要检查或者验收工程的具体位置，结合矿山智能监控系统、生产设备车载系统等自动形成初步评定数据，安全生产办相关检查人员进行施工检查后，通过手持终端录入相应的质检数据，结合评价体系，自动更新检查结果，形成最终的质量验收报告。

7.4.3.3 质量评价

为了有效衡量矿山施工质量的效果，制定矿山施工质量评价体系，实现对露天矿山建设施工的量化考核，从而可以发现矿山施工中的问题，为矿山施工方案的制定提供一定的依据。同时根据施工质量评价结果对施工人员的工作进行考评。

(1) 建立完善的施工评价平台，在系统内部构建多种评价模型，根据矿山施工数据处理的需要，选择合适的评价方法，为施工质量评价提供技术支撑。

(2) 建立多指标评价体系，以科学性、系统性、导向性等为原则，正确处理施工质量考评数据，确定各指标间的关系，对指标进行分类，结合《煤矿安全生产标准化管理体系基本要求及评分方法(试行)》等相关标准构建多指标的露天矿山施工质量评价体系。

(3) 在建立物联网的基础上，建立基于物联网的施工评价信息平台和评价体系，结合矿山生产施工大数据，分析矿山工程质量，为矿山施工管理与考核验收提供实践指导。

7.4.3.4 质量管理

要对矿山施工质量进行管理和考评，需要建立施工标准，根据《露天煤矿工程质量验收规范》(GB 50175—2014)以及其他规程，建立施工标准和验收动态库，实现对施工标准的信息化管理。通过系统定义的模型，结合获取的施工数据自动统计穿孔、爆破、采掘、运输、排弃、破碎、安全等各环节项目的施工质量与标准的差异情况，从而进一步对施工质量量化考核。具体实现以下主要功能：

(1) 标准管理。定义标准是实现质量标准考评的基础，系统提供生产各环节生产施工和验收标准的录入、增加、修改以及结合其他数据的分析功能，从而为质量评估提供基础标准。

(2) 质量检查管理。矿山工程施工结束后由专业检查人员检查，检查人员按照制定的施工标准化以及岗位流程标准化的标准进行评分，将检查信息录入系统，系统自动生成各施工单位和项目的施工质量考评表。同时可以依托大数据支撑平台调取露天矿时空演变模型、视频监控、露天矿设备等产生的数据，比如通过视频监控智能识别员工违规行为的记录等，结合系统模型，实现对矿山工程施工效果的智能检查，智能评价施工效果。

(3) 统计分析。施工质量管理系统通过大数据分析系统自动对矿山施工的检查评分进行统计，实现对各专业各时期的施工项目统计分析，同时可以结合其他与生产施工的相关系统数据进行自动分析。

(4) 质量综合评价。通过系统的数据和模型得出最终的质量评估结果,根据评估结果进行验收以及对施工人员进行考核等。

(5) 质量监管。通过施工质量检查和评价后的结果,对相应的工程项目做出处理结果。涉及整改通知、整改反馈、处罚措施、检查台账和检查明细记录等。

7.4.4 矿山工程智能管理系统

矿山工程智能管理系统是在集成矿山设备智能化、矿山可视化支撑平台、物联网大数据平台以及综合管理与服务支撑系统的基础上,依赖于传感器技术、互联网技术、三维可视化、高精度导航以及大数据处理等技术,建成的一个生产工艺系统综合智能化监管决策平台,通过与已经建成和实施的智能化系统与智能化装备之间的信息交互,实现对现场生产施工进行综合管理以及辅助从业人员进行判断、决策和施工,从而使得相关从业人员的施工更加精确、效率更加高效,实现施工作业的少人化、甚至无人化,从而提高矿山的整体效益[133-136]。

矿山工程智能管理系统是在其他底层系统和设备智能化基础上建成的,依托于各基础平台,实现高层级对施工的调度管理、远程遥控以及实时掌握各生产环节的施工状态、人员情况等,同时依托于中央系统智能决策和设备、智能化终端系统,可以实现辅助现场施工人员进行判断、决策和施工等,从而实现矿山工程管控一体化[137-138]。矿山工程智能管理系统框架如图 7-13 所示。

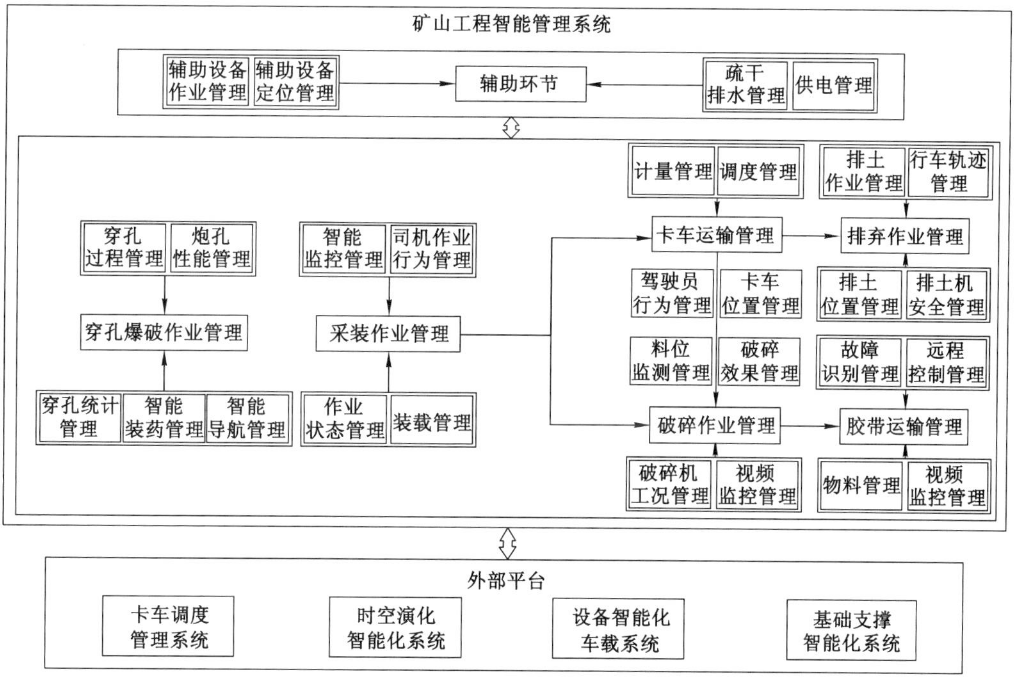

图 7-13 矿山工程智能管理系统框架

7.4.4.1 综合管理

矿山工程智能管理系统综合管理模块主要包括以下功能:

（1）智能生产调度。依赖于矿山综合调度系统和高精度卫星定位等。实现全生产环节的智能调度，可按实际工作情况通过智能算法给出车辆最优调度、最优挖掘位置、最优设备配合对接等，减少人为排班和指挥干预时间，最大程度提高指挥调度的生产效率。并且针对外委施工，实现对外委设备的定位、跟踪和智能调度等[139]。

（2）高智能的卫星定位。高智能的卫星定位不是简单的确定位置，而是空间维和时间维四维一体的动态定位，依赖于时空演化系统和高精度卫星定位以及 GIS 平台等，实现实时显示监控设备的工作位置、人员位置，包括设备和人员信息、设备当前作业量信息、车辆运行轨迹信息等。

（3）设备作业状态监控。智能监控生产区域中所有设备的作业情况，如排队、装车、行进、返回、装载货物情况直观呈现，并且还能结合设备车载智能系统自动计算工作量，载入计量系统。例如电铲挖掘量、卡车装载量、装药车装药量等，为矿山生产综合调度决策作数据支撑。

（4）生产进度管理。通过班组管理系统以及现场视频智能监控平台，实现对现场施工任务进度实时追踪，涵盖矿山生产作业计划的制订、作业计划的执行与跟踪和作业计划的整套流程的追踪功能，主要体现在安全生产办调度人员对现场生产综合管控上。

（5）施工质量管理。通过施工质量管理系统以及现场管理等，实现对现场施工的管理，主要体现在管理人员通过中控系统对现场施工质量的检查和控制上。

（6）生产成本管理。连接班组管理系统及与成本相关的系统，实现对矿山生产成本的管控，主要体现在查看和调用上，具体的管理由专门的财务系统和班组成本核算来完成。

（7）生产数据分析。依托于大数据处理平台，对矿山生产产生的数据进行统计分析和对比，以图、表等形式呈现数据，便于管理人员实时了解生产信息，为生产决策作数据支撑。

7.4.4.2 穿孔、爆破作业管理

穿孔、爆破环节是露天矿施工作业的基础环节，穿孔的质量会直接影响爆破的质量，而爆破的质量会严重影响采装环节效率。通过穿孔设备的智能化系统和施工智能管理中心的智能决策，实现现场穿孔智能作业综合管理，提高决策效率与施工精度，同时智能获取钻机数据，从而提高作业质量以及经济效益。

（1）智能导航管理。通过大数据分析系统、高精度地质时空模型、高精度卫星定位等，实现对钻机穿孔、找孔等过程的智能控制，实现智能寻找打孔孔位，检测钻孔深度，进行打孔异常报警、急停等，调度人员和管理人员可以通过中央控制系统直接控制钻机，以及获取位置、轨迹、打孔深度等信息。

（2）穿孔过程管理。通过设备智能传感器和视频智能识别等，实现对钻机打钻过程物理参数的智能管理，实时显示和分析钻孔深度、钻进速度、钻头负荷等各项参数，对异常情况进行智能识别、预警、集控，同时将穿孔过程各项参数的历史数据在大数据平台进行智能分析，对钻机的各项性能进行智能分析，形成相应的预测结果供安全生产调度人员以及设备维修人员进行参考。

（3）爆破孔性能管理。智能化钻孔设备在穿孔过程中自动采集的轴压、转速、扭矩、深度和空气压力等数据，通过大型专家知识库和大数据分析系统数据模型，分析钻机操作员的操作习惯，优化调整具体的穿孔参数，从而实时给调度人员、设计人员、操作人员提供岩层振动特性图、震动位置，以及系统对司机的操作建议，并且帮助计算每个孔的装药量和间隔位

置，同时为爆破和装药量计算提供依据。

（4）穿孔统计管理。通过钻机穿孔作业监测平台和数据分析平台对钻机在穿孔过程中的已穿孔数、当前班产量和总钻进数等数据进行实时统计分析，从而可以进行生产成本统计分析，操作人员和管理人员可以随时查看当前工作量和以往工作统计的数据。

（5）智能装药管理。通过大数据平台对地质勘探和钻孔环节得到的煤岩性质数据以及钻机定位导航和穿孔获得的煤岩物理力学性质数据分析解算，实现自动根据孔位岩性匹配炸药以及炸药用量等。

（6）施工智能识别。依托于穿孔设备机载系统以及矿山智能监控系统，通过深度学习智能算法，对钻机钻孔、装药车装药、炮孔连线等是否按标准作业进行智能识别，以及对钻机司机的操作习惯进行统计识别，分析各钻机司机的不同操作造成钻进量的差异等，实时反馈到安全生产办调度中心、采矿技术员，以及生产技术部设计人员，指导生产管理、采矿设计以及绩效考核、成本核算等。

7.4.4.3 采装管理

采装工程是用一定的采掘设备将矿岩从整体爆堆中采出，并装入运输设备或者装载设备将物料运送到指定地点。采装过程的作业管控主要是实现采装设计的精准执行、调度和生产作业的智能化管理，从而提高电铲和卡车设备的效率，以及提高经济效益。

（1）智能监控管理。通过视频监控系统，司机实时掌控作业环境，避免采装作业死角，从而提高作业效率，同时施工设计人员、调度人员可以实时调取、查看相关信息，为生产管理提供支撑。

（2）电铲司机操作管理。通过大数据分析系统和智能识别等，结合岗位标准作业流程系统，实时对电铲司机操作行为、挖掘效果进行综合评判，实现对不同操作员的操作过程和电铲作业的实时监控、采集、分析，并将结果实时展示到调度室，并且根据记录对电铲司机做出考核。

（3）电铲作业状态管理，结合时空演化模型，在真三维的环境下实现在任意时间点对各个电铲的作业状态进行现场查看或者回放其记录，安全生产办调度员可以查询该时间点驾驶员情况、挖掘轨迹、挖掘量、匹配卡车信息等，同时可以自动分析不同采宽、旋转角度和不同块度条件下电铲作业循环的过程以及耗时分布规律，实时展示到调度控制中心，供调度人员以及设计人员参考。

（4）装载管理。依托高精度的定位系统和车载激光测距扫描系统等，自动计算最佳的电铲装车轨迹和卡车等待装车位置，精确控制卡车入换和电铲装车，提高电铲装车效率和卡车入换效率，降低人员操作难度，避免入换失误造成的重复装车，同时实时记录装载信息，防止超装、欠装、装载不均等情况的发生。

7.4.4.4 卡车运输管理

露天矿运输环节是将工作面的物料、煤等运送到指定地点的过程，上部岩土剥离后运至排土场，下部煤层开采后运至选煤厂。运输环节作为生产工艺系统的中间环节，其生产效率的高低会直接影响到矿山的整体效益，依托于矿山调度系统、运输设备车载智能系统以及可视化智能决策系统等基础平台，实现对卡车运输的管理，从而提高工作效率和施工的安全性等。

（1）卡车位置管理。通过高精度的导航系统，对卡车实时定位，系统中控室和卡车终端实时显示卡车位置和其他作业车辆位置等，既可以辅助司机把握实时路况，又可以为现场管理和调度人员提供各车辆实时位置，进行精确定位。

(2) 调度管理。系统通过智能决策平台及系统内部算法自动决策各卡车运输卸料位置，并寻找最佳路径，从而实现卡车运料调度的最优化。运煤卡车通过系统自动寻找距离、路况等条件约束下的最优路径，同时在运输过程中卡车自动计量和计算运输次数，整个过程和数据可以在调度中心实时显示，供调度人员参考，从而减少车辆耗损和人工成本，避免谎报工作量的情况，也减轻调度人员的工作。

(3) 驾驶员行为管理。通过大数据分析系统和智能识别等，结合岗位标准作业流程系统，实时对驾驶员的操作行为进行监控，当出现设备越界、非法停车、油量异常、无故停机、会车、举斗行车、驶离路线等非标准行为时，发出警报，提醒驾驶员，同时反馈到调度中心，并记录在案，作为考评参考指标。

(4) 自动计量管理。由车辆自带的称重系统自动导出计量信息，匹配到该班次司机任务量，自动传输到相关的管理系统。同时通过监控获得的车内物料或煤的转载情况，通过深度学习等算法自动进行空满状态的识别，从而实现对运输量是否达标进行识别和统计，进而通过这些数据对司机进行考核。

(5) 行车轨迹管理。结合时空演化模型，在真三维的环境下实现任意时间点对各运输设备的作业状态进行现场查看或者回放其记录(卡车位置、驾驶员情况、卡车作业量等)，安全生产办调度员可以根据实际情况对卡车行车进行管理和调度，从而改变其轨迹。

(6) 卡车安全管理。主要是通过车载系统实现对卡车的超速识别、防撞预警、司机疲劳等，若出现这些情况，系统自动提醒驾驶员并通知相关管理人员，同时将相关行为记录到考核系统内。

7.4.4.5 破碎站-胶带运输管理

原煤通过破碎站破碎后，通过胶带运输到指定地点，通常采用的工艺方式为：单斗挖掘机—卡车—半固定破碎站—带式输送机；单斗挖掘机—自移式破碎站—带式输送机。带式输送机运输具有运输能力大、单位运输成本低、性能可靠、适应性强、作业成本低等特点，但系统投资大，机动灵活性差。但破碎运输系统往往是成套装备，更容易实现集中控制和管理。通过调用地面生产智能化系统，实现安全生产办和生产技术部对破碎站-胶带运输全环节的智能管理，具体如下：

(1) 通过地面生产智能化系统，实现矿山管理人员对地面生产系统的远程集中控制和管理，故障智能识别和检修等。

(2) 对破碎过程实现自动监测、识别等，智能判断料位高度、破碎效果以及破碎机工作状态、破碎机工况等，实时显示在调度中心，辅助管理人员对破碎施工的管理。

(3) 通过调度室对带式输送机进行智能集控管理，实现远程控制和无人值守，并且自动识别带式输送机的物料块度、是否堵塞等，及时报警和提供解决方案。

(4) 破碎站-胶带智能集控。通过系统自动连接破碎站-胶带运输环节相关的运行监测数字化系统，对整个破碎站-胶带运输系统的破碎物料过程、破碎机工况、带式输送机状态等进行自动检测与控制，实现无人值守。

7.4.4.6 排弃管理

排弃作业是与运输环节相衔接的环节，其任务是充分发挥排土场能力，保证采场持续均衡生产，主要由排土机完成排土作业过程，通过可视化智能决策平台、矿山设备智能化基础硬件和系统以及大数据智能决策平台等与矿山施工相关的系统，实现排土环节的智能化作业和管理，提高排土场施工作业的安全性、可靠性等。

（1）安全管理。包括防疲劳、防碰撞以及作业环境感知等，实现了安全生产办对排土环节施工的违规行为的智能管控，减轻现场管理难度，同时也实现违规行为的智能记录和考核。

（2）排土位置管理依赖于时空演化系统和高精度卫星定位以及 GIS 平台等，对排土机进行实时定位，系统中控室和排土机终端实时显示施工位置、其他作业车辆位置和排土位置等，既可以辅助司机把握实时路况，又可以为现场管理、调度人员提供排土机的实时位置，并精确定位。

（3）排土作业管理。系统根据矿山生产作业情况和各生产作业点的需求，自动安排推土机的工作位置，同时自动计算推土机工作量，无须人工干预，避免出现谎报工作量的情况。

（4）作业轨迹管理。在真三维的环境下实现在任意时间点对各推土机的工作状态进行回放，可以查询该时间点驾驶员情况、推土机作业量情况等，以供生产调度人员和生产设计人员决策参考。

7.4.4.7 辅助作业管理

辅助环节是对矿山主要工程进行辅助作业的环节，通过集成基础网络建设、基础平台建设以及设备智能化建设，逐步建立统一的辅助生产大系统，从而完成辅助作业的智能化，在施工作业时可以应用辅助生产系统的功能，形成对辅助施工的智能管控，实现管理人员对疏干排水、设备管理、供电能耗等的综合一体化管理。主要表现在以下几个方面：

（1）疏干排水管理。疏干排水水位自动检测、水泵远程控制、水泵房自动监控等，实现疏干排水无人值守。

（2）实现供电能效智能管理、供电远程控制、供电设备自动保护等。

（3）各种辅助设备实现自动定位、防碰撞、防疲劳等安全管理。

（4）各种辅助设备实现自动化作业和管理，如平路机自动识别路面、自动平整路面等，调度中心自动接收信息并调度等。

8 智能化露天矿综合管理系统

8.1 规划目标

智能化露天矿综合管理系统为期规划目标如下。

(1) 一期目标

在绿色生产智能化方面,降低疏干水再利用的成本,提高疏干水的利用率,提高生态复垦的质量,降低生态复垦的成本,逐步实现生态恢复的价值;在安全生产智能化方面,实现少人作业,减少露天矿本身的安全隐患,杜绝危险源的危害,逐步实现露天矿的本质安全;在高效生产智能化方面,实现主要生产环节生产效能的自动化分析,提高各工艺环节的生产效能,提高生产成本管控水平以及对生产成本信息的利用效率和人员绩效考核的效率,降低露天矿的生产成本并提高绩效考核的质量。

(2) 二期目标

在绿色生产智能化方面,提高生态复垦的质量、降低生态复垦的成本,实现露天开采的本质绿色;在安全生产智能化方面,进一步实现少人作业,减少甚至杜绝露天矿本身的安全隐患,实现露天矿的本质安全;在高效生产智能化方面,实现所有生产环节的生产效能高级智能管控,实现生产设备的实时最优化运行,保证生产效能的最大化,实现生产成本的实时管控、绩效考核的无处不在,最大化程度降低露天矿的生产成本,为露天矿生产设备、矿山工程的管理提供可视化智能支撑。

智能化露天矿综合管理系统规划分期建设内容及要素点见表 8-1。根据以上提出的两期规划目标,建立智能化露天矿综合管理系统与其他系统之间的逻辑关系(图 8-1),在此基础上给智能化露天矿建设提供整体规划方向。

表 8-1 智能化露天矿综合管理系统建设内容及要素点

规划系统	一期			二期	
	现有系统	建设系统	要素点	建设系统	要素点
露天矿绿色生产智能化	无	粉尘智能化管控	专业的管理系统,完善的工程措施,智能化管控	生态恢复智能管理	复垦技术方案、复垦工程、生态恢复等的专业化管理智能化管控
		有毒有害物质智能化管控	专业的管理系统,完善的工程措施,智能化管控	生态恢复效益评价	生态恢复效益追踪评价,指导复垦工程

表 8-1(续)

<table>
<tr><td rowspan="2">规划系统</td><td colspan="3">一期</td><td colspan="2">二期</td></tr>
<tr><td>现有系统</td><td>建设系统</td><td>要素点</td><td>建设系统</td><td>要素点</td></tr>
<tr><td rowspan="3">露天矿绿色生产智能化</td><td rowspan="3">无</td><td>疏干水再利用智能管控</td><td>专业的管理系统,完善的工程措施,智能化管控</td><td rowspan="3" colspan="2">无</td></tr>
<tr><td>清洁能源再利用</td><td>实现能源的清洁化,智能管控</td></tr>
<tr><td>生态恢复治理智能化</td><td>复垦技术方案、复垦工程、生态恢复等的专业化管理</td></tr>
<tr><td rowspan="12">露天矿安全生产智能化</td><td>无</td><td>安全综合管理</td><td>人员、现场、安全监察通知通报、安全计划、法规标准、安全资质审查等的管理</td><td>智能风险预警</td><td>预警处置、智能上报及反馈</td></tr>
<tr><td>隐患排查</td><td>安全隐患闭环管理</td><td>安全信息采集、安全隐患辨识、安全隐患筛选、安全隐患措施落实、在线跟踪处理</td><td rowspan="8" colspan="2">无</td></tr>
<tr><td>风险管控</td><td>安全风险动态评估</td><td>安全风险辨识、风险预控管理</td></tr>
<tr><td rowspan="5">无</td><td>生产流程状态管理</td><td>产量监测、卡车定位、安全监测、“三违”记录、闭环管理、质量标准化系统、安全状况评估</td></tr>
<tr><td>外包管理</td><td>专业化的管理系统,图件协同、智能装药、作业实时管控、爆破材料电子化管理</td></tr>
<tr><td>爆破安全管理</td><td>专业化的管理系统</td></tr>
<tr><td>移动安全巡察</td><td>及时排查、迅速处理</td></tr>
<tr><td>设备诊断及预控</td><td>煤矿设备安全动态诊断</td></tr>
<tr><td>应急管理</td><td>应急救援管理</td><td>应急救援、应急指挥、应急演练、智能联动</td></tr>
<tr><td rowspan="2">无</td><td>远程教育培训系统</td><td>网站展示、个人培训信息查询、办公任务管理</td><td>虚拟培训演练</td><td>三维培训考核系统、培训环境自定义构建</td></tr>
<tr><td>在线学习</td><td>在线学习、在线学习数据维护</td><td colspan="2">无</td></tr>
<tr><td></td><td></td><td></td><td></td><td></td></tr>
<tr><td rowspan="4">露天矿高效生产智能化</td><td rowspan="3">无</td><td>作业质量智能管控</td><td>主要对某一生产环节作业质量进行管理</td><td>作业质量智能管控</td><td>对某一生产环节作业结果进行评价,并将数据实时推送到相关部门</td></tr>
<tr><td>生产效率智能管控</td><td>设备关联数据、作业数据、生产效率评价模型</td><td rowspan="2" colspan="2">无</td></tr>
<tr><td>生产能力智能管控</td><td>生产能力计算模型、实时生产能力、小时生产能力、班组生产能力</td></tr>
<tr><td>生产成本管理</td><td>生产成本基础管理</td><td>成本基础设置、日常业务处理、统计分析、成本管理、期末处理等功能</td><td>生产成本智能管控</td><td>大数据分析、决策,将分析结果、决策指令推送至相关部门,指导生产成本的控制</td></tr>
</table>

表 8-1(续)

规划系统	一期			二期	
	现有系统	建设系统	要素点	建设系统	要素点
露天矿高效生产智能化	无	生产成本分析	深入挖掘，精准管控	可视化智能决策	生产设备、矿山工程、工艺可视化智能管理
		煤炭运销信息管理	对合同、计划、调运、化验、结算、商务处理等环节的实时数据处理和有效监控	无	
		煤炭运销智能预测	煤炭价格及市场需求预测，指导生产		
		吨煤效率智能管理	吨煤效率计算管理、人工统计、产量统计、效率对比统计分析、历史数据对比分析	吨煤效率智能管控	效率波动智能分析，产生决策指令，推送给相关部门参考执行
		人员绩效智能考核系统（基础版）	人工考核、系统化管理	人员绩效智能考核系统（高级版）	自动采集调取数据、智能考核

8.2 规划设计

智能化露天矿综合管理系统的整体规划设计如图 8-2 所示。

8.3 智能化露天矿绿色生产子系统

绿色生产是智能化露天矿建设的必然要求，通过工程措施实现粉尘控制、有毒有害物质的治理、疏干水的再利用以及清洁能源的利用，采用绿色开采技术实现露天矿生产与复垦工程同步进行，实现露天矿的生态恢复，并紧跟智能化矿山的建设步伐实现露天矿绿色生产的智能管控，以期实现露天矿的本质绿色生产。

8.3.1 粉尘智能化管控

露天矿在开采过程中粉尘来源有：一是凿岩、爆破时产生的粉尘；二是破碎站破碎过程中产生的粉尘；三是煤堆、排土场产生的风蚀扬尘；四是装卸运输过程中产生的粉尘。露天采矿场粉尘污染具有产尘点分布广泛、污染源流动性强、含尘浓度高、粉尘分散度高、产尘量大等特点。主要是对人和动物的危害、对植物的危害、对环境的危害、对设备器物的危害[140-141]。

针对粉尘产生的环节，粉尘防治工程措施主要包括凿岩工段粉尘治理、抑制爆破作业时产生的粉尘、破碎工段粉尘治理、煤堆和排土场风蚀扬尘治理、装卸运输过程扬尘污染防治、加强防尘管理。

采矿企业的领导需要立足于企业长远的发展，加强防尘管理的监管力度，从而保障采矿生产的安全性，可以通过以下措施实现：安排专人检测空气尘土浓度，同时每日检查防控措

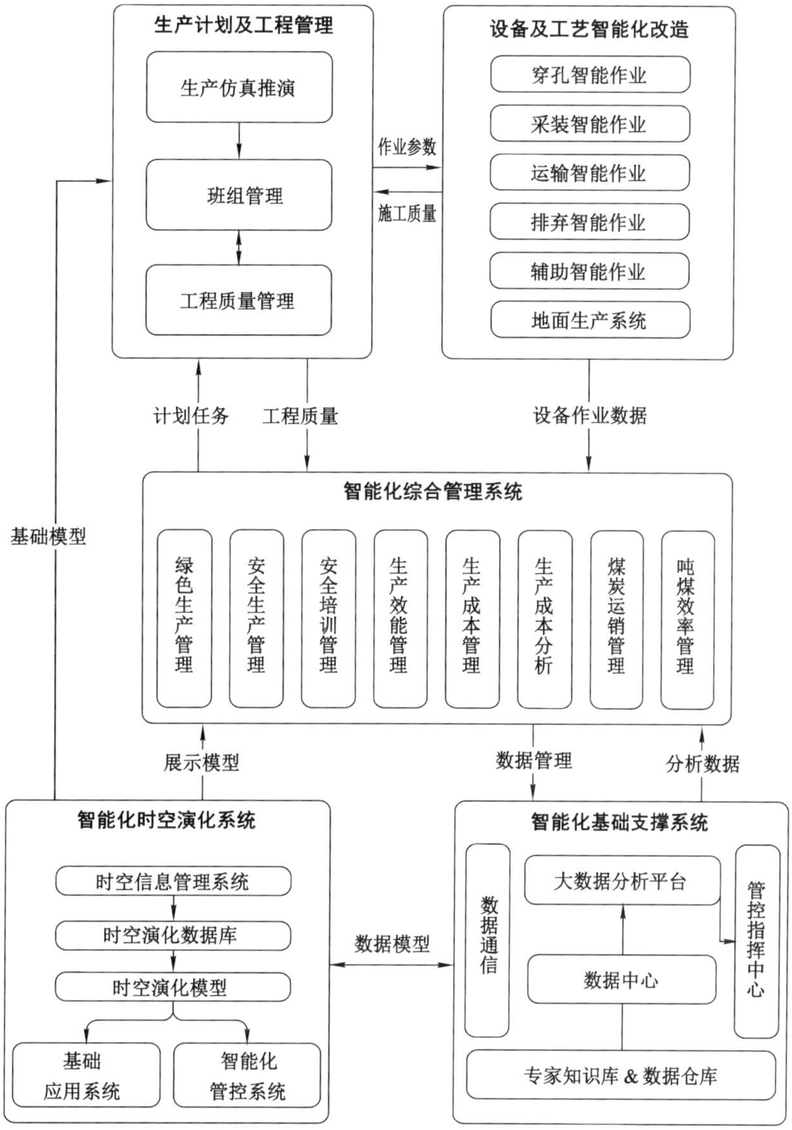

图 8-1 智能化露天矿综合管理系统与其他系统之间的逻辑关系图

施的具体落实情况并做好粉尘污染影响的教育，发现问题需要及时解决，从而保障治理系统的持续运行；每天检测粉尘污染情况，浓度变化超过国际相关规定标准时就需要分析并及时处理。完善的管理机制对于露天采矿场生产安全具有重要的影响，对于员工的健康安全具有重要的意义。

露天矿的粉尘污染防治工作应按照作业安全及绿色矿山建设的要求，对开采、运输及整个矿区局部环境的粉尘实施综合整治，并根据理论研究或实测的经验方法对产尘量进行估算[142-143]。随着除尘技术的发展，露天矿粉尘控制技术不断更新，如何实现粉尘的智能化管控是本研究的重点。本研究设计智能粉尘控制系统，服务于露天矿的智能化建设。

智能粉尘控制系统主要包括前端环境监测设备、智能控制设备、喷淋设备、中心平台 4 个部分，如图 8-3 所示。

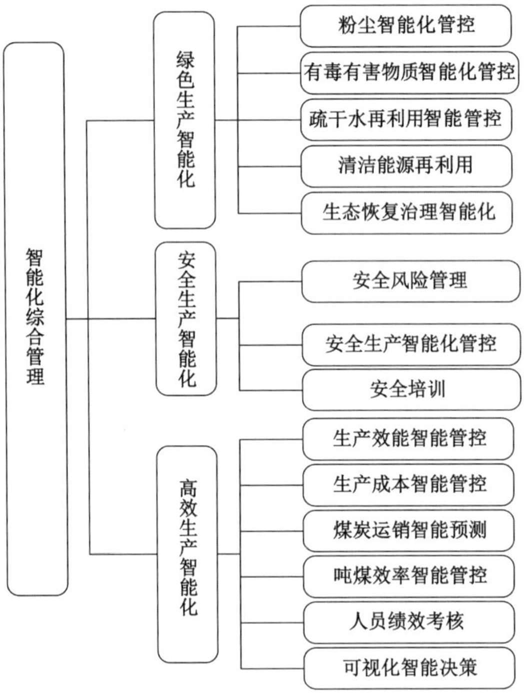

图 8-2 智能化露天矿综合管理系统整体规划设计

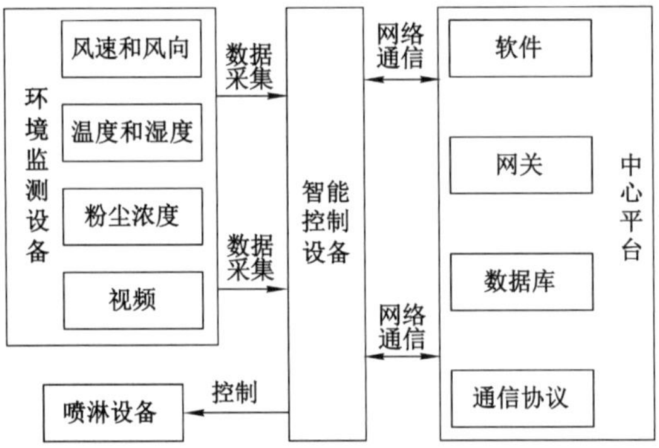

图 8-3 智能粉尘控制系统架构图

(1) 环境监测设备

在粉尘产生的重要地点安装现场粉尘浓度传感器等环境监测设备,实时采集现场粉尘浓度、温度、湿度、风向、风速参数并发送至智能控制设备。

(2) 智能控制设备

智能控制设备内置的智能控制策略包括参数计算、环境扬尘评价、喷淋设备控制。智能控制设备接收现场环境监测设备发送的参数,根据参数计算策略进行计算,根据环境扬尘评价策略评估计算结果,结合喷淋设备控制策略向喷淋装置发送控制指令,实现抑尘装置的智能控制。

(3) 喷淋设备

喷淋设备安装自动控制模块,响应控制装置发送的控制指令,实现抑尘装置自动启停。抑尘装置配备智能水表,实时汇报用水量。

(4) 中心平台

中心平台安装控制、监控软件,设置监测设备、智能控制设备的控制策略并对各个设备的状态进行监控。

8.3.2 有毒有害物质智能化管控

露天矿开采过程中存在危害身体健康的因素有煤尘、高温、噪声、有毒有害气体。其中穿孔爆破过程中存在的职业病危害因素主要有粉尘、振动、噪声;单斗电铲挖煤过程电铲司机接触的职业病危害因素有煤尘、噪声等;自卸车司机在运煤过程接触的危害因素有粉尘、噪声等;破碎过程巡检人员接触的危害因素有煤尘、噪声等;自卸车运输过程存在尾气排放及爆破后炮烟残留,采坑内存在 CO、SO_2、NO_x 等有毒有害气体;夏季作业时还存在高温危害因素[144-146]。

针对有毒化学物质的防范措施主要如下:

(1) 工艺和技术改造:在符合的环保前提下,利用无毒或低毒物质代替有毒或高毒物质。

(2) 采用自动化、机械化作业:减少有毒物质的逸散,避免或减少工人直接接触有毒物质。

(3) 通风措施:采用适当的通风设施,排出逸散的有毒物质。

(4) 做好个体防护:配备符合规范要求的个人防护用品,并督促作业者规范佩戴和使用。

针对噪声的防范措施主要如下:

(1) 严格控制制造和安装质量。

(2) 降低传递途径中的噪声。

(3) 采取隔音、吸声、消声等措施。

(4) 加强个体防护,在噪声作业场所应佩戴防声耳塞、耳罩和防声帽盔等防护用品。

针对振动的防范措施主要如下:

(1) 消除或减少振动源的振动是控制噪声危害的根本性措施,通过工艺改造尽量消除或减少产生振动的工艺环节,采取减振措施,减少手臂直接接触振动源。

(2) 限制作业时间,在限制接触振动强度还不理想的情况下,限制作业时间是防止和减轻振动危害的重要措施,制定合理的作息制度和工间休息,满足国家规定的职业接触限值 85 dB。

(3) 加强个人防护,合理使用防护用品也是防止和减轻振动危害的一项重要措施,如戴减振保暖手套。

针对高温的防范措施主要如下:

(1) 加强作业现场通风换气,疏散热源。

(2) 合理安排作业时间,避开高温时段作业。

(3) 常备防暑降温物品和药品。

(4) 合理安排作业班次,高温时段采取轮换制作业。

(5) 做好作业场所隔热降温措施。

有毒有害物质的智能化管控系统针对各种危害因素,研究其浓度或强度的危害等级、危害区域、危害人群、控制处理方案,建立相关的专家知识库。在危害源布置传感器进行实时监测,将监测数据接入系统数据库,在客户端设计有毒有害物质控制分析系统,当某一危害因素超标时,系统对危害因素、危害区域、危害人群进行危害报警,并给出危害因素控制方案。

8.3.3 疏干水再利用智能管控

疏干水是在露天矿采煤过程中从煤层中涌出的污水,污水中污染物很多,包括砂泥颗粒、粉尘、溶解盐、酸和碱、煤炭颗粒、油脂等多种污染物。提高露天矿疏干水的复用率有利于保护该地区的水资源,提高企业的经济效益,同时也能够达到较好的环境效益。

为了充分利用矿区疏干水资源,应寻求广泛的疏干水资源利用途径,从矿区疏干水排水量的核定、水质的评价、排水管线的合理规划以及市场需要等出发,建立一套完备的疏干水利用系统。本着节约用水的原则,增强节水意识,实现疏干水资源经济化,对矿区节约成本支出具有重要的现实意义。矿区疏干水经适当方法处理后,需能满足生活用水及工农业用水的需求[147-148]。

(1) 矿区生产用水:将矿区排水直接用于矿区内的生产用水,如防尘灭火用水、设备冷却用水、除尘用水等。

(2) 工业用水:对于不同用途的工业用水,如锅炉用水、电厂用水、冲洗用水等,参照其工业用水水质标准进行处理,以达到相关要求。

(3) 农田灌溉:如矿坑水中不含特殊有毒物质,一般不经处理或者简单处理后即可用于农业灌溉。

(4) 景观、绿化用水:矿坑排水经处理后可用于矿区的绿化建设,如人工河流、喷泉及园林绿化等。

(5) 生活用水:矿坑排水作为生活饮用水,必须严格按照生活饮用水标准进行净化处理,并定期进行水质检测。

根据疏干水的处理和利用方法,结合露天矿的实际情况,研究建设疏干水再利用智能化系统,监测控制疏干水的产生、处理、利用过程,并实现疏干水的产生、处理、利用的智能化。

8.3.4 清洁能源再利用智能化

清洁能源的应用前景主要体现在两方面:一是生产设备能耗从以油为主向以电为主转变,减少因燃油产生的污染物,这方面在大型设备电力驱动智能化建设中已规划建设,这里不再赘述;二是利用露天矿排土场最终排土台阶范围大且平整的特点,布设太阳能光伏发电系统,输出的交流电用于矿区自用或并入国家电网,发展第三产业[149-150]。

基于系统论的观点,以太阳能光伏电站为研究对象,从经济评价指标、外部环境、建造风险三个维度评价露天矿排土场建设太阳能光伏发电系统的可行性。

基于时空演化模型以及露天矿的发展规划,动态规划光伏发电系统的布设范围,研究太阳能光伏发电系统建设的可行性。

8.3.5 生态恢复治理智能化

我国大型露天矿大多处于干旱、半干旱的生态脆弱区，剧烈的采矿扰动容易引发地貌变迁、水土流失、农业受损、生态失衡等一系列问题。绿色开采技术是解决露天矿生态环境问题的根本途径。露天矿绿色开采工艺系统在原有开采工艺系统的基础上，增加了“生态恢复”工艺环节，形成了以生态环境保护为限制因素的工艺系统。露天矿绿色开采工艺系统是完成采掘、运输、排卸、生态恢复主要工艺环节的设备和作业方式的总称，由矿岩准备、采掘、运输、排卸、生态恢复五个主要工艺环节组成[151-152]。生态恢复是露天矿绿色开采不可缺少的主要工艺环节之一，其主要作用是强制露天矿在开采煤炭资源的同时做好环境保护和生态恢复工作，使露天开采对环境破坏最小。

生态恢复环节与其他工艺环节一样，拥有专用作业设备、作业方式、作业参数、环节生产能力等，与其他工艺环节必须合理匹配。生态恢复环节，即“地貌重塑—土壤重构—植被重建—生态系统恢复”的工程模式是对露天矿区排土场这种特殊人工生态系统进行修复的有效措施。露天开采造成土地受损严重、生态条件复杂，只有综合气候、海拔、坡向、坡度、坡位、地表物质性状等环境因素与植物生态习性，建立科学的生态恢复流程，针对不同的土壤条件进行植物的配置、栽植及管护才能达到对露天矿生态修复与恢复的目的。

作为起促进作用与保护作用的生态恢复环节，其保护作用主要表现为对矿区生态环境的保护，其促进作用主要体现在露天矿占用土地动态补偿机制，即露天矿通过内排土场和外排土场土地恢复和生态恢复换取采场剥离所需要占用的土地，每一个露天矿根据其矿床赋存条件、地质地形条件确定一个初始土地占用标准，确定用于完成露天矿采场基建、排土与维持正常剥采生产所需要的最小土地量，在此之后以每一年或每几年为一个周期，通过露天矿土地恢复并交付社会使用的数量等量置换露天矿采场剥离及排土所需要占用的土地数量。

8.3.5.1 生态恢复智能化管理

以露天矿时空演变模型为基础，结合对工艺系统环节管理的智能化研究，将生态复垦工程同步管理，在绿色开采技术的基础上实现露天矿生态恢复治理的智能化[153-154]。主要实现功能如下。

(1) 复垦技术方案的智能管理：通过研究露天矿的工程地质信息、生态系统、气候环境，建立复垦方案库，并结合露天矿开采和排土工程，智能选择复垦技术方案。

(2) 复垦工程的智能管理：对分类排土、复垦工程施工、施工工程量、复垦施工结果进行管理。剥采进度与生态恢复进度(推进度)时间、空间一体化，把排土场土地复垦与生态恢复作为露天矿开采的一个必不可少的工艺环节，生态恢复环节的作业进度与露天矿剥采排作业进度应在时间上和空间上相匹配，并对每一环节的完成结果进行智能评价。

(3) 生态修复工程的智能管理：生态修复工程是露天矿生态恢复环节的重要内容，根据露天矿生态恢复的要求，在工程修复的基础上，进行客土喷播、土壤重构、水土保持、植被优化等修复工程作业，并对各种工程方案、工程进程及工程结果进行智能管理。

(4) 生态恢复区域的视频监控：通过视频监控，监测已进行生态修复区生态环境的影响因素，并建立生态环境评价模型进行智能评价。

8.3.5.2 生态恢复效益评价

在土地复垦工作完成后,需要经历一段时间后才能显现复垦效益。目前,矿区土地复垦效益监测多集中于单项指标的监测,常用的复垦效益指标有作物生长、植被覆盖等因素。在自然群落和人工群落的后期演替过程中,植物物种和植物群落的生长与布局仍然受到诸如气候、土壤、地形等环境因素的影响,因此基于多项指标进行复垦效益的动态监测显得十分必要。基于遥感技术的生态环境状况指数被广泛应用于生态环境的年度综合评价。以生态环境状况指数为参考,根据露天矿区的特点选取了地形高程、植被指数、地表温度和土壤湿度4个重要指标作为拟建复垦效益指数的评价指标,这4个指标除了代表自然因素外,在某种程度上还表征了人为开采活动对矿区地形条件和水热条件的影响,因此在某种程度上也可用于矿区土地复垦效益的评价。

卫星遥感技术以其宏观、实时、快速的特点,在评价指标的空间测度和动态监测方面得到广泛应用。基于遥感技术获取多个评价指标,打破了以往单项指标监测的局限性,以期作为实地测量指标的辅助指标来实时、快速、定量、长期地评价和监测复垦效益[155-157]。

8.4 智能化露天矿安全生产子系统

8.4.1 安全风险管理

8.4.1.1 安全综合管理

安全综合管理信息系统主要根据安全管理模式,建立公文信息管理、安全管理、安全评估、安全技术管理、安全资金管理等,并根据可行的事故模型和检查点布置方案,对有关风险进行分析计算,对隐患进行排查,并结合煤矿地质测量、生产等专业实现安全的在线整改,使矿山生产符合本质安全型矿山的要求。系统主要功能设计如下。

(1) 人员管理:能够形成统一的职工安全档案报表,支持不同条件查询。实现对各单位证照、特殊工种证照进行风险管理,对人员持证情况进行集中统计,对各单位证件的年检、换发工作进行管理等。

(2) 现场管理:建立煤矿现场人员信息管理,形成每月各单位领导、安监及机关区队跟班值班表。

(3) 安全监察通知通报:能够发布一些安全监察验收通知通报文件,以供相关人员浏览。

(4) 安全计划管理:对各个矿山和安监部每个月、每个季度的安全计划进行管理。

(5) 法规标准管理:实现安全规程、作业规程、操作规程、法律法规、安全管理制度、处罚办法的管理,并具有智能检索的功能。

(6) 安全资质审查管理:即对外委施工队伍的管理,包括资质、人员、证件、施工地点和位置等。

(7) 隐患排查管理:系统根据各基层单位的隐患排查记录的级别自动生成隐患排查上报表,健康、安全与环境管理部门对该表做适当的审核修改,然后上报相应部门。

(8) 统计报表及综合查询:该模块是在各种业务记录的基础上,生成更加直观的统计报表和综合查询,使相关领导及管理人员及时准确地得到各生产单位的安全信息,为企业安全管理工作提供决策支持。

8.4.1.2 安全隐患闭环管理

结合露天矿现有隐患排查系统，在原隐患排查系统的基础上，根据智能化露天矿的建设要求进行智能化改造，形成安全闭环管理。

安全隐患闭环管理系统由安全生产信息辨识和安全隐患治理两部分组成。安全生产信息辨识主要实现对安全生产过程中的信息采集、安全隐患辨识。安全隐患治理主要将安全隐患治理过程分为安全隐患筛选、安全隐患治理、安全隐患跟踪落实三个环节，并将其串成一个环环相扣的工作流程，通过系统构成一个连续封闭的回路，从而形成有效的管理，提高露天矿的安全隐患排查治理和安全管理水平[158-159]。安全隐患闭环管理系统主要实现的功能如下。

(1) 安全信息采集：实现安全检查信息的在线填报或监控系统的生成。

(2) 安全隐患辨识：对安全隐患进行辨识，确认隐患内容。

(3) 安全隐患筛选：对安全隐患分类分级管理，确定相应管理要求。

(4) 安全隐患治理措施落实：按"五定"要求，对安全隐患治理措施进行落实管理。

(5) 在线跟踪处理：对安全检查问题进行分类分级，并跟踪落实处理。

8.4.1.3 安全风险动态评估

安全风险动态评估系统是煤矿生产运营管理的重要组成部分，是安全信息综合处理的枢纽，是安全信息管理、安全决策的关键。系统基于煤矿 GIS 实现对企业安全风险点、事故隐患点、危险源的统一监测，加快安全信息反馈速度和整改质量，推动危险源辨识和安全隐患排查、安全隐患治理和监控的 PDCA 循环速度，形成闭环的安全信息管理，实现对风险点的在线监测或者视频监控，督促生产企业时时刻刻盯紧风险点，一旦发现异常立即处置，从而推动安全管理从传统的事后追踪逐步转变为事前的预防控制，使安全管理工作逐步走向科学化、系统化和规范化[160]。

(1) 安全风险辨识

风险管控是预防事故发生的第一步措施，及时排查危险源，对风险进行管控，可以从源头上遏制隐患和事故。该模块通过"1+4"总体构架体系对风险进行辨识、评估、分级、管控、跟踪、消除、统计、分析，实现对风险的全方位综合管理，实时监控风险的状态，方便领导做出决策，提高部门工作效率和安全管理水平。

(2) 风险预控管理

风险预控管理以危险源辨识和风险评估为基础，以风险预控为核心，以不安全行为管控为重点，通过制定针对性的管控标准和措施，达到"人、机、环、管"的最佳匹配，从而实现露天矿的安全生产。其核心是通过危险源辨识和风险评估，明确安全管理的对象和重点；通过保障机制，促进安全生产责任制的落实和风险管控标准与措施的执行；通过危险源监测监控和风险预警，使危险源始终处于受控状态，形成辅助决策支持意见，指导安全生产和风险预控。

8.4.1.4 安全风险量化分析

安全风险量化分析主要以事故成因机理与大数据相结合的方式，对安全风险进行量化分析，实现安全风险主动防控。

安全生产动态诊断与决策支持以云计算、物联网、数据挖掘技术为支撑[161]，以行业、矿业集团、露天矿制定的各类安全生产规程与规范、安全综合库、专家知识库为依据，结合现有综合自动化、在线监测、隐患数据、事故数据、人员“三违”数据等(人、机、环、管)动态数据和静态数据，基于露天矿时空演化模型，对安全生产的各类信息进行展示、分析、推理，挖掘历史数据中蕴含的模式和知识，诊断并概括现势安全状态，预测未来安全形势，实现矿山安全生产的动态诊断和辅助决策[52,162]。

(1) 数据集成：基于物联网/云计算技术构建安全综合数据库，综合集成(人、机、环、管)的业务信息和在线监测信息，实现海量数据实时计算和分析；

(2) 知识集成：基于煤矿安全专业规程规范的知识集成以及专家系统构建煤矿安全动态诊断专家知识库和元知识库；

(3) 诊断任务管理配置：对诊断任务进行配置和管理，制订用户诊断内容、诊断范围和诊断时间计划等；

(4) 大数据可视化平台：基于大数据分析技术，对信息和知识进行可视化展示；

(5) 诊断与决策：基于 AI 技术、专家知识库和元知识库，构建安全动态诊断与决策系统，实现安全生产动态诊断打分和分析决策；

(6) 分析与处理：针对诊断结果，对问题产生的原因进行分析，提供处理建议。

8.4.1.5 智能风险预警

(1) 风险预警的处置

针对灾害事故的平台监测预警结果和生产经营风险，系统设置智能处置流程，通过短信平台或即时通信工具推送到相关责任人的手机上，相关责任人需要对信息进行回复确认并按照对应的处置办法和流程及时处置和反馈。当出现安全灾害预警时煤矿各相关单位应该及时处置，并按闭环流程严格执行。

① 当吨煤生产成本模块分析出风险发出预警后，生产技术部门需在规定时间内完成预警原因初步分析并向主管科室领导汇报，并制定预警处置方案，如出现红色预警时必须向主管生产副总汇报并制定预警处置方案。

② 当设备效能模块分析出风险发出预警后，机电管理部门需在规定时间内完成预警原因初步分析并向主管科室领导汇报，并制定预警处置方案，如出现红色预警时必须向主管机电副总汇报并制定预警处置方案。

③ 当人员绩效模块分析出风险发出预警后，经营管理部门需在规定时间内完成预警原因初步分析并向主管科室领导汇报，并制定预警处置方案，如出现红色预警时必须向主管经营副总汇报并制定预警处置方案。

④ 当人员物资储备模块分析出风险发出预警后，经营管理部门需在规定时间内完成预警原因初步分析并向主管科室领导汇报，并制定预警处置方案，如出现红色预警时必须向主管经营副总汇报并制定预警处置方案。

⑤ 系统还可以利用经营和市场大数据进行分析预警，当煤炭行情持续走低时提前预警，提醒企业经营管理层通过优化人员、设备、生产工艺、订单式生产流程、采掘衔接计划等方式来降低生产成本，提高生产效能，规避市场经营风险。

(2) 智能上报及反馈

当智能分析决策系统分析出风险发出预警后，系统根据风险级别、风险种类匹配相应的上报和反馈流程形成智能上报及反馈机制，主要上报及反馈方式除了通过智能管控平台的消息推送和处置流程预览功能外，还开发了短信和即时通信工具，上报信息以短信息和即时通信信息的方式发送给责任人，责任人应该在系统预定的时间内反馈信息给平台并做出相应的处置方案，系统接收到反馈消息后继续跟踪处置流程和结果，待处置完毕后结束该流程；当责任人未在预定的时间内完成处置工作，导致风险预警未消警时，系统自动将相关信息逐级继续上报，直到系统自动将相关信息报给最高责任人，最高责任人应在限定时间内反馈并执行相应的处置方案，系统接收到反馈消息后继续跟踪处置流程和结果，待处置完毕结束流程。

① 智能手机短信上报及反馈。智能管控平台开发了短信报警和处理结论反馈的功能，手机短信管理包括短信卡余额查询、短信用户组管理、短信用户管理、短信配置、短信日志模块。

② 即时通信上报及反馈。系统开发移动端 App，根据不同的风险预警类型和级别，设置上报人员和级别，依次通过 App 推送消息给相关人员，并在该用户的 App 中设置处置流程，对每个处置环节实时监督反馈。

8.4.2 安全生产智能化管控

8.4.2.1 生产流程状态管理

本系统集成现有与生产相关的所有系统，实时显示各系统的运行工况，包含设备定位、安全监测监控、地面生产系统等子系统，按部门实现运行工况的实时显示（在保障信息通畅的前提下尽量使用组态显示）。通过组态动画对地面生产系统及设备开停信号的实时动态显示，集成现有露天矿安全生产相关的系统，实时显示各系统的运行状况和关键数据的分析，具体功能如下。

(1) 产量监测

通过现有各系统数据接口，将数据集成后统一管理，并提供给前端，根据用户权限可以分类查询，如按部门、按专业等。

(2) 卡车定位

卡车定位数据集成以后，可以直接查询，与图形结合后也可以随时通过 GIS 图形查看各分站人员信息，查询卡车经过分站的时间。

(3) 安全监测

对现有各安全监测信息进行集成，如温度、负压、馈电等，可分类查看实时监测信息，也可查看某一监测点历史数据曲线。对于异常数据，服务端可调用推送服务及时推送至客户端并进行语音播报，相关人员可以快速响应、迅速处理，杜绝安全隐患。

(4) “三违”记录

管理人员可使用移动设备或视频监控进行执法，记录时间、地点、检查人、违章现象写实图片、违章等级、整改措施、整改期限、整改负责人、整改后写实图片、复查人、复查时间等，并上传至系统。

(5) 闭环管理

通过与现有闭环管理系统集成，移动终端可通过无线网络进行实时记录（如图像、地点），形成第一手原始资料，整改后进行资料对比，确定整改达标的情况。可以即时查询月、季、年度安全大检查静态和动态质量标准化达标情况。

(6) 质量标准化系统

可以查询受检单位、检查时间、各项专业得分情况、达标等级、综合得分情况、检查人等基础信息。

(7) 安全状况评估

通过对不同类型的安全数据统计后形成安全等级定期发布排名分析；通过对不同业务的安全数据统计后形成不同专业的安全风险等级定期发布排名分析。

8.4.2.2 外包管理

建立健全外包工程的科学管理模式，充分发挥外包工程提高资源利用率、降低施工成本等优势的同时，规范施工组织管理和安全作业等。从外包准入单位、设计优化、工程质量、安全管理等方面加强外包管理，在提高资源利用率、提高施工效率并降低施工成本的同时，建立完善的考核评价体系与安全管理模式。该系统主要包含以下功能模块。

(1) 外包单位准入管理

露天矿外包应向设备大型化、半连续工艺化或连续工艺化方向发展，应优先考虑生产能力较大的外包单位，减少采区外包标段，降低施工组织和安全管理的难度，提升采区的工程质量。露天矿应与资质完善、有资金、有技术、有设备、有队伍的大型工程公司建立稳定长期的合作机制。

(2) 设计优化管理

在制定年度采矿设计时要了解不同承包单位设备的实际生产能力，考虑同一采场内各承包单位的采掘进度及超前关系、相互干扰和影响等因素，调整标段划分方式，尽量避免因推进速度影响下部台阶推进，并考虑为每个标段建立不同的运输通道和排土场，尽可能减少设备之间、队伍之间的交叉作业，降低设备密度、运输道路车流密度。

(3) 工程质量管理

建立完善的工程进度与工程质量的考核体系，对各外包施工单位采排质量、道路质量、重点工程等进行定期考核。将考核结果上传至矿山管理系统，并将工程质量与工程结算相结合，按工程质量达标情况确定工程量的可结算系数。同时严格执行保证金制度，切实将生产中存在的问题落实到执行处罚上。

(4) 安全管理

建立健全安全、技术培训机制，保证外包人员上岗作业前进行相应的培训，培训考试合格后发放培训合格证，确保外包操作人员按照岗位标准化作业流程进行施工作业。根据外包单位设备型号建立安全检查机制，特别是针对运输车辆型号制定空重车车速、行车安全距离等操作要求，外包单位的维修点、停车场、加油车辆统一加油等要便于矿方统一管理，消除安全隐患。在生产过程中应强调设计和进度计划的执行力，考虑采掘进度及各外包单位之间相互干扰和影响等因素，合理调整设备作业位置和运输线路，避免因车流量过大发生车辆碰撞事故。

(5) 投资管理

投资管理包括预算管理、合约规划、投资计划、资金管理、报表分析等功能。涵盖投资估算、设计概算、施工图概算、概算分析等模块。采用“静态控制、动态管理”的方法，以资金计划、合同支付为基础，以项目进度为依据，通过概算细化、合同执行、投资的对比分析，达到控制投资的目的。

(6) 招标管理

招标管理包括专家管理、招标计划、招标答疑与评审、集约招标结果、招标台账等模块，以招标流程为主线，以在线评标为重点，将招标采购业务与合同管理、计划进度、成本管理紧密结合，解决露天矿的日常招标工作。

(7) 合同管理

项目合同管理通过合同模板、拟定合同、合同登记、合同拨款、合同变更、合同结算和发票登记等功能实现合同业务的全面管理，从不同的角度和层次动态反映合同执行情况。通过辅助的发票登记与核销、关联资金、成本、采购等系统，实现施工合同、采购合同、分包合同等各类合同的综合管理。

(8) 施工与进度管理

施工管理包括变更管理、施工记录、质量安全管理和竣工管理等功能模块；进度管理包括进度计划、进度上报、进度预警和报表分析等功能模块。通过施工与进度管理，实现从不同角度展现外包工程进度与计划，从而为外包工程的评估、决策以及变更提供依据。

(9) 工程监管

EPC 工程监管包括项目检查、项目处罚和监管报表等功能，涉及检查通知、整改通知、整改反馈、内部处罚、外部处罚、检查台账和检查明细记录等具体模块，切实加强对工程质量、安全监督的管理。建立完善的工程进度与工程质量的考核体系，对各外包施工单位采排质量、道路质量、重点工程等进行定期考核。将考核结果上传至 EPC 管理系统，并将工程质量与工程结算相结合，按工程质量达标情况确定工程量的可结算系数。

8.4.2.3 爆破安全管理

爆破工程属于露天矿生产环节中的重大危险源，当前露天矿山爆破业务流程为：首先由爆破技术人员确定爆破作业区域，并对待爆区进行坡顶线数据采集，根据以往的爆破参数数据，结合待爆区的实际状态，完成爆破参数的设计与规划，形成爆破计划任务书；然后将爆破计划任务书提交至调度指挥中心进行审核，由调度中心统一协调和指挥确定现场设备和人员的撤离时间和撤离区域；最后经过现场爆破安全确认后，由爆破技术人员进行起爆和爆破后安全检查。现在主要存在的问题如下。

(1) 数据的滞后性，外委测量及处理周期长，导致爆破设计不能得到最新的现场图，导致现场作业时不能精确定位。

(2) 钻孔结果没有进行统计，系统无法记忆识别，不能够对打孔成果进行高效管理。造成工程质量下降，钻杆损坏，工程进度延缓。

(3) 缺少设备及人员定位设备，特别是爆破过程中工程车不好控制，加大了安全隐患。

(4) 存在车铲压孔问题。

(5) 对爆破器材的领退记录未完全实现电子化管理。

结合智能化建设规划，针对露天矿爆破工程的现状，建立爆破安全管理系统，确保爆破作业的安全以及生产的连续，主要实现的功能如下。

(1) 图件协同更新：基于协同服务体系，测量验收图、爆破验收图及时更新，形成时空演化模型的一部分，推送给相关部门应用。

(2) 智能装药：以时空演化模型为基础，结合爆破作业智能化改造及爆破设计智能化，实现钻孔作业精准定位以及钻孔信息及时上传，为装药车智能装药服务。

(3) 爆破作业实时管控：基于时空演化模型、视频监控系统、北斗定位系统，确保在生产执行过程中能够实时上传作业位置、道路位置等，尽可能地提供实时现状图，确保爆破过程的实时安全监控及预警，指导下一步工作。

(4) 爆破材料电子化管理：增加对爆破器材的领退记录未完全电子化管理。

8.4.2.4 移动安全巡察

移动巡察利用先进的无线通信技术、移动端技术、拍照分析技术、即时通信技术的安全隐患排查及事故分析管理，为企业管理者随时提供全面的、准确的各类安全隐患信息（“三违”、隐患、事故等），便于管理者及时发现问题并进行决策，保证现场安全隐患的及时排查和迅速处理，为安全考核提供全面有效的依据，促进安全工作的提高与改善，增强安全意识，达到安全生产的目的。

该系统为煤矿安全隐患及事故管理方面提供了一套完善的技术解决方案，实现了安全隐患排查管理工作的科学化程序循环。在反“三违”和隐患排查治理方面，建立隐患的“预防、检查、发现、处罚、整改验收”的闭合工作机制，形成“确定隐患、下达指令、挂牌公示、检查指导、复查核销、备案存档”的闭合系统。

系统基于安全隐患发生、发展、结束的全生命周期活动的理论，对煤矿安全隐患的各个环节进行管理；对生产环境中人的不安全行为按标准进行定性，并及时帮教和闭合管理，及时教育和处理“三违”人员，杜绝“三违”定性的随意性；对现场出现的隐患进行快速、自动、精确的过程控制和处理，及时消除事故隐患，杜绝因隐患整改不及时而造成事故现象；规范各级管理人员安全罚款，杜绝罚款的随意性。

结合露天矿现有的通信网络和安全生产隐患排查管理方法，研究构建基于移动端的安全巡查系统，包括隐患信息的采集、汇总、分析、治理等动态过程，系统根据隐患的来源、级别、状态，按照责任人、责任单位，对隐患的整改情况进行动态跟踪管理；移动端采用基于 5G 或 Wi-Fi 的矿用智能手机或平板电脑，利用终端管理软件实时拍照、录取视频及巡查记录录入和即时通信，实现对隐患和事故的实时信息获取、在线分析、协同解决等功能。具体功能设计如下。

(1) 系统提供全面的、准确的有关安全隐患信息及排查治理状况的统计汇总报告，便于管理者动态把握安全隐患的排查情况，把隐患排查工作效果与各单位及个人的安全绩效有机统一起来。

(2) 实现生产经营单位按照本单位隐患排查制度组织相关人员排查本单位的事故隐患，对排查出的事故隐患信息进行登记，对于重大隐患信息则报送相关安全监管部门进行挂牌监督，由安全监管部门指导、监督生产经营单位对事故隐患进行及时有效的整改。

(3) 整个系统能进行快速、自动、精确的流程控制和处理，实现系统闭合，对罚款、“三违”以及隐患未按时间处理的进行升级处理；对于及时处理的，系统将自动向查隐患人发出信息，告知隐患整改完毕。

(4) 实现对巡查人员的管理，包括巡查路线、巡查点、巡查时间、巡查内容等内容的管理和分析。

(5) 利用无线通信网络实现即时通信功能，包括点对点和点对多点的视频音频通信、文件共享浏览、事故及隐患照片的共享和协同分析，并能够实现与融合通信系统的接入，实现调度中心与巡查人员的语音、视频互动等功能。

8.4.2.5 应急救援管理

本研究根据智能化露天矿的建设要求，以企业现有的应急救援系统为基础搭建，主要包括四个功能模块，具体如下。

(1) 应急救援模块

应急救援通过对应急资源、应急预案、应急救援机构和应急图件等进行综合性管理，不断提高安全管理、应急响应的能力。主要功能如下。

① 应急资源管理：包括应急通信、应急队伍、应急专家、应急物资、应急车辆、应急医疗、应急警戒等。

② 应急预案管理：包括综合预案和各专项预案的档案化管理。具备应急预案更新功能，建立预案数据库，自动生成应急预案。

③ 应急救援机构：介绍应急救援指挥部及各专业救援小组负责人、成员及其详细职责。

④ 应急救援图纸：对采掘工程平面图、避灾路线图、开拓运输系统图、人员及卡车等主要设备定位分站布置图等相关图纸进行归档管理。

(2) 应急指挥模块

应急救援指挥系统是以矿山安全科技为核心，以信息技术为支撑的突发矿山事故应急救援保障系统，是有效实施矿山应急救援预案的工具。系统具备矿山应急救援日常管理、应急响应、动态决策、综合协调、事故预案演练、事故救灾指挥、应急联动等功能，是依托计算机网络和手机短信平台运行的专门用于矿山应急救援指挥的地理信息系统。系统应用可将矿山纸质预案和传统通信手段提升到信息化平台，基于露天矿时空演化模型和大屏幕展示技术，在建立和健全统一指挥、功能完善、反应灵敏、运转高效的矿山应急救援机制的基础上实现灾害现场的可视化救援指挥调度。系统实现主要功能如下。

① 应急救援预案管理：预案可划分为综合应急预案、专项应急预案和现场处置方案三种类型。具备应急预案更新功能，建立预案数据库，自动生成应急预案。

② 监测监控预警：构建三维可视化平台，实现重大危险源、重大隐患、重要工作地点的可视化监测监控，事故发生时可实现救援指挥三维可视化。发生滑坡、塌陷等重大灾变后系统能演示人员避灾逃生路线，推演灾变进展情况。

③ 应急救援指挥：根据接警信息表，建立接警电子信息表；根据接警信息，对事故进行自动分级；根据事故级别，确定响应级别；根据事故类型自动启动对应应急预案；根据应急保障资源数据，辅助生成救援方案；根据实时监测数据，自动或人工辅助调整避灾或救灾路线，实现灾害现场人员、设备位置等信息的可视化。救援程序以流程图形式显示，每一个节点自动提示执行内容，所有过程可通过鼠标一键完成。

④ 应急救援保障管理：实现对通信与信息、应急物资装备、应急队伍、交通运输、矿山救援医疗、治安保障、经费保障、规章制度、事故案例等资源的日常管理。当发生事故时，根据事故类型自动调用应急资源数据库，在二维地图上显示应急资源分布、生成资源调配路线。

(3) 应急演练模块

通过假设某一事故发生，各级应急救援相关责任人根据既定预案以及实际情况进行反应，从而熟悉预案执行流程，熟悉救援相关业务，进而达到增加相关人员的实战能力，提高矿山救护队总体救援能力等效果。

① 演练计划管理

演练计划管理主要对救护队及下属各队所有成员的应急演练进行管理，主要以文档的形式进行管理，包括演练计划管理、演练情况记录、演练结果管理等。

② 演练脚本管理

演练脚本是以特定事故的应急预案为基础，通过将现实应急救援流程及相关操作进行信息化转化，成为可以被计算机所识别的一套作业流程。该流程规定了应急演练的事故反应顺序，以及各个角色所需要采取的措施。

③ 演练过程管理

根据编制的脚本，给参与演练的队员进行角色分配；在模拟演练过程中，控制并记录模拟演练过程；提供领导及时考核模块，即在特定模拟节点中，通过音视频对参演人员进行考核；演练统计包括演练时间、演练表现等。

④ 演练评估管理

演练评估主要服务于对模拟演练进行总结，并形成相应的资料保存。主要包括如下内容。

(a) 参演人员评估：针对参演人员在演练过程中的表现，对其进行打分。评分包括两个部分：其一是计算机评分，这主要是针对模拟演练过程中的知识性考核；其二是领导评分，这主要是通过领导对演练过程的视察及调阅演练记录，对参演人员进行总体的评估。在此基础上可以发现参演人员所存在的问题，并形成考核评价信息，反馈给相关人员，帮助其改进做法。

(b) 模拟演练评估：主要针对每次组织的模拟演练进行综合性评价，模拟演练的目的是发现问题、改进做法。因此，领导层面以及所有参演人员有必要对模拟演练过程进行综合性的评价。

(4) 智能联动模块

事故发生后，现场指挥人员确定事故等级，生产调度平台根据事故等级和事故类型确定是否启动既定的应急预案。如果达到启动条件，系统启动应急预案，实现煤矿管理部门、救援部门与事故发生现场之间的信息共享，具备快速反应、实时互动、信息联动、有效沟通、高效指挥等特点，可有效提高煤矿安全生产应急处置能力。

① 信息联动

根据预案启动情况，中心融合平台实现多级预案自动对接，能动态形成针对具体生产事故的不同规模的扁平化实时联动指挥网络，在相关监管机构、专业救援队伍以及事发企业之间进行联合处置，确保联动各方信息对称、协同顺畅和政令一致，提供现场信息、方案信息、会商信息、资源需求调度信息、指挥调令等应急信息的跨平台实时传输和交换功能，提供包括点对点即时语音或视频通信、多方语音对讲、现场视频直播和视频会议等跨平台协同通信功能，为事故感知、预判分析、会商、协同和智能调度提供强有力的信息技术手段。

在事故联动救援中，能根据事态发展状况持续调整联动范围，实现平滑扩大应急，能使更高级别、更多区域部门加入联动救援中，联动指挥网络紧随事态不断扩大或缩小，自始至终保证联动各方面传输通畅。

② 信息共享

启动应急预案，系统以标准化与规范化为基础提供信息共享机制，将应急预案相关信息发送至相关部门，为相关部门执行应急预案提供辅助支持。系统提供安全技术及可靠的传输技术，确保信息在安全和保密的环境下实现共享，从而优化资源配置，节约维护成本，提高信息资源利用率。

8.4.2.6 设备诊断及预控

基于专家知识库的安全诊断目标，利用煤矿安全综合数据库中的基础数据、实时监测数据以及事务性数据，根据煤矿安全动态诊断专家知识库进行评估、推理和演绎，分析煤矿安全生产现状与趋势、预测未来，并针对煤矿应急现状做出科学合理的响应对策。主要建设内容如下。

(1) 煤矿安全状况评估打分系统(诊)：根据综合数据库中在线收集的状态数据，应用安全评估专家知识库，对矿山或特定煤矿安全生产活动进行安全状况打分评估，反映煤矿安全现势和近期的状况。

(2) 煤矿安全问题推理解释系统(断)：针对状况评估打分的结果，基于专家知识库对发现的问题进行分析和解释，给出原因及处理措施。

(3) 诊断任务配置与管理系统：对用户提交的诊断任务进行配置和管理，制订用户诊断内容、诊断范围和诊断时间计划等。

利用移动互联网技术实现安全隐患的快速获取、措施的快速整改、数据的快速传递。安检人员通过移动智能设备，可以快速获取现场检查到的隐患，根据隐患归类情况，对发现的隐患进行快速处理，并将获取的证据信息通过传输平台传输给相关人员，使隐患得到及时整改。

在生产安全事故过程中，利用空间地理信息系统进行快速定位，通过汇总分析相关地区和部门的预测结果，结合事故进展情况，对事故影响范围、影响方式、持续时间和危害程度等进行综合评判。在应急救援决策和行动中，能够针对当前灾情，根据有关应急预案，采集相应的资源数据、地理信息、历史处置方案，并通过调用专家知识库，对信息综合集成、分析、处理、评估，利用智能方案系统生成应急处置方案，为领导提供辅助决策，并对应急救援方案进行动态调整和优化。

当露天矿发生紧急事件时，智能化管控平台通过人工识别和在线采集的方式发送紧急信号到云平台数据库，智能管控平台结合当前煤矿的应急资源、应急预案、应急演练模型等知识库自动生成与之对应的应急预案，智能管控平台实现应急预案与矿山调度通信系统、人员定位系统、车辆调度系统、应急引导系统的联动控制。

综上所述，基于大数据的智能诊断及预控系统业务流程如图 8-4 所示。

8.4.3 安全培训

8.4.3.1 远程教育培训系统

远程教育培训系统主要包括网站展示、个人培训信息查询、办公任务发布等功能，具体功能模块结构设计如图 8-5 所示。

(1) 网站展示：露天矿局域网内均可访问职工远程教育培训网，了解培训的相关业务及最新动态。

输入待查询人员身份证号进入个人信息展示，包括基本信息、工种信息、证书信息和培训信息。

(2) 个人培训信息查询：实现露天矿山全体员工入职、安全、技能等不同领域相关培训的在线申请、在线考核、结果查询等。

(3) 办公任务发布：露天矿山机关部门通过系统管理端创建任务，发送至基层部门服务

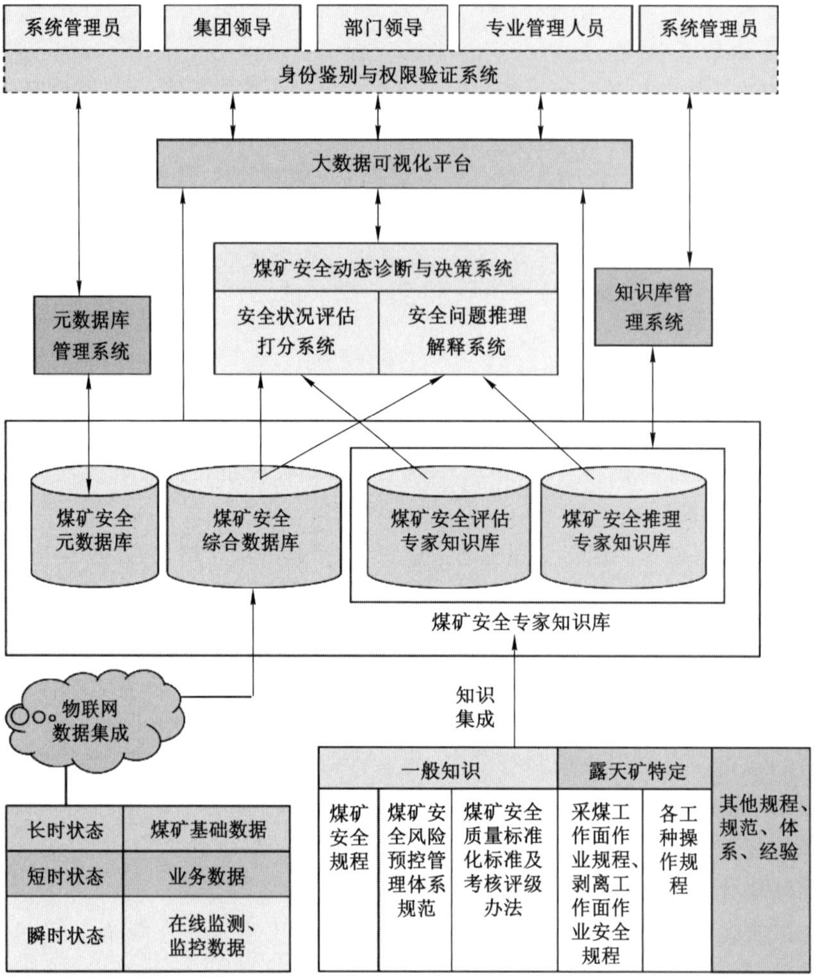

图 8-4　智能诊断及预控系统业务流程

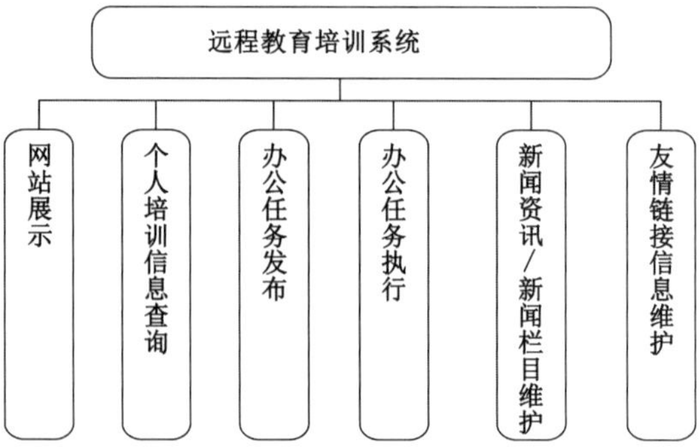

图 8-5　远程教育培训系统功能模块结构

端，在服务端触发该任务的同时系统自动跳转任务信息界面，显示任务工作内容。

（4）办公任务执行：服务端在接收到系统任务委派后，对任务执行时间、任务进度、负责人、执行人、执行结果等任务执行过程进行实时录入，以便形成任务执行结果反馈。

(5) 新闻资讯/新闻栏目维护：实现露天矿山生产、安全、管理、保障等不同业务部门日常新闻的在线编辑、展示与栏目维护等功能。

(6) 友情链接信息维护：实现与露天矿山相关的企业或单位的网站、网址资源互补、信息互联，并具备文字链接和图片链接的编辑功能。

8.4.3.2 在线学习

在线学习系统功能结构设计如图 8-6 所示。

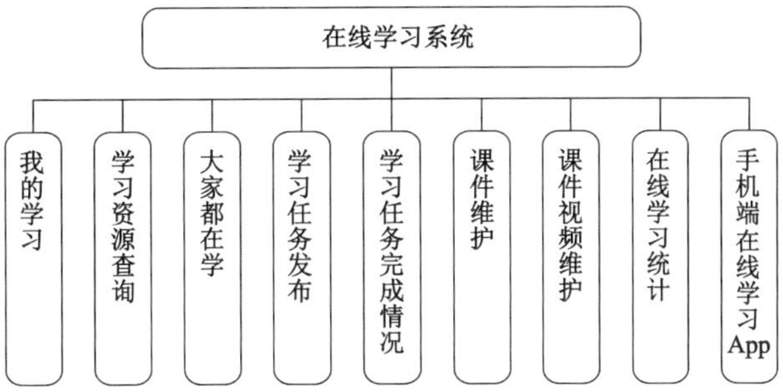

图 8-6 在线学习系统功能结构

(1) 在线学习使用

局域网内用户均可访问职工在线学习系统。只要是在册的职工均可通过身份证号登录在线学习系统，按照集团及各矿的要求进行学习，并记录学习内容及学习时长。

(2) 在线学习数据维护

主要功能包括学习任务发布、学习任务完成情况显示、在线学习课程维护、课件视频维护、学习任务执行统计、学习视频资源整合、手机端在线学习 App 等模块。

8.4.3.3 虚拟培训演练

基于露天矿时空演化模型构建露天矿虚拟培训演练系统，主要包括基础环境模型、虚拟仿真系统、培训系统三部分内容。露天矿时空演化系统提供完整的虚拟仿真环境及露天生产涉及的穿孔、爆破、采掘、运输、排弃、复垦、供电等相关的设备。虚拟仿真系统从仿真角度，以及依据安全操作要点和安全技能实际操作等方面设计整个系统的考题及评分规则，使系统考核知识更贴近实际生产，使考核结果更能真实地反映考生实际操作水平。虚拟实操培训系统基于虚拟仿真系统将三维模型组合为考试场景，对考试内容进行模拟，使考生在虚拟生产环境中进行辨识、分析、操作，并统计考核结果。

虚拟实操培训演练系统中的基础功能模块主要包括系统基础功能和系统设置两个部分。系统基础功能包括角色控制、载具控制、角色动画、设备操作、任务提示、地图导航等。系统设置主要包括输入、图像和声音等。系统基础功能的处理逻辑是考生利用鼠标或键盘输入相应的操作，系统基础功能模块做出对应的响应并展示在屏幕上。如角色控制，考生按下 W、S、A、D 键，系统中角色则向前、后、左、右行走。任务提示则是在考生完成上一个任务后，在屏幕上展现下一个要完成的任务。

利用虚拟现实技术构建露天矿的场景，对整个矿山穿孔、爆破、采装、运输、破碎、排弃、供电、复垦等生产流程进行仿真。通过建立各种培训救援场景，实现多人系统工作培训演练与考核、评估。主要功能设计如下。

(1) 培训环境构建系统

系统通过资源管理、自定义培训和整合发布建立培训环境构建系统。

① 资源管理

提供浏览已有的资源、场景和事故功能。通过资源浏览预览各类资源，可以测试和体验已有的场景和事故。

② 自定义培训

自定义培训功能允许用户创建一个新的模拟训练方案，添加各种事故情况以及人员情况，不仅能够完全从零开始自定义一个场景和事故，同时也支持通过从资源管理中选择一个已有的场景或事故开始。

③ 整合发布

在完成一个培训方案的定制后，使用发布培训功能，可将整个方案发布成一个独立的运行程序或以资源补丁包的形式发布。

(2) 培训考核

培训考核模块利用前面构建的具有动态、声像、感知功能的三维空间环境，使从业人员通过视觉、听觉、触觉等感官途径，产生身临其境的感觉，直接进行观测和参与达到人机互动，从而加速和巩固学习知识的过程。

① 用户登录

系统安装时，用户需导入一个由系统管理员给予的 license 授权认证才能使用系统，该 license 中包含了用户名、密码、权限等级和用户硬件码。授权用户登录系统时，通过输入与 license 对应的用户名和密码才能进入系统。

② 生产模拟

具有相关权限用户能够在场景中触发各种生产环节或安全事故，以便培训使用者在各种情况下做出相应的处理。

③ 安全演示

系统支持通过动画、文字、互动操作等方式进行安全演示，包括对怎样进行安全生产与安全防护、对突发事故的处理以及对各种设备的操作维护进行演示、讲解等。

④ 设备维护

能够通过交互式培训，培训使用者如何正确地使用设备、保养设备、检查设备完好情况，以及如何检测、修复损坏设备。

⑤ 设备操作

设备操作模块能够通过交互式培训，培训使用者如何操作各设备，以及提示使用者在操作中的注意事项。

8.5 智能化露天矿高效生产子系统

8.5.1 生产效能智能管控

露天矿主要生产环节包括穿孔、爆破、采掘、运岩、运煤、排土、破碎、复垦、地面生产等工程，通过总结分析各作业的特点，从数据中心提取与环节生产效能相关的数据，借助大数据分析系统、专家知识库、数据仓库，建立生产效能智能管控系统，实现各个环节的生产效能智能管控，并分析各作业环节间的联系，从而实现露天矿整体生产效能的管控。

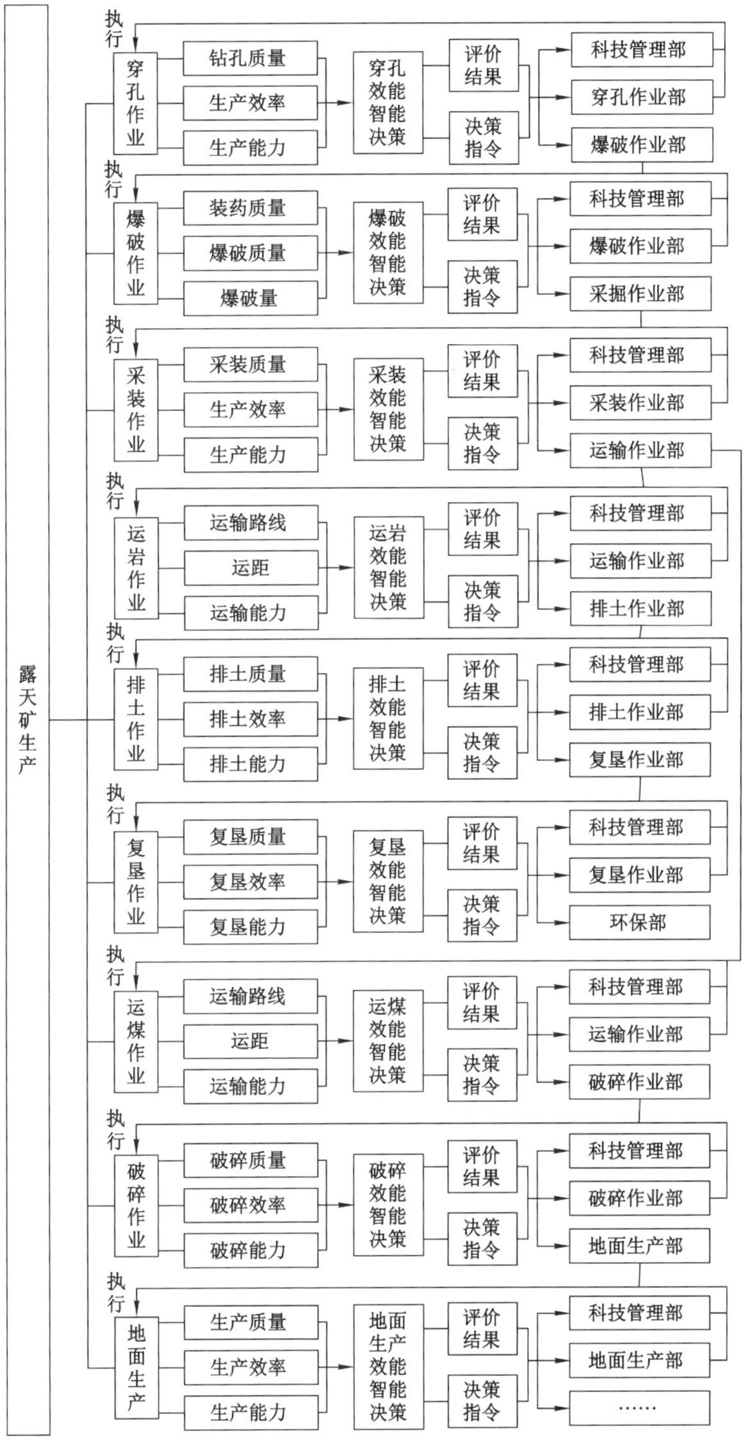

图 8-7 生产效能智能管控信息流

如图 8-7 所示，建立模型实现生产效能参数的实时计算，并进行分析、评价、智能决策，将对应的信息推送给作业本身部门，确定下一步作业计划并执行；推送给科技管理部门，评价作业环节的智能改造的方式、方法和方向是否正确、是否提高了生产效能，确定下一步的改造计划；推送给下一环节生产部门，分析上一环节的作业质量与能力对下一环节的影响，确定是否调整下一环节的生产计划。

穿孔作业是露天矿主要生产工艺系统的首要环节，其作业质量、作业效率以及生产能力影响着后续作业环节能力的发挥。现以穿孔作业为例，从作业质量、生产效率、生产能力三个方面介绍穿孔作业生产效能智能管控的过程，其他作业环节可根据自身特点类比穿孔作业进行智能管控。

8.5.1.1 作业质量智能管控

穿孔作业质量智能管控信息流如图 8-8 所示。

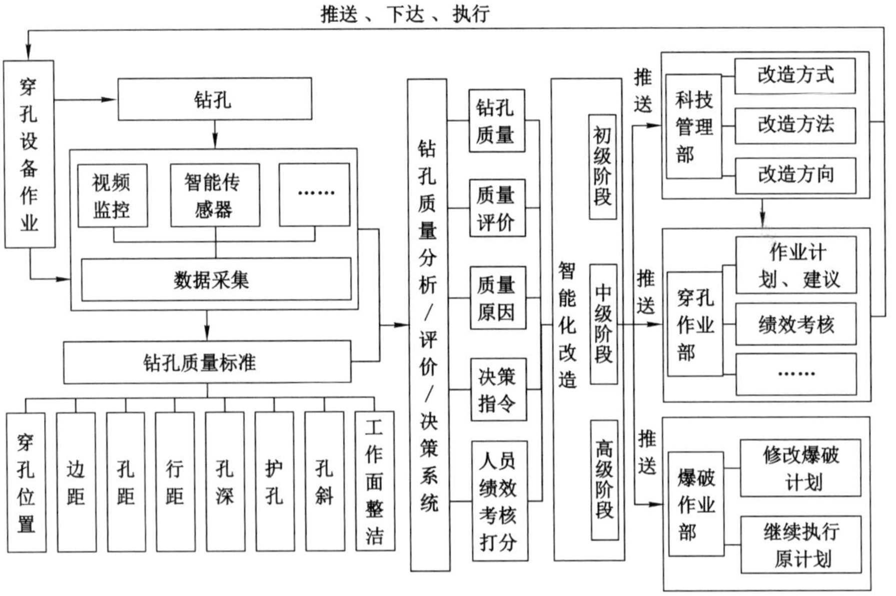

图 8-8 穿孔作业质量智能管控信息流

穿孔设备按照爆破设计的钻孔进行作业，其作业的钻孔应完全满足爆破设计的要求，否则会导致爆破效果、爆破量不符合要求。用视频监控、智能传感器等设备采集钻孔参数，建立钻孔质量评价系统，评价钻孔质量随着智能化改造是否持续提高，将评价结果、评价原因等推送给穿孔作业部、爆破作业部、科技管理部相关技术人员或者管理人员等。穿孔作业部根据钻孔质量评价原因、结果核算当班穿孔作业人员绩效，给出奖惩措施以及下一步工作计划或建议；爆破作业部则根据评价结果决定是否修改爆破计划；科技管理部则需判断钻孔作业智能化改造的方法、方式、方向是否正确。

8.5.1.2 生产效率智能管控

穿孔作业效率智能管控信息流如图 8-9 所示。

穿孔设备的生产效率与钻机的型号、作业地层的煤质岩性、作业环境、作业人员、作业管理、作业类型等因素相关。提取设备管理系统、人员管理系统、钻孔作业环境感知系统、生产作业计划管理系统等采集到的与钻机作业相关的资料，结合各个钻机在露天矿的实际应用情况，建立各钻机不同作业类型下的生产效率模型，如钻机不同作业状态下（岩石钻孔、煤钻孔、垂直孔、倾斜孔等）班组钻机钻进米数标准值、班组有效作业时间标准值等计算模型。

通过智能传感器实时采集钻机不同操作人员班组钻进米数、有效作业时间，模型自动计算标准值与实际值的比值，即钻机的实时作业效率，其中有效作业时间应以钻机的单孔作业周期为基准，包括钻孔时间、钻机移动至下一孔位置的时间、计划检修时间等，而待机、临时故障检修等视为无效作业时间。以此建立钻机钻孔作业效率评价系统，将评价结果实时推送给相关部门。

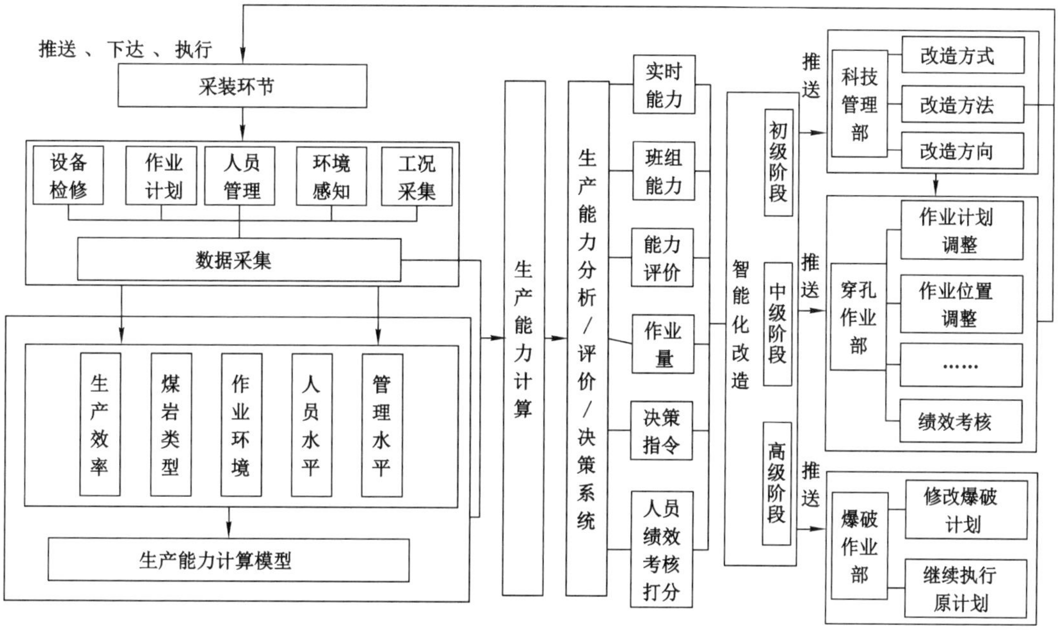

图 8-9 穿孔作业效率智能管控信息流

8.5.1.3 生产能力智能管控

穿孔设备生产能力智能管控信息流如图 8-10 所示。

穿孔设备的生产能力与生产效率、设备设计能力、设备维修保养水平、作业环境、作业类型、作业人员等因素息息相关。提取设备管理系统、环境感知系统、作业管理、人员管理、工况采集系统等采集的与穿孔设备生产能力相关的因素，结合露天矿钻机的实际使用情况，建立不同作业状态下钻机的生产能力计算模型，计算钻机实时生产能力、小时生产能力、班组生产能力，实时把控钻机的钻孔进度，并进行钻机生产能力评价，系统将评价结果实时推送给相关部门。

8.5.2 生产成本智能管控

8.5.2.1 生产成本基础管理

生产成本基础管理系统通过分析、控制与露天矿生产有关的目标成本，实现成本计划及实际成本定量分析，以达到有效控制生产成本的目的。根据露天矿成本管理的主要内容，结合成本管理的细则要求，系统可划分为基础设置、日常业务处理、统计分析、成本管理、期末处理等功能。

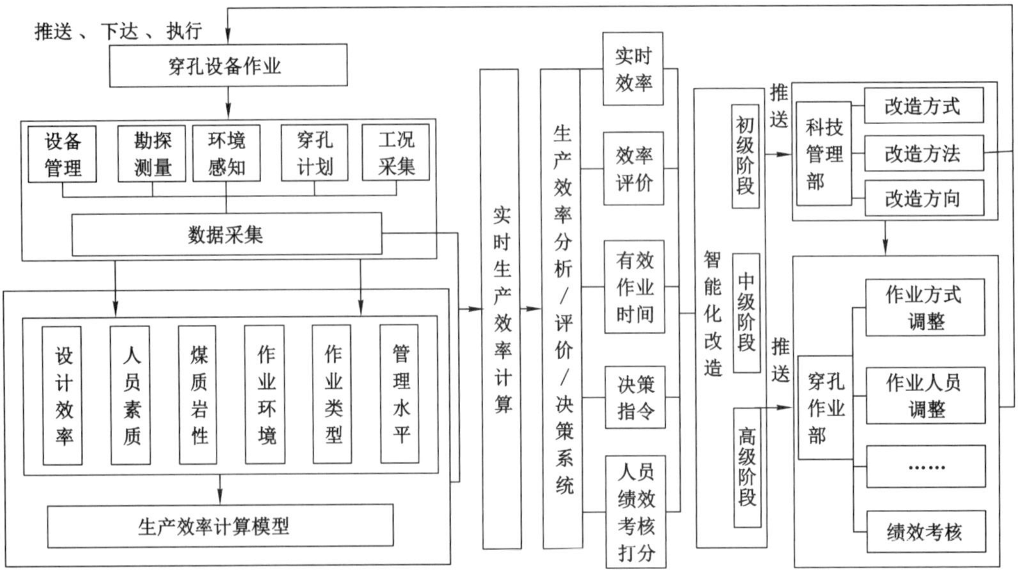

图 8-10　穿孔设备生产能力智能管控信息流

根据露天矿生产作业的专业分工和管理部门设置特点，将露天矿生产划分为疏干排水、穿孔、爆破、采煤、剥离、运输、排土、破碎、复垦以及后勤保障等环节，以及在上述环节中需要投入的专项费用类别——能耗(水、电、油等)费用、耗材费用，折旧、维简、安全生产管理，安全专项，其他分摊等内容，并由此构成煤炭生产成本链。

(1) 疏干排水环节包括疏干排水队以及直接服务疏干排水作业的技术管理部门、维修工厂、作业准备队，其成本构成包括作业材料费、设备租赁费用、工资薪酬。

(2) 穿孔环节包括穿孔队以及直接服务穿孔作业的技术管理部门、维修工厂、作业准备队，其成本构成包括作业材料费、设备租赁费用、工资薪酬。

(3) 爆破环节包括爆破队以及直接服务爆破作业的技术管理部门、维修工厂、作业准备队，其成本构成包括作业材料费、设备租赁费用、工资薪酬。

(4) 采煤环节包括采煤队以及直接服务采煤作业的技术管理部门、维修工厂、生产准备队，其成本构成包括生产材料费、设备租赁费用、工资薪酬。

(5) 剥离环节包括剥离队以及直接服务剥离作业的技术管理部门、维修工厂、作业准备队，其成本构成包括作业材料费、设备租赁费用、工资薪酬。

(6) 运输环节包括运输队以及直接服务运输作业的技术管理部门、维修工厂、作业准备队，其成本构成包括作业材料费、设备租赁费用、工资薪酬。

(7) 排土环节包括排土队以及直接服务排土作业的技术管理部门、作业准备队，其成本构成包括作业材料费、设备租赁费用、工资薪酬。

(8) 破碎环节包括破碎队以及直接服务破碎作业的技术管理部门、作业准备队，其成本构成包括作业材料费、设备租赁费用、工资薪酬。

(9) 复垦环节包括复垦队以及直接服务复垦作业的技术管理部门、作业准备队，其成本构成包括作业材料费、设备租赁费用、工资薪酬。

(10) 后勤保障环节包括露天矿管理、生产调度、后勤供应、技术研发等，其成本构成包括矿山其他成本以外的成本。

各项目类别的含义：能耗是指矿山生产与地面服务的总能耗量及其总费用；耗材是指露天矿生产设备的配件用量及其费用，如汽车轮胎、电铲大绳等；折旧、维简及安全生产类别是指露天矿设备、设施等折旧费，维持简单再生产费用及安全生产管理费用；安全专项是指矿山生产的重大安全专项费用；露天矿其他费用分摊包括离退休工资及其人工费用、其他材料费用。

8.5.2.2 生产成本分析

研究建立生产成本分析模型，在全面整合煤矿安全生产和经营管理各系统数据的基础上，对数据进行深入挖掘，建立生产成本分析系统，实现成本精准管控。

(1) 费用归集

要求可从总账系统的费用科目直接读取成本费用数据，或者从其他管理系统中自动获取。成本核算中使用的原始数据可以分成三种情况：一是其他管理系统中归集的各项成本费用；二是各个生产部门和生产环节提供的统计数据，这些数据一般作为成本费用的分配标准参与成本计算；三是成本核算中的固定数据，如产品的定额成本、约当产量的完工系数等。

(2) 成本计算

成本计算的处理比较简便，由于在初始化和原始数据录入环节已完成了大量工作，因此只需按照事先定义的成本计算表、成本核算步骤、成本计算公式和成本核算原始数据进行成本运算即可。但在进行成本计算前，应检查各个成本核算项目的生产费用是否已经全部归集，检查初始化设计的各种文件、核算步骤、计算公式是否完整，检查是否已经输入了成本核算必需的原始数据。

(3) 自动转账

自动转账包括转账凭证定义和转账凭证生成，转账凭证定义主要是确定凭证的科目、凭证的数量、金额的数据来源，科目可以直接规定或通过成本计算单和其他成本核算表中的产品编码或费用项目获取，数量和金额数据也是根据成本计算单和各种成本核算表的计算结果自动填写的，凭证内部的计算可以通过计算公式进行定义。转账凭证的生成过程主要是指按照已经定义的转账凭证目录生成凭证然后将凭证上传到总账系统进行记账，并形成临时文件的过程，系统提供批量生成和选择生成两种凭证生成方式。

(4) 统计分析

生产成本管理系统的统计分析主要是输出各种账表，生产成本统计包括成本明细表和成本汇总表，成本分析包括成本预测、成本分析和成本计划形成的管理报表。

(5) 成本管理

生产成本管理是有组织地、系统地运用预测、计划、控制、核算、分析、考核等方法，对构成产品成本的各种因素及影响产品成本的各个经营环节实施管理，以达到降低成本、提高经济效益的目的，主要包括成本分析、成本预算、成本预测。成本管理系统应当具有成本拷贝与成本模拟功能，并支持成本计划的制订和分析，对各责任中心或部门、班组、人员进行成本考核，计算其成本差异，确定成本指标的完成情况，以作为成本评价的依据等。

(6) 成本核算

生产成本管理系统的期末处理主要是完成产品成本核算的结账工作，根据不同的成本核算方法要进行不同的处理。在期末结账处理中，要定义与总账对账的科目，系统将自动进行对账，并显示对账结果。

8.5.2.3 生产成本智能管控

生产成本智能管控系统以成本基础管理和成本分析系统为基础，通过提取数据仓库中的设备生产运行数据、设备检修保养数据、人员行为数据、作业质量数据、能耗数据、耗材数据等，进行大数据分析、决策，并将分析结果、决策指令推送至相关部门，指导生产成本的控制。

以露天矿生产核心环节——采装环节为例，介绍采装环节生产成本智能管控的信息流，如图 8-11 所示。

采装作业生产成本主要包括作业人员成本、能耗成本、耗材成本、维修保养成本等，针对这些成本的影响因素进行数据采集或直接从数据仓库提取数据，进行生产成本的智能核算，并通过大数据对影响成本的因素进行评价、分析、决策，并推送给各部门或相关的设备、人员执行，优化生产管理，实现降低成本的目的。随着智能化的建设，数据采集/处理周期缩短，智能决策系统可实时分析、决策并推送执行，最终可实现生产成本的实时智能管控。

8.5.3 煤炭运销智能预测

8.5.3.1 煤炭运销信息管理

煤炭运销管理系统集成现有公司煤炭运销系统，实现对煤炭运销关键信息的综合查询与统计分析，实现对合同、计划、调运、化验、结算、商务处理等环节的实时数据处理和有效监控。

系统主要功能包括计划合同信息、调度与发运信息、磅房信息、质量信息、综合查询与统计分析。

8.5.3.2 煤炭运销智能预测

煤炭需求与煤炭价格既取决于生产成本，也受供求关系的影响，因此，通过煤炭运销信息管理系统准确掌握供需关系、市场供应链等数据，构建预测预警模型，建立煤炭运销智能预测系统，进行煤炭运销智能预测分析[163-164]。

系统提供自动搜集煤矿行业、相关耗能产业及其他关联信息的功能，通过大数据分析研究煤炭需求量、煤炭产能、库存、运力、石油价格、天然气价格等与煤炭价格的关系，建立煤炭价格预测模型。该系统可有效监控露天矿煤炭产量、煤种、煤质和库存等，协同配置铁路、公路运输等资源，同时随着季节的变化准确了解电力、取暖等煤炭用户煤炭库存和用量等，进行煤炭价格与市场需求预测，实现经济调度和供需平衡，实现智能化产销分析，指导煤矿生产。

8.5.4 吨煤效率智能管控

吨煤效率智能管理系统结合人员管理和生产统计系统数据，实现对生产效率的分析和统计。主要功能包括人工统计、产量统计、效率比统计分析、历史数据对比分析。

基于露天矿煤炭实际产量与生产消耗的电力、油料及其他能源的比率，提供节能减排决

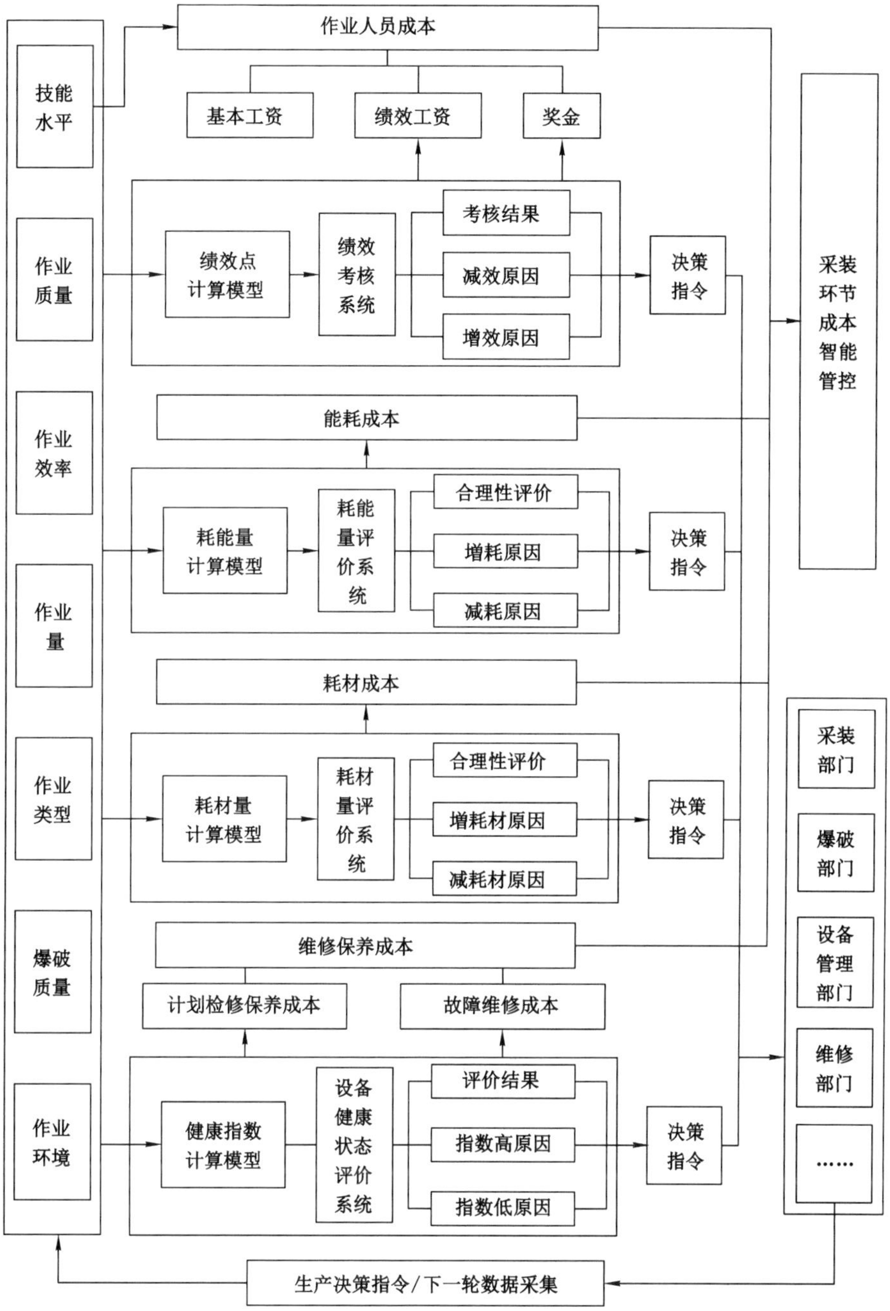

图 8-11 采装环节生产成本智能管控信息流

策参考。主要功能包括能源消耗统计、吨煤能耗比统计、历史数据对比分析等，如图 8-12 所示。

在智能化建设的长远规划中，以生产效能管控系统和生产成本管控系统为基础，实现吨煤效率管理系统的智能管控，即实现吨煤效率的实时计算，通过智能分析吨煤效率波动的原因，确定波动是否合理、是否有益，并以此决策露天生产的某些行为，并推送给相关部门参考执行。

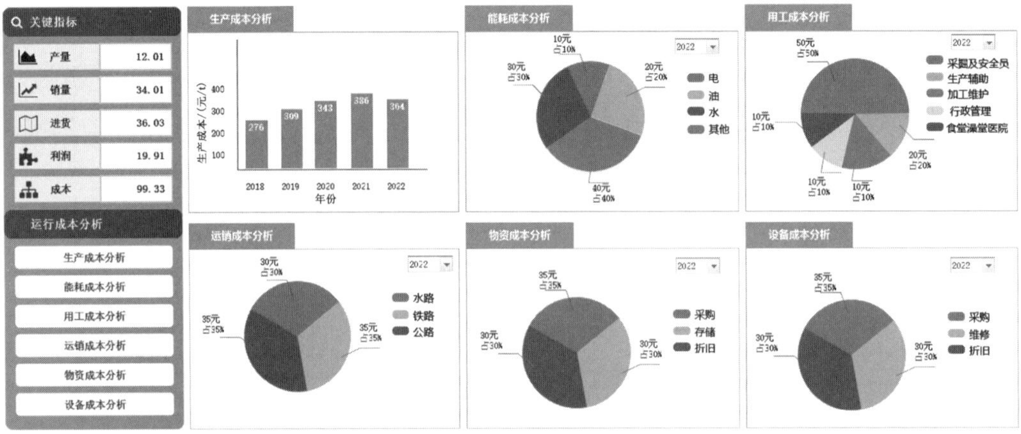

图 8-12 生产成本及效率统计分析图

8.5.5 人员绩效智能考核

“统一认识，明确考核体系目标”是绩效考核体系有效构建的思想基础。本研究设计了基于大数据关键绩效指标(KPI)分解法与工单式绩效考核体系，其目的是提高煤矿企业绩效考核的信度与效度。因此在建设该体系时，煤矿企业应对全员进行教育，以统一员工对绩效考核的认识，明确绩效考核的重点，妥善处理各种关系，防止出现重复考核、随意考核等错误，具体流程如图 8-13 所示。

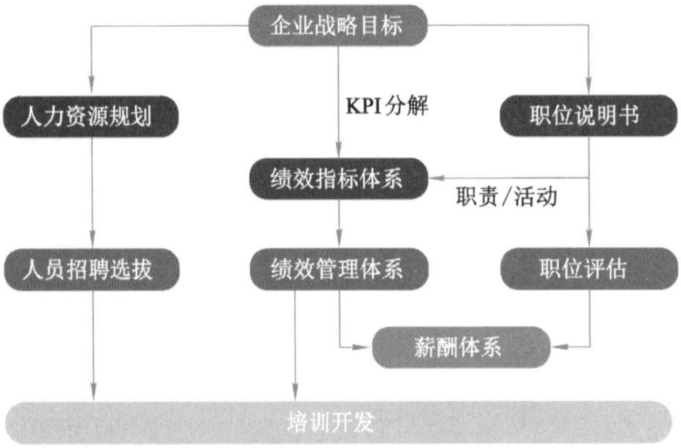

图 8-13 KPI 指标分解与工单式绩效考核流程图

考核体系的构建包括主体设计、指标选择以及权重的确定，构建该体系的主要目的是便于对露天矿全体员工进行绩效考核管理。因此，为了保证考核的公正、客观、全面、准确，本研究抛弃了煤矿企业传统绩效考核中直线上级作为单一考核主体的做法，按照绩效考核法的理论指导，在把员工直线上级作为主要考核主体的同时，将同级及下级考核作为一个基本的考核主体。此外，也将第三方考核信息以及员工自我考核信息作为员工绩效考核的信息来源。在实际操作时应根据被考核对象选择确定考核主体。按照差别性原则，根据煤矿企业各单位工作性质、类型的不同，可以将煤矿企业各部门与单位划分为生产一线、生产辅助、破碎系统、地面生产、后勤服务、生产管理型单位、行政部门、党群部门 8 个小组。因此，为保证考核结果的相对公平和公正，在对煤矿企业员工进行绩效考核时，有必要根据工作性质与类型运用关键绩效指标分解法设计出各岗位的关键考核指标。

8.5.6 可视化智能决策平台

研究建立可视化智能决策分析模型，构建可视化智能决策平台，主要包括可视化生产设备智能指挥模块、可视化矿山工程智能管理模块、可视化工艺系统智能优化模块。

(1) 可视化生产设备智能指挥模块

实现生产设备的智能指挥，如智能决策电铲采掘位置、电铲移设路线、电铲采掘方法以及采掘工程量。

(2) 可视化矿山工程智能管理模块

实现对矿山工程施工效果的智能检查，智能评价施工效果，智能决策下一施工位置，并将施工结果推送至露天矿时空演变系统，修正时空演变模型。

(3) 可视化工艺系统智能优化模块

通过该模块，可智能优化各生产设备间的匹配细节，提高整个工艺系统的稳定性，从整体上提高矿山的生产效率。

9 案例研究

以白音华三号露天矿为典型案例，研究提出该矿智能化建设规划总体方案和五大系统分期建设的内容，并详细地分析了预期的效益、评估了风险。

9.1 白音华三号露天矿生产及信息化现状

9.1.1 基本概况

白音华三号露天矿由国家电投集团内蒙古能源有限公司独资开发建设。于2005年6月正式开工建设，三号矿项目执行概算总投资为43.28亿元，截至2017年8月末，已累计完成投资42.69亿元，完成项目总投资的98.64%。

白音华三号露天矿东西平均长度为12.44 km，南北平均长度为3.38 km，地表面积为42.00 km^2，首采区煤层底板平均长度为3.40 km，平均宽度为1.88 km，面积为6.41 km^2。全区平均开采深度为220 m。采矿许可证范围内地质资源储量为1 365.92 Mt，露天矿可采原煤量为930.31 Mt，建设规模为14.00 Mt/a，按储量备用系数1.1计，露天矿设计服务年限为60.4 a。如图9-1所示，首采区可采原煤量为315 Mt，剥离量为1 650 Mm^3，采区平均剥采比为5.24 m^3/t；二采区沿东侧底板境界重新拉沟，向西南方向推进，直至完成二采区开采，二采区可采原煤量为124 Mt，剥离量为748 Mm^3，采区平均剥采比为6.03 m^3/t；三采区利用二采区工作帮继续向西南方向推进，直至完成三采区开采，三采区可采原煤量为489 Mt，剥离量为2 805 Mm^3，采区平均剥采比为5.74 m^3/t。

图9-1 白音华三号露天矿开采境界及分区开采总体设计平面图

如图9-2所示，采煤采用单斗—汽车—半固定破碎站—胶带半连续工艺，采煤工作全部采取外包形式；剥离采用单斗—汽车间断工艺及单斗—自移式破碎机—胶带桥—带式输送机—排土机半连续工艺相结合的联合工艺，剥离工程大部分采取外包形式。

图 9-2 白音华三号露天矿综合开采工艺系统布局剖面示意图

主要设备包括以下几种。

(1) 单斗电铲：495HD 电铲由比塞洛斯国际公司设计制造，该电铲整机重量为 1 175 t，斗容为 49 m^3，作业台阶高度为 17 m，理论生产能力为 1 100 万 m^3/a。

(2) 自移式破碎机：德国蒂森克虏伯采矿物料搬运技术有限公司设计制造的破碎机，其自重为 1 209 t，额定生产能力为 6 000 t/h，通过调节移动式破碎辊，可实现的破碎粒度为 0～400 mm×400 mm×400 mm。

(3) 带式输送机：由意大利塔克拉夫采矿技术有限公司设计制造，共有 6 条带式输送机组成，全长 7 402 m，带速为 4.5 m/s。其中 S11 和 S16 为双轨移设式带式输送机，可根据作业范围进行移设。

(4) 排土机由瑞典山特维克集团设计和制造，理论搬运能力为 7 735 t/h，排土宽度为 50 m，最大上排台阶高度为 20 m，最大下排台阶高度为 35 m。

9.1.2 信息化现状

白音华三号露天矿信息化刚刚起步，目前建成的系统主要有以下几个方面。

(1) 煤炭生产管理系统：主要功能是统计对应标段的设备工作量，便于从系统查询、导出设备工作报表，此系统可以实现自动录入设备工作量。

(2) 生产调度系统：主要功能是实时显示、查询设备运行状态、设备运行时间，有 4 种颜色表示设备情况，由进度条表示设备运行(停机)时间，并且这些都对应到每一台设备，实现对现场作业的实时监控。

(3) 地面生产系统：主要功能是对胶带连续系统的管理，控制胶带运输系统的起停，监测运输系统的运行状态和煤仓储量等。

(4) 电话及对讲机系统：主要功能是控制现场设备的起停、配车、接收现场人员的报量和车辆故障、了解现场情况等。

(5) 视频监控系统：主要功能是大屏幕显示办公区域、半连续系统、矿出入等的实时状况。

(6) 边坡监测系统：主要功能是通过雷达系统监测边坡实时动态，可以生成边坡滑移速度影像图和位移影像图，据此可以进行边坡预警。

总的来看，白音华三号露天矿信息化建设和应用属于起步阶段，生产管理主要沿用传统的人工现场指挥的方式；安全环保管理主要采用人员现场排查、抽查的方式，存在管理手段相对落后、管理效率较低、安全环保风险较大等问题。

为此，笔者及其研究团队深刻把握当前全球范围内信息化、智能化、数字化与工业化加速交汇的趋势，借鉴国内外矿山信息化建设和应用的先进成果，结合白音华三号露天矿实际条件，率先对智能化露天矿发展的时代背景、概念内涵、理论方法、技术要素、应用场景、发展趋势、建设步骤等进行深入系统的研究，形成白音华三号露天矿智能化建设的规划方案。以此凝聚共识、统一思想，分步实施后推动国家电投集团内蒙古能源有限公司的跨越式发展，打造世界一流的安全、高效、绿色、智能的现代化矿山。

9.2 智能化露天矿建设的主要内容

根据智能化露天矿规划建设研究理论，分二期规划建设，其总体建设内容和智能化露天矿基础支撑系统、智能化露天矿时空演化系统、智能化露天矿设备及工艺系统、智能化露天矿生产计划与工程管理系统、智能化露天矿综合管理系统分期规划建设的主要内容如图 9-3～图 9-8 所示。

图 9-3 白音华三号智能化露天矿分期建设规划内容概览图

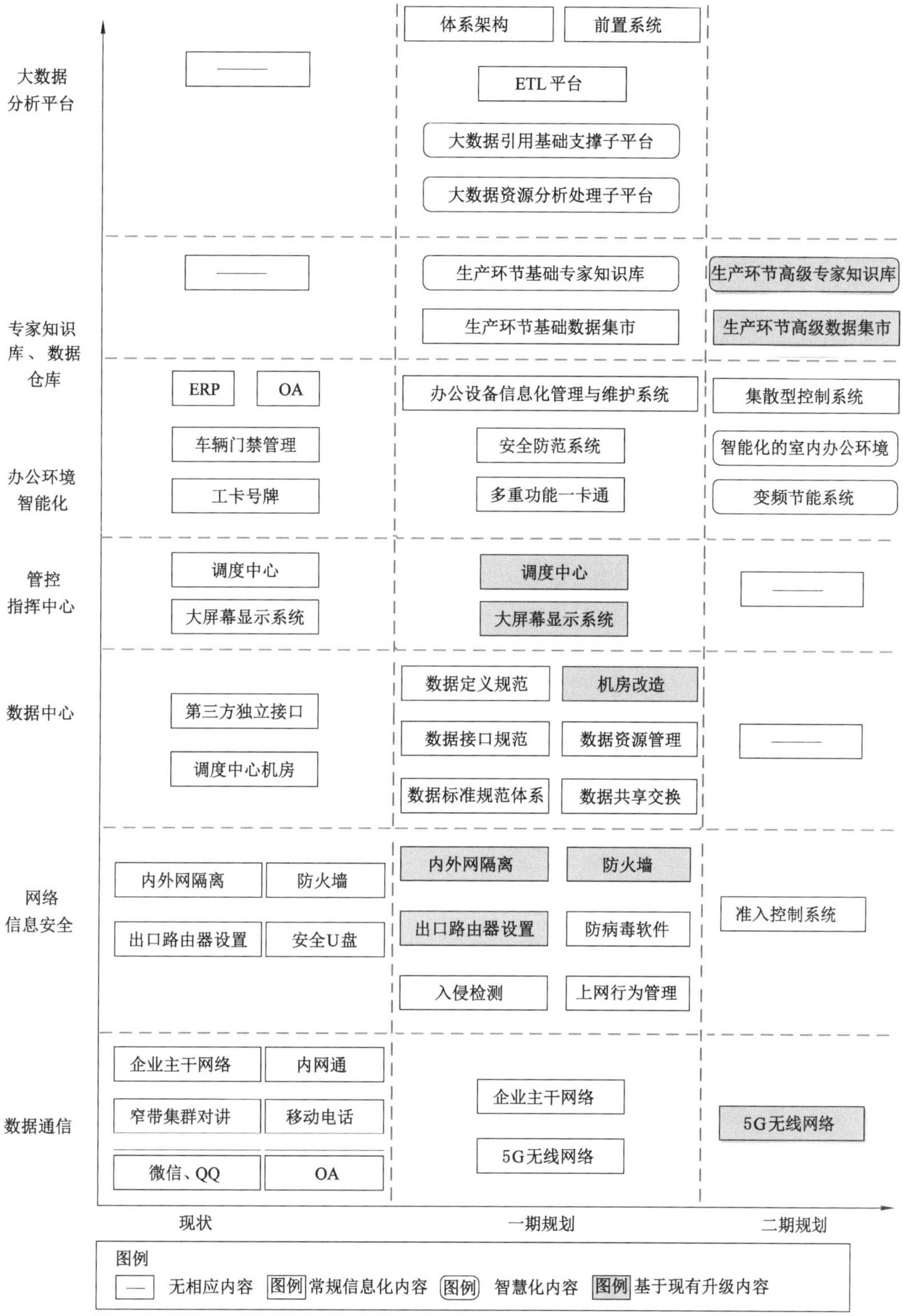

图 9-4 智能化露天矿基础支撑系统规划概览

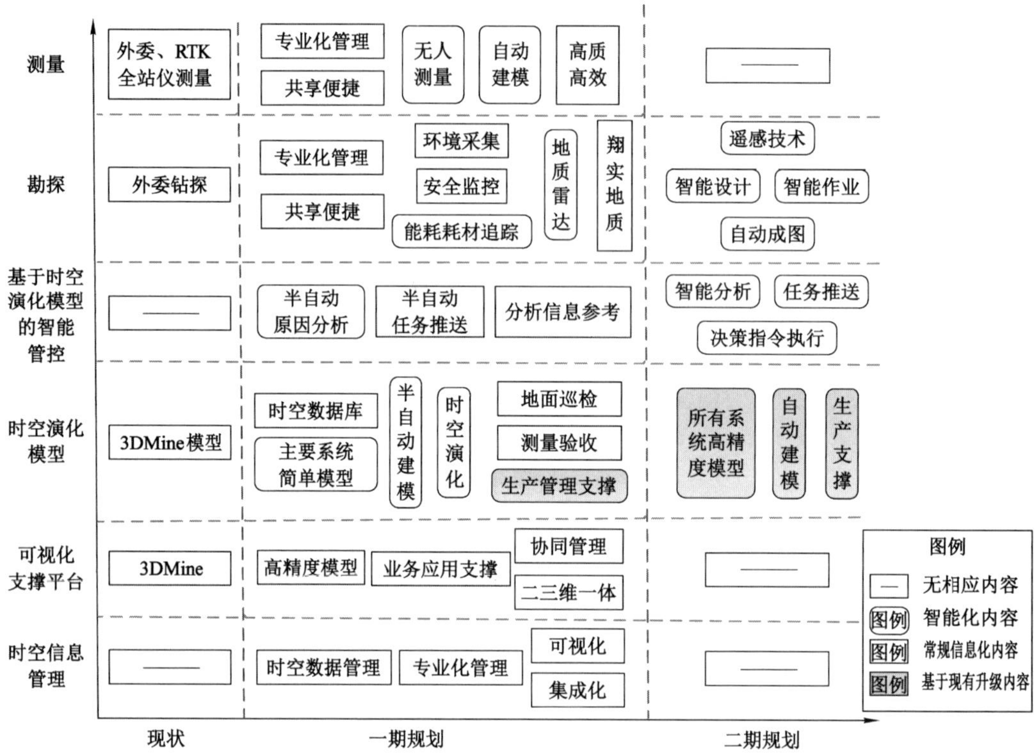

图 9-5 智能化露天矿时空演化系统规划概览

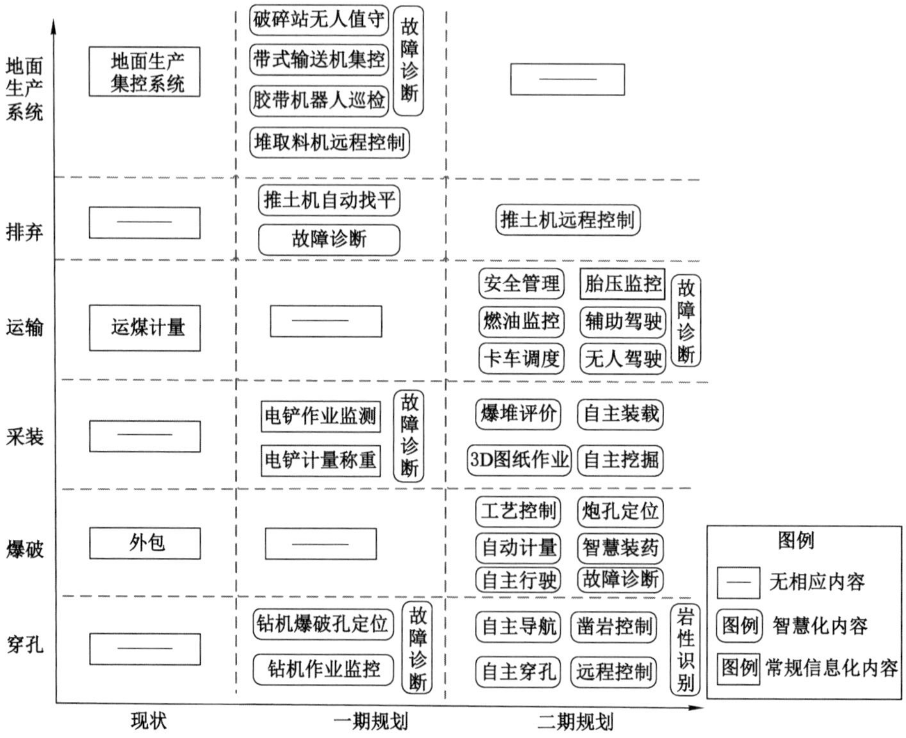

图 9-6 智能化露天矿设备及工艺系统规划概览

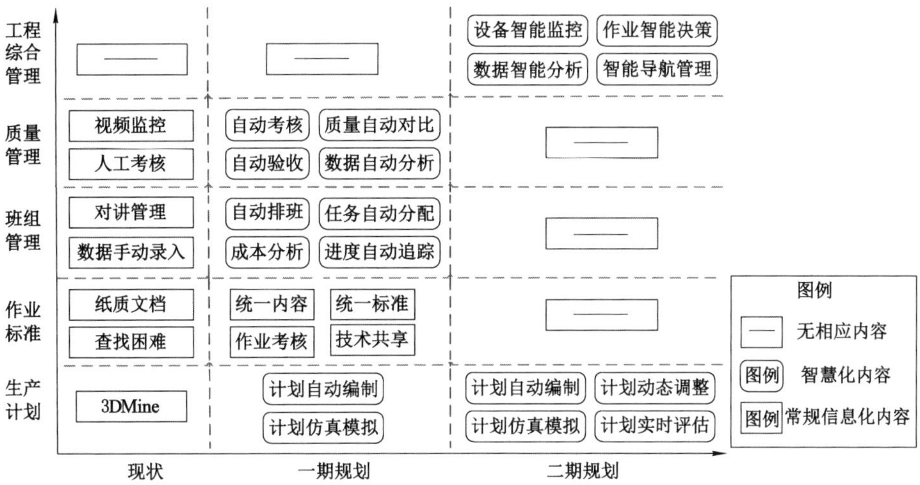

图 9-7 智能化露天矿生产计划与工程管理系统规划概览

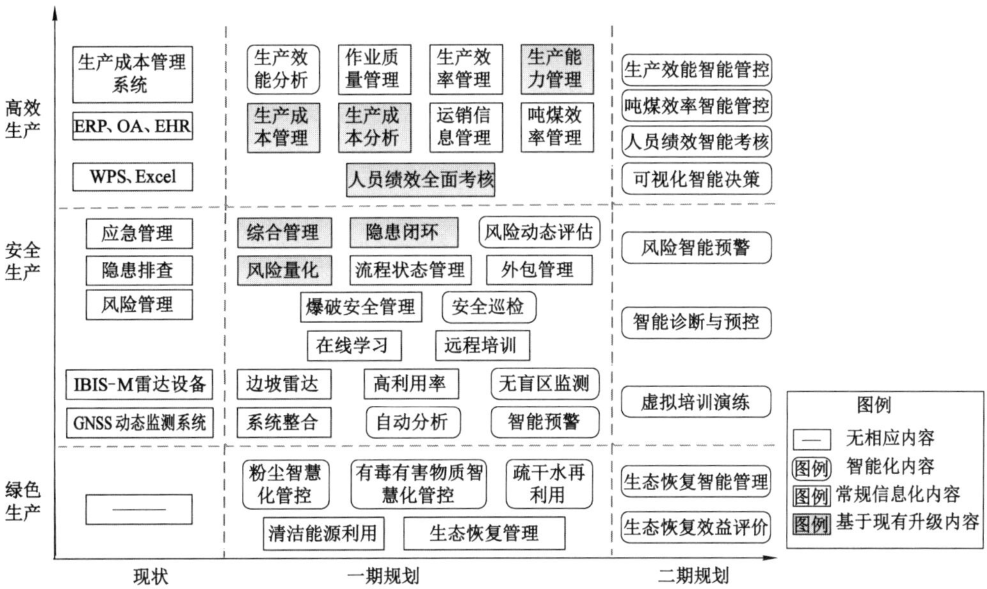

图 9-8 智能化露天矿综合管理系统规划概览

9.3 智能化露天矿建设总体方案

9.3.1 总体描述

(1) 决策层

各级决策层可通过时空演化模型直观地了解露天矿日、月度、季度、年度计划进程以及实际生产状况(日产量、月产量、设备效率、人工效率、生产成本、安全事故等主要生产信息),并通过时空演化模型快捷地获取生产决策的相关信息或决策预案,下达决策指令,指导露天矿生产。

（2）开采设计

开采设计主要是实现穿孔环节、爆破环节、采装环节、运输环节和排弃环节等的智能化设计，通过露天矿生产计划系统初级版，实现露天矿局部作业过程的推演和分析，同时将推演结果最优的露天矿山计划通过班组管理系统细分到现场作业各班组，从而将生产计划与工程强有力地结合，实现露天矿生产整体最优目标下的穿孔、爆破、采装、运输、排弃等主要工艺系统的分目标优化运行及精确、严格、规范的工程施工。通过建立露天矿生产计划系统高级版，实现露天矿开采设计和施工的交互分析和优化，最终达到智能决策和露天矿生产作业全过程的智能仿真推演，同时通过矿山智能管理系统，实现高层级对施工的调度管理、远程遥控以及实时掌握各生产环节的施工状态和人员情况等，从而达到矿山设计与施工的无缝衔接，实现矿山施工智能化管理。

（3）机电管理

通过设备工矿的实时监控，采集并分析现场生产设备的自身数据，快速诊断设备故障，缩短故障维修时间。构建统一的点检和巡检模式、计划检修和保养模式、故障处理模式，实现故障申报和领导审批、工单生成、库房管理、维修流程融为一体，构建设备运行电子台账，全面进行设备故障记录，细致统计维修维护成本，自动分析设备利用率、故障率，掌握设备运行时间及历史故障情况，掌握周转件运行寿命、状态，实现设备的全生命周期管理，将机电设备信息及时推送给生产、经营相关部门利用，在时空演化模型中直观展示，提高安全管理规划、生产计划设计以及经营成本核算的准确性。

（4）综合管理

综合管理系统的智能化建设可实现露天矿生产过程自动化与企业生产、经营管理信息化的一体化、集成化；为露天矿综合管理所有的生产决策提供支撑，实现生产效能的全自动化分析，提高各环节的生产效能；实现生产成本的实时管控和绩效考核的无处不在，最大化程度降低露天矿的生产成本；实现生产设备智能指挥、矿山工程智能管理以及工艺系统智能优化，为露天矿生产设备和矿山工程的管理提供可视化智能支撑；实现少人作业，减少露天矿本身的安全隐患，逐步实现露天矿的本质安全；从根本上杜绝危险源的危害，降低疏干水再利用的成本，提高疏干水的利用率；提高生态复垦的质量、降低生态复垦的成本，实现生态恢复的价值；最终实现建设安全、高效、绿色、和谐的智能化矿山。

（5）一线生产班组

基于调度指令，一线操作人员根据辅助终端或智能作业设备完成包括钻机（钻进区域、钻进参数、钻进米数）、爆破（爆破区域、爆破参数）、采装（采装区域、开采量）、运输（车产配比、运输路径、运输量、运输距离）、排弃（作业量、排弃标高）等作业指标，实现每日更新原煤开采、土岩剥离、排弃工作、穿孔等任务的完成质量，并与当日计划对比，智能分析实际生产与生产计划的区别，总结利弊，推送给生产计划部门，要求根据生产实际情况修正下一阶段的生产计划，再由一线生产班组执行，形成闭环，实现生产过程的智能管控。

9.3.2 建设规划

白音华三号智能化露天矿建设总体方案按照分期、分系统建设规划相关内容、进度安排、投资估算、推荐供应商等，具体信息见表 9-1。

表 9-1 白音华三号智能化露天矿建设总体方案规划表

系统名称	一期									二期									
	规划内容		套数	2019 年	2020 年	2021 年	风险评估	建设方式	推荐供应商	规划内容	套数	2022 年	2023 年	2024 年	2025 年	2026 年	风险评估	建设方式	推荐供应商
智能化露天矿基础支撑系统	数据通信	企业主干网升级	1	√			低	改造	华为技术有限公司、新华三技术有限公司、浪潮集团有限公司、江苏鑫软图无线技术股份有限公司、山西科达自控股份有限公司、北京中矿华沃科技股份有限公司、丹东东方测控技术股份有限公司	5G 网络升级	1			√			高	新建	华为技术有限公司
		5G 网络部署	1	√			低	新建											
	网络与信息安全	内外网隔离	1	√			低	改造	华为技术有限公司、江苏鑫软图无线技术股份有限公司、重庆梅安森科技股份有限公司										
		出口路由器配置	1	√			低	改造											
		防火墙	1	√			低	改造											
		防病毒软件	1	√			低	改造											
		入侵检测系统	1	√			低	改造											
		上网行为管理系统	1	√			低	改造											
		准入控制系统	1	√			低	新建											
	数据中心	数据定义规范	1	√			低	新建	北京龙软科技股份有限公司、精英数智科技股份有限公司、重庆梅安森科技股份有限公司、中国矿业大学(北京)										
		数据接口规范	1	√			低	新建											
		数据标准规范体系	1	√			中	新建											
		机房建设	1	√			低	改造											
		数据资源管理	1	√			低	新建											
		信息交换共享系统	1	√			低	新建											
	管控指挥中心	调度中心	1	√			低	改造	北京龙软科技股份有限公司、精英数智科技股份有限公司、重庆梅安森科技股份有限公司、华夏天信智能物联股份有限公司										
		大屏幕显示系统	1	√			低	改造											

表 9-1(续)

系统名称		一期								二期									
		规划内容	套数	2019 年	2020 年	2021 年	风险评估	建设方式	推荐供应商	规划内容	套数	2022 年	2023 年	2024 年	2025 年	2026 年	风险评估	建设方式	推荐供应商
智能化露天矿基础支撑系统	办公环境智能化	办公设备信息化管理与维护系统	1			√	低	新建	北京龙软科技股份有限公司、丹东东方测控技术股份有限公司、精英数智科技股份有限公司、重庆梅安森科技股份有限公司	集散型控制系统	1	√					低	新建	北京龙软科技股份有限公司、丹东东方测控技术股份有限公司、精英数智科技股份有限公司、重庆梅安森科技股份有限公司
		安全防范系统	1	√			低	新建		智能化的室内办公环境	1			√			中	新建	
		多重功能一卡通	1	√	√		低	新建		变频节能系统	1			√			中	新建	
	大型专家知识库和数据仓库	主要生产环节基础专家知识库	1		√		低	新建	北京龙软科技股份有限公司、中国矿业大学(北京)、中国矿业大学、辽宁工程技术大学	所有生产环节高级专家知识库	1		√	√			低	改造	北京龙软科技股份有限公司、中国矿业大学(北京)、中国矿业大学、辽宁工程技术大学
		主要生产环节基础数据集市	1		√		低	新建		所有生产环节高级数据仓库	1		√	√	√		低	改造	
	大数据分析平台	体系架构	1	√			低	新建	北京龙软科技股份有限公司、精英数智科技股份有限公司、重庆梅安森科技股份有限公司										
		前置系统	1	√			低	新建											
		ETL(数据仓储)平台	1	√			低	新建											
		大数据应用基础支撑子平台	1	√			低	新建											
		大数据资源分析处理子平台	1	√			低	新建											
智能化露天矿时空演化系统	时空信息管理系统	地测信息管理系统	1	√			低	新建	北京龙软科技股份有限公司、精英数智科技股份有限公司、中国矿业大学(北京)										
		生产技术信息管理系统	1	√			低	新建											
		生产设备信息管理系统	1	√			低	新建											
		基础设施管理系统	1	√			低	新建											
		资源储量管理系统	1	√			低	新建											

表 9-1(续)

系统名称		一期								二期										
		规划内容	套数	2019 年	2020 年	2021 年	风险评估	建设方式	推荐供应商	规划内容	套数	2022 年	2023 年	2024 年	2025 年	2026 年	风险评估	建设方式	推荐供应商
智能化露天矿时空演化系统	可视化支撑平台	矿区地图服务管理平台	1	√			低	新建	北京龙软科技股份有限公司										
		基于 3D GIS 的矿山管理平台	1		√		低	新建											
	时空演化模型动态构建与更新	时空数据库	1	√			中低	新建	北京龙软科技股份有限公司	时空演化模型的构建与更新平台(高级版)	1	√					低	改造	北京龙软科技股份有限公司
		时空演化模型的构建与更新平台(基础版)	1	√	√	√	中低	新建											
	时空演化模型应用平台	时空演化模型应用平台(基础版)	1	√	√	√	低	新建	北京龙软科技股份有限公司	时空演化模型应用平台(高级版)	1	√					中低	改造	北京龙软科技股份有限公司
	基于时空演化模型的智能管控	基于时空演化模型的分析应用系统	1		√		低	新建	北京龙软科技股份有限公司	基于时空演化模型的智能管控系统	1	√					中低	改造	北京龙软科技股份有限公司
	勘探技术智能化	勘探内业管理系统	1		√		低	新建	中国地质调查局、中国地质装备集团有限公司、煤炭科学技术研究院有限公司、北京龙软科技股份有限公司	遥感技术	1	√					低	新建	中国地质调查局、中国地质装备集团有限公司、煤炭科学技术研究院有限公司、北京龙软科技股份有限公司
		勘探外业等同管理系统	1		√		低	新建		勘探设计智能化系统	1		√				低	新建	
		地质雷达勘察技术	1		√		低	新建		勘探作业智能化	1	√					低	新建	
		勘探作业数据采集及监控系统	1		√		低	新建		勘探成图系统	1	√					低	新建	
	测量技术智能化	测量内业管理系统	1		√		低	新建	中国测绘科学研究院、北京龙软科技股份有限公司、北京超图软件股份有限公司										
		测量外业管理系统	1		√		低	新建											

表 9-1(续)

系统名称		一期								二期										
		规划内容	套数	2019 年	2020 年	2021 年	风险评估	建设方式	推荐供应商	规划内容	套数	2022 年	2023 年	2024 年	2025 年	2026 年	风险评估	建设方式	推荐供应商
智能化露天矿时空演化系统	测量技术智能化	无人机搭载三维激光扫描系统	1		√		低	新建	内蒙古方向图科技有限公司、天河道云(北京)科技有限公司、中国安全生产科学研究院、上海华测导航技术股份有限公司										
		无人机搭载倾斜摄影测量技术	1	√			低	新建											
		边坡监测技术智能化改造	1	√			低	改造											
		边坡监测智能预警系统	1	√			低	改造											
智能化露天矿设备及工艺系统	穿孔设备智能化	钻机监测数字化系统	5			√	中	改造	丹东东方测控技术股份有限公司、阿特拉斯·科普柯公司	地层岩性识别数字化系统	5	√					中	改造	阿特拉斯·科普柯公司
		爆破孔导航数字化系统	5		√		低	新建	丹东东方测控技术股份有限公司、阿特拉斯·科普柯公司、卡特彼勒公司	钻机智能作业系统	5				√		高	改造	阿特拉斯·科普柯公司、卡特彼勒公司
										钻机作业效率数字化系统	5	√			√		中	改造	阿特拉斯·科普柯公司、卡特彼勒公司
	爆破设备智能化									装药车工艺控制系统	3	√					低	改造	矿冶科技集团有限公司、山西惠丰特种汽车有限公司、北京北方诺信科技有限公司
										装药车智能作业系统	3				√		中	改造	矿冶科技集团有限公司

表 9-1(续)

系统名称	一期									二期										
	规划内容		套数	2019 年	2020 年	2021 年	风险评估	建设方式	推荐供应商	规划内容	套数	2022 年	2023 年	2024 年	2025 年	2026 年	风险评估	建设方式	推荐供应商
智能化露天矿设备及工艺系统	采装设备智能化	电铲作业数字化系统	6		√		低	改造	北京龙软科技股份有限公司	爆堆质量评价数字化系统	6	√					中	新建	中国矿业大学(北京)
		电铲在线动态称重数字化系统	6	√			中	新建	丹东东方测控技术股份有限公司	电铲智能作业系统	6				√		高	改造	北京拓疆者智能科技有限公司
	运输设备智能化	带式输送机集控系统	3	√			低	新建	天地(常州)自动化股份有限公司	卡车安全管理数字化系统	24	√					低	新建	丹东东方测控技术股份有限公司、北京中矿华沃科技股份有限公司
		巡检机器人系统	10	√			低	新建	天地(常州)自动化股份有限公司	卡车燃油监测数字化系统	24	√					中	新建	中国矿业大学(北京)
										卡车轮胎管理数字化系统	24	√					低	新建	英国瑞思捷有限公司、中国矿业大学(北京)
										卡车调度管理数字化系统	24		√				低	新建	丹东东方测控技术股份有限公司
										卡车辅助节油智能驾驶系统	24			√			高	改造	中国矿业大学(北京)、北京龙软科技股份有限公司
										卡车智能作业系统	24				√		高	改造	北京踏歌智行科技有限公司

表 9-1(续)

系统名称		一期								二期									
		规划内容	套数	2019 年	2020 年	2021 年	风险评估	建设方式	推荐供应商	规划内容	套数	2022 年	2023 年	2024 年	2025 年	2026 年	风险评估	建设方式	推荐供应商
智能化露天矿设备及工艺系统	排土设备智能化	推土机自动化作业系统	10		√				上海华测导航技术股份有限公司	推土机智能化作业系统	10				√				小松(中国)投资有限公司、卡特彼勒公司、徐工集团工程机械股份有限公司、三一重工股份有限公司
	露天矿生产工艺智能化	大型设备智能快速准确自动对接系统	1		√		中	改造	中国矿业大学(北京)、北京龙软科技股份有限公司	电铲—卡车装载自动化系统	6		√				高	改造	中国矿业大学(北京)、北京龙软科技股份有限公司
	设备故障实时诊断	故障诊断系统	1			√	中	新建	中国矿业大学(北京)、北京龙软科技股份有限公司	故障诊断(卡车)	1		√				中	新建	中国矿业大学(北京)、北京龙软科技股份有限公司
	大型设备电力驱动									架线辅助双动力卡车运输	1		√				中	改造	碳氢技术工程管理(武汉)有限公司
	辅助环节	维修系统	1	√			低	新建	北京龙软科技股份有限公司、中国矿业大学(北京)、精英数智科技股份有限公司										
		供电系统	1	√			低	新建	北京龙软科技股份有限公司、中国矿业大学(北京)、北京中企时代科技有限公司										
		疏干排水系统	1	√			低	新建	北京龙软科技股份有限公司、中国矿业大学(北京)、北京中企时代科技有限公司										

表 9-1(续)

系统名称		一期									二期									
		规划内容	套数	2019 年	2020 年	2021 年	风险评估	建设方式	推荐供应商		规划内容	套数	2022 年	2023 年	2024 年	2025 年	2026 年	风险评估	建设方式	推荐供应商
智能化露天矿设备及工艺系统	原煤地面生产系统	破碎站无人值守系统	3	√			中	新建	中国矿业大学(北京)、北京龙软科技股份有限公司											
		带式输送机集控系统	1	√			低	改造	中煤科工集团常州研究院有限公司											
		带式输送机巡检机器人系统	10		√		中	改造	中国煤炭科工集团有限公司储装系统事业部、唐山开诚电控设备集团有限公司、山西戴德测控技术有限公司、中国矿业大学(北京)											
		堆取料机远程控制系统	1	√			低	改造	湖南镭目科技有限公司、杭州坤时自动化系统有限公司、中国矿业大学(北京)											
		料场储量系统	1		√		低	新建	湖南镭目科技有限公司、杭州坤时自动化系统有限公司、中国矿业大学(北京)											
智能化露天矿生产计划与工程管理系统	露天矿生产计划智能化系统	露天矿生产计划系统初级版	1		√		中	新建	澳大利亚 RPMGlobal 公司、澳大利亚 Maptek 公司、法国 Geovia 公司		露天矿生产计划系统高级版	1						高	新建	澳大利亚 RPM-Global 公司、澳大利亚 Maptek 公司、法国 Geovia 公司
	露天矿工程管理智能化	岗位标准作业流程系统	1		√		低	新建	北京龙软科技股份有限公司、中国矿业大学(北京)、北京大唐思拓信息技术有限公司		矿山工程智能管理系统	1						高	新建	东方浩联(北京)智能科技有限公司、澳大利亚 RPMGlobal 公司

表 9-1（续）

系统名称		一期 规划内容	套数	2019 年	2020 年	2021 年	风险评估	建设方式	推荐供应商	二期 规划内容	套数	2022 年	2023 年	2024 年	2025 年	2026 年	风险评估	建设方式	推荐供应商
智能化露天矿生产计划与工程管理系统	露天矿工程管理智能化	班组管理系统	1		√		低	新建	北京中企点击软件技术有限公司、中国矿业大学（北京）、武汉赛摩博晟信息科技有限公司										
		施工质量管理系统	1			√	中	新建	东方浩联（北京）智能科技有限公司、厦门安必兴信息科技有限公司、上海金慧软件有限公司、中国矿业大学（北京）										
智能化露天矿综合管理系统	露天矿绿色生产智能化	粉尘智能化管控系统	1		√		中	新建	中国矿业大学（北京）、中国地质大学、中国环境科学研究院、内蒙古煤矿设计研究院有限责任公司										中国地质大学、北京龙软科技股份有限公司
		有毒有害物质智能化管控系统	1			√	中	新建		生态恢复智能化管理系统	1	√					低	新建	
		疏干水再利用智能化管控系统	1	√			中	新建		生态恢复效益评价系统	1	√					低	新建	
		清洁能源利用系统	1			√	低	研究											
		生态恢复管理系统	1	√			低	新建											
	露天矿安全生产智能化	安全综合管理	1	√			低	新建	应急管理部信息研究院、中国矿业大学（北京）、北京龙软科技股份有限公司、精英数智科技股份有限公司、重庆梅安森科技股份有限公司	智能风险预警	1	√					低	新建	应急管理部信息研究院、中国矿业大学（北京）、北京龙软科技股份有限公司、精英数智科技股份有限公司、重庆梅安森科技股份有限公司
		安全隐患闭环管理	1	√			低	改造		智能诊断及预控系统	1	√					低	新建	
		安全风险动态评估	1	√			低	改造		虚拟培训演练系统	1				√		低	新建	
		安全风险量化分析	1		√		低	新建											
		生产流程状态管理	1			√	低	新建											
		外包管理系统	1	√			低	新建											
		爆破安全管理	1	√			低	新建											

表 9-1（续）

系统名称	一期									二期									
	规划内容		套数	2019 年	2020 年	2021 年	风险评估	建设方式	推荐供应商	规划内容	套数	2022 年	2023 年	2024 年	2025 年	2026 年	风险评估	建设方式	推荐供应商
智能化露天矿综合管理系统	露天矿安全生产智能化	移动安全巡察	1	√			低	新建	应急管理部信息研究院、中国矿业大学（北京）、北京龙软科技股份有限公司、精英数智科技股份有限公司、重庆梅安森科技股份有限公司										
		应急救援管理	1	√			低	改造											
		职工远程教育培训系统	1			√	低	新建											
		在线学习系统	1		√		低	新建											
	露天矿高效生产智能化	生产效能智能管控系统（基础版）	1	√			低	新建	北京龙软科技股份有限公司、精英数智科技股份有限公司、中国矿业大学（北京）	生产效能智能管控系统（高级版）	1		√				低	改造	北京龙软科技股份有限公司、精英数智科技股份有限公司
		生产成本基础管理系统	1		√		低	新建		生产成本智能管控系统	1	√					低	改造	
		生产成本分析系统	1		√		低	新建		吨煤效率智能管控系统	1	√					中	改造	
		煤炭运销信息管理系统	1		√		低	新建		人员绩效智能考核系统（高级版）	1	√					中	改造	
		煤炭运销智能预测系统	1		√		低	新建		可视化智能决策系统	1	√					中	新建	
		吨煤效率管理系统	1	√			低	新建											
		人员绩效考核系统（基础版）	1			√	低	改造											

9.4 效益分析

9.4.1 智能化露天矿基础支撑系统效益分析

基础支撑智能化系统的建设是智能化露天矿建设的应用基础，作为基础保障，能够有力支撑数据采集、传输、存储及应用服务的顺利运行，进一步提升业务系统的运行效率。详见表9-2。

表9-2 智能化露天矿基础支撑系统效益分析表

系统名称	子系统名称	绿色	安全	高效
数据通信	企业主干网升级			稳定、有效地传输数据
	5G网络部署			全覆盖、灵活便捷、高效地传输数据；宽窄带融合通信
	5G网络升级			高速度、泛在网、低功耗、低时延、万物互联、重构安全
网络与信息安全	内外网隔离		保证内外网文档、数据安全交换	
	出口路由器配置		确保内网安全	
	防火墙		强化网络安全策略，防止内部信息的外泄	
	防病毒软件		检测防护恶意软件程序	
	入侵检测系统		即时监视网络传输情况，可疑报警，主动防御	
	上网行为管理系统		过滤网页访问，控制网络应用，审计信息内容，分析上网行为	
	准入控制系统		认证接入设备身份，检查接入设备的安全性，提升安全策略管理	
数据中心	数据定义规范			加快信息资源的整合
	数据接口规范			加快信息资源的整合
	数据标准规范体系	降低各系统集成无效投入，达到节能降耗	提高各系统的无缝集成特性，便于安全管理	统一的标准规范体系，提升业务应用效率
	机房建设		提升数据的安全运维	提升数据的安全运维
	数据资源管理			规范化的数据管理，提升数据管理的高效性
	信息交换共享系统			提升信息资源交换与共享

表 9-2(续)

系统名称	子系统名称	绿色	安全	高效
管控指挥中心	调度中心		强化安全生产基础工作,加强安全宣传教育重要活动	提高安全生产管理的可视化管理效率
	大屏幕显示系统		强化安全生产基础工作,加强安全宣传教育重要活动	提高远程视频会议的工作效率
办公环境智能化	办公设备信息化管理与维护系统	节能降耗	保证资产设备的安全管理	办公设备的高效管理
	安全防范系统		集成化的报警联动,安全系数增加	集成化的视频监控,报警联动
	多重功能一卡通	多重功能集成,节能降耗	提高矿区人员的安全管理,安全系数增加	多功能业务应用集成管理
	集散型控制系统			分布式计算高效管控
	智能化的室内办公环境	提高办公环境质量	确保办公环境的安全状态	提升人员的工作效率
	变频节能系统	应用节能设备,节能降耗		降低企业的运营成本
大型专家知识库和数据仓库	主要生产环节基础专家知识库			支撑专家分析决策
	主要生产环节基础数据集市			支撑专家分析决策
	所有生产环节高级专家知识库			支撑专家分析决策
	所有生产环节高级数据仓库			支撑专家分析决策
大数据分析平台	体系架构			提升大数据分析平台业务的搭建效率
	前置系统			提高数据采集及汇总效率
	ETL 平台			提高数据质量
	大数据应用基础支撑子平台			便于各类前端业务模型的搭建及业务需求的在线可视化快速配置
	大数据资源分析处理子平台			提升数据的实时查询分析和信息发布管理

9.4.2 智能化露天矿时空演化系统效益分析

智能化露天矿时空演化系统效益按照绿色、安全和高效等方面分析汇总，见表 9-3。

表 9-3 智能化露天矿时空演化系统效益分析

系统名称	子系统名称	绿色	安全	高效
时空信息管理系统	地测信息管理系统	减少无效作业，节能降耗	数据精准详尽，可视化展示，共享方便，提高生产活动安全性	信息完备、准确、共享，提高效率，减少人工消耗和人为经验的依赖性
	生产技术信息管理系统	减少无效作业，节能降耗	生产信息安全	远程提供各类生产数据，减少消耗，提高效率
	生产设备信息管理系统	实时掌握设备动态，提高设备使用效率，节能降耗	实时掌握设备动态，增强设备安全，提高设备安全系数，减少设备事故	实时掌握设备动态，减少设备事故率，降低设备维修费用，提高设备使用效率，提高设备产能
	基础设施管理系统	准确掌握基础设施信息，减少无效作业，节能降耗	准确掌握基础设施信息，利于应急救援规划，提高安全性	准确掌握基础设施信息，有利于生产规划，缩短无效作业时间，提高效率
	资源储量管理系统	准确掌握资源结构与分布，利于安排绿色生产方案，环保经济	准确掌握资源结构与分布，可明确生产安全点，提高作业安全性	准确掌握资源结构与分布，可合理安排生产计划，提高生产效率
可视化支撑平台	矿区地图服务管理平台	协同服务，无纸传输，共享方便，提高效率，节能降耗，绿色环保	权限分级控制，历史记录备份，提高信息安全性	数据协同，共享方便，数据及时准确，提高工作效率
	基于 3D GIS 的矿山管理平台	二三维一体化，减少无效作业，节能降耗	以高精度模型室内管控，提高生产活动的安全性	二三维一体化，模型精度高，提高生产方案的准确性，缩短无效作业时间，提高工作效率
时空演化模型动态构建与更新	时空数据库	数据库存储，无纸化作业，共享方便，节能环保	权限分级控制，历史记录备份，信息安全	数据详尽，共享方便，有利于生产管理，提高工作效率
	时空演化模型的构建与更新平台	减少无效重复作业，节能降耗	数据精准详尽，可视化展示，共享方便，提高生产活动安全性	统一的数据标准规范，可视化展示，共享方便，有利于安排更合理的生产方案，提高生产效率

表 9-3(续)

系统名称	子系统名称	绿色	安全	高效
时空演化模型应用平台	时空演化模型应用平台	基于模型进行验收、巡检、了解露天矿,减少下坑次数,节能降耗	基于模型进行验收、巡检、了解露天矿,减少下坑次数,提高生产活动的安全性	模型直观可视化,信息详尽,共享方便,减少无效作业时间,提高工作效率
基于时空演化模型的智能管控	基于时空演化模型的分析应用系统	基于模型进行,直观高效,减少无效作业时间,节能降耗	基于模型进行分析,减少下坑次数,直观了解安全风险点,提高生产活动的安全性	模型直观可视化,信息详尽,对比分析准确度高,便于调整生产计划,提高生产效率
	基于时空演化模型的智能管控系统	基于模型自动分析分析,直观高效,减少无效作业时间,节能降耗	基于模型自动分析,减少下坑次数,直观了解安全风险点,提高生产活动的安全性	模型直观可视化,信息详尽,智能对比分析,产生生产指令,指导生产,提高生产效率
勘探技术智能化	勘探内业管理系统	专业化管理、无纸化作业,减少无效工作,节能降耗	专业化管理,提高管理效率及质量,提高作业的安全性	提高管理效率及质量,有利于生产活动的进行,提高生产效率
	勘探外业等同管理系统	专业化管理、无纸化作业,减少无效工作,节能降耗	等同管理,双重保障,提高外委作业的安全性	提高管理效率及质量,有利于生产活动的进行,提高生产效率
测量技术智能化	测量内业管理系统	专业化管理、无纸化作业,减少无效工作,节能降耗	专业化管理,提高管理效率及质量,提高作业的安全性	提高管理效率及质量,有利于生产活动的进行,提高生产效率
	测量外业管理系统	专业化管理、无纸化作业,减少无效工作,节能降耗	专业化管理,提高管理效率及质量,提高作业的安全性	提高管理效率及质量,有利于生产活动的进行,提高生产效率
	边坡监测技术智能化改造	减少无效工作,节能降耗	减少人工 RTK 测量时间,实现无盲区监测,提高生产活动的安全性	提高设备的利用效率,减少人工消耗
	边坡监测智能预警系统	减少无效作业,节能降耗	自动分析,智能预警,提高作业的安全性	自动分析,智能预警,提高工作效率和工作质量,缩短不安全作业时间,提高工作效率

9.4.3 智能化露天矿设备及工艺系统效益分析

智能化露天矿设备及工艺系统效益分析见表 9-4。

表 9-4 智能化露天矿设备及工艺系统效益分析

环节名称	子系统名称	绿色	安全	高效
穿孔环节	钻机监测数字化系统		实时掌握设备动态，增强设备安全，提高设备安全系数，减少设备事故	将钻机引导到设计的孔位点，无须地测人员现场布孔，减少现场人员、降低劳动强度
	爆破孔导航数字化系统	减少无效作业，节能降耗		精确地监测钻机打孔的深度，提高台阶底部平整性，提高爆破效果；统计出进米尺数，便于班组的考核
	地层岩性识别数字化系统	基于岩性优化爆破效果，降低炸药消耗、降低采矿电力消耗		根据不同炮孔的不同岩性信息进行装药调整，实现最优化爆破，提高爆破效率和电铲效率，降低大块率
	钻机智能作业系统	钻机监测及导航可降低钻井成本、降低爆炸成本、减少二次爆破、降低破碎成本	实时掌握设备动态，增强设备安全，提高设备安全系数，减少设备事故，同时根据产生的数据可进行预测维护，提高维修效率	自动钻孔、自动进给对准、自动加杆系统可以提高生产率；全部由办公室管理简化钻孔和爆破流程，优化爆破效果，提高生产率
爆破环节	装药车工艺控制系统		装药异常报警，提高装药设备的安全性	实现生产过程中压力、流量、温度等参数的实时显示，无须工作人员进行生产过程中压力、流量、温度等参数的统计，无须人工计量混装炸药量，提高装药效率和降低劳动强度
	装药车智能作业系统	减少无效作业，节能降耗	实时掌握设备动态，增强设备安全，提高设备安全系数，减少设备事故	装药车依据炮孔位置及设计装药参数进行自动装药和自动退管，整个过程装药车自主路线规划，进行无人化行走，现场炮孔定位、计算装药量、装药等作业无须人工参与，减少现场人员、降低劳动强度

表 9-4(续)

环节名称	子系统名称	绿色	安全	高效
采装环节	电铲作业数字化系统	监测电铲耗电量,便于班组考核,降低能耗	对电器参数的监测,可快速定位故障发生地点及原因,提高维修效率	
	电铲在线动态称重数字化系统	减少无效作业,节能降耗		电铲称重可准确计量作业质量,有效减少超载与欠载的情况出现;同时也可用于配煤,提高配煤发热量的精度
	爆堆质量评价数字化系统	降低爆炸成本,减少二次爆破,降低破碎成本		通过对爆堆的块度及可挖性进行分析,绘制全矿可挖性分布图及爆破块度分布图,反演优化爆破参数,提升爆破效果
	电铲智能作业系统	减少无效作业,节能降耗	利用3D图纸可视化展现作业范围,防止超挖和欠挖,保证底部台阶的平整性	自动装载减少电铲与卡车的准备时间,提升装载作业效率
运输环节	带式输送机集控系统		减少设备故障,提高安全性	实现带式输送机各个关键运行环节的集中控制,降低人员主观控制
	巡检机器人系统	降低人员劳动强度	实现设备状态实时监控,提高设备作业安全性	实现运输机各个运行状态的实时监控和预警,提高故障识别精准度
	卡车安全管理数字化系统		提供周围车辆的方位信息、速度信息、距离信息以及司机自身的疲劳信息,提高卡车作业的安全系数,减少碰撞、超速、疲劳驾驶等事故的发生	
	卡车燃油监测数字化系统	通过智能型油耗监测装置来精确监测卡车油耗,杜绝偷油、丢油现象,为提高生产效率、核算成本提供依据		

表 9-4(续)

环节名称	子系统名称	绿色	安全	高效
运输环节	卡车轮胎管理数字化系统		有效地统计轮胎磨损以及破坏规律,及时更换故障轮胎,准确研判卡车轮胎故障多发地点,减少卡车运行过程因轮胎造成的停工问题,延长轮胎使用寿命	减少轮胎点检维修人员,降低劳动强度
	卡车调度管理数字化系统	通过智能调度,提高设备的运行效率,降低能耗	实时掌握设备动态,增强设备安全,提高设备安全系数,减少设备事故	自动统计产量、运距、提升高度、设备实动率、可用率等生产指标,降低调度人员的劳动强度,提高调度的精准执行;实现铲车位置路径信息、采运排设备数量和工程量的动态监测,通过整体优化的动态调整在及时准确地完成生产计划任务的同时大幅度降低生产成本
	卡车辅助节油智能驾驶系统	提高司机驾驶水平,节省燃油消耗		按照最佳的驾驶行为自动控制卡车的运行状态,在满足运量的前提下实现最少油耗;量化考核并辅助提高司机驾驶水平,提高作业效率,降低成本
	卡车智能作业系统	按照熟练司机驾驶水平智能作业,节约能耗	实时掌握设备动态,增强设备安全,提高设备安全系数,减少设备事故;自动避障,提高安全性	控制车辆的转向和速度,能按特定路线行驶和装载、卸载,自动地完成工作循环,有意外情况时能减速或停车来实现无人驾驶。大幅减少卡车司机数量,降低劳动强度并精准执行生产任务

表 9-4(续)

环节名称	子系统名称	绿色	安全	高效
排土环节	推土机自动化作业系统	按照终端提示高效完成作业,降低燃油消耗		利用北斗定位确定推土机当前位置及刀板标高,实时获取当前作业的进度与轨迹,高效准确地完成作业动作和目标
	推土机智能化作业系统	减少无效作业,节能降耗	实时掌握设备动态,增强设备安全,提高设备安全系数,减少设备事故	实现推土机的启动、熄火、行走及工作装置等动作全部基本功能的遥控,降低操作人员劳动强度,准确完成生产计划任务
露天矿生产工艺智能化	大型设备智能快速准确自动对接系统	减少无效作业,节能降耗	有效防止对接时设备损坏	缩短对接时间、增加作业时间
	电铲-卡车装载自动化系统	减少无效作业,节能降耗	有效防止对接时设备损坏	完成自动化卡车快速装载任务,提高电铲装车效率,降低人员操作难度
设备故障实时诊断	故障诊断	降低维修时间及费用	快速诊断故障,提升设备安全性	及时准确向设备司机显示故障并排查故障,给出故障原因和排除故障的措施,加快维修进度及效率
大型设备电力驱动	架线辅助双动力卡车运输	降低燃油消耗,节约运输成本	延长发动机和电动轮使用寿命	解决电动轮卡车重载上坡时柴油发动机动力不足、车速慢等问题,提升运输能力
原煤地面生产系统	破碎站无人值守系统	减少无效作业,节能降耗	卡堵时失速保护将齿辊反转,最大限度地保护设备,减少安全事故的发生	替代现场人员开关信号灯等简单重复性劳动,可减少 16 名操作人员,提高系统生产效率
	带式输送机集控系统	根据物料情况智能调速,节约能耗	当发生故障时,系统远程急停闭锁,自动停运胶带并联动控制系统胶带及破碎站,将故障性质及地点快速显示,最终调整破碎机转速,满足出给料要求	最大限度地延长设备使用寿命,减少事故率,进行智能调速,空载时降低物料运行速度,减少生产成本

表 9-4(续)

环节名称	子系统名称	绿色	安全	高效
原煤地面生产系统	带式输送机巡检机器人系统		机器人代替人员进行巡检,提高安全性	替代人工巡检,减轻工人的劳动强度,及时快速发现故障,缩短故障处理时间和故障停机时间,保证设备的开机率
	堆取料机远程控制系统		通过北斗定位的位置信息和空间几何算法,得出2台堆取料机之间的最小距离,从而可以判断出堆取料机发生碰撞的可能性,保证堆取料机可以安全地进行作业	减少现场作业人员,带有取料刮板机臂架俯仰到位后刮板链条驱动刮板机取料作业的启动或停止等功能,提高取料俯仰精确性
	料场储量系统		防止料场煤自燃	替代现场人员煤质信息统计、信息更改等简单重复性劳动

9.4.4 智能化露天矿生产计划与工程管理系统效益分析

智能化露天矿生产计划与工程管理系统按照绿色、安全和高效等方面进行效益分析,见表 9-5。

表 9-5 智能化露天矿生产计划与工程管理系统效益分析

系统名称	子系统名称	绿色	安全	高效
露天矿生产计划智能化系统	露天矿生产计划系统初级版	局部设计与施工一体化,减少现场无效作业,节能降耗	生产设计与现场施工紧密结合,确保人员安全	减轻设计人员的工作负担,提高工作效率
	露天矿生产计划系统高级版	设计与施工一体化,提高施工标准,减少现场无效作业,节能降耗	避免因设计不当导致人力、物力和财力的浪费	实现生产设计参数与现场施工作业参数的即时反馈和修正
露天矿工程管理智能化	岗位标准作业流程系统	规范作业标准,减少无效作业,降低作业能耗	实现作业规范化,减少违规操作,提高生产安全性,降低安全事故风险	缩短新员工成熟周期,提高员工岗位技能,提高工作效率,降低生产成本
	班组管理系统	提高作业精度,减少无效作业,降低生产能耗	提高现场作业精确度,避免作业失误带来的安全风险,减少安全事故	实现计划任务的精准执行和精确反馈,提高作业精度和施工效率,降低成本
	施工质量管理系统	提高施工质量要求,保证矿山绿色生产	实时监控工程质量,降低矿山生产安全风险,保证工程质量安全	提高矿山工程管理水平和施工效率,降低生产成本
	矿山工程智能管理系统	实时控制现场环境质量,降低生产能耗	实现作业精准、规范,从而降低安全风险,保证生产安全	解决设计与施工脱节问题,提高现场施工效率和管理水平

9.4.5 智能化露天矿综合管理系统效益分析

智能化露天矿综合管理系统按照绿色、安全和高效等方面进行效益分析,见表 9-6。

表 9-6 智能化露天矿综合管理系统效益分析

系统名称	子系统名称	绿色	安全	高效
露天矿绿色生产智能化	粉尘智能化管控系统	从粉尘产生环节控制粉尘,控制粉尘污染,绿色生产	控制粉尘,改善工作环境,减少粉尘引起的职业危害	自动化控制,提高粉尘控制效率
	有毒有害物质智能化管控系统	通过工程措施控制煤尘、高温、噪声、有毒有害气体的产生,绿色生产	控制有毒有害物质,改善工作环境,减少有毒有害物质引起的职业危害	自动化控制防范,提高有毒有害物质的治理效率
	疏干水再利用智能化管控系统	疏干水再利用,节约水资源,绿色生产	控制疏干水中的污染物,减少疏干水引起的职业危害	自动化控制,就近利用,提高洒水除尘效率
	清洁能源利用系统	油改电、太阳能发电,用于生产,减少环境污染	油改电,减少环境污染,改善工作环境,提高安全性	油改电提高能源的利用效率;自动化控制,提高工作效率
	生态恢复智能化管理系统	土地复垦、环境恢复	智能化少人作业,改善工作环境,提高生产活动的安全性	智能化管理,少人作业,提高工作效率
	生态恢复效益评价系统	明确生态恢复效益,指导生态恢复更有效率地进行	智能化少人作业,改善工作环境,提高生产活动的安全性	智能化分析评价,少人作业,提高工作效率
露天矿安全生产智能化	安全风险管理系统	系统化统一管理,减少无效重复作业,节能降耗	数据详尽,共享方便,系统化管理,减少下坑次数,明确危险源位置,风险量化预警,提高生产活动的安全性	防患于未然,减少因危险引起的停工时间,增加生产总时长,提高生产效率
	安全生产智能化管控系统	系统化智能管理,无纸化作业,减少无效工作,节能降耗	数据详尽,共享方便,提高管理效率及质量,智能诊断预控,少人作业,提高生产活动的安全性	智能分析预控,减少因危险引起的停工时间,增加生产总时长,提高生产效率
	安全培训系统	网络虚拟专业培训,减少无效培训,节能降耗	提高安全意识,减少无效不安全作业活动	防患于未然,减少因技能不熟或危险引起的停工时间,增加生产总时长,提高生产效率

表 9-6(续)

系统名称	子系统名称	绿色	安全	高效
露天矿高效生产智能化	生产效能智能管控系统	减少无效工作与消耗,节能降耗	智能化控制,减少人员操作,提高生产活动的安全性	自动提取数据分析、评价,指导提高生产效率、生产能力、生产质量的方向,提高生产效能
	生产成本智能管控系统	能耗、耗材追踪,精准控制,减少没必要的开销,节能降耗	智能化管理,权限分级,保障信息安全	精准控制成本,减少无效开销,提高单位成本的生产效率
	煤炭运销智能预测系统	系统化管理,减少无效作业,节能降耗	系统化管理,权限分级,保障信息安全	及时把握生产方向,合理安排生产方向,提高生产质量
	吨煤效率智能管控系统	系统化管理,减少无效重复工作,节能降耗	明确效率点,了解生产调整方向,减少无效且不安全的行为	智能分析吨煤效率波动原因,及时调整生产,提高吨煤效率
	人员绩效智能考核系统	绩效考核,规范人员无效作业行为,节能降耗	智能考核,约束人员的不安全行为,保证作业安全	提高工作积极性,提高工作效率
	可视化智能决策系统	可视化作业,减少现场考察次数,减少无效作业,节能降耗	可视化管控,减少下现场接触危险的概率,提高生产活动的安全性	智能决策,减少人员、设备的无效作业时间,减少人为因素的影响,提高决策效率及质量,提高生产效率

9.5 风险评估

根据现有网络通信技术、数据存储技术、大数据技术、可视化技术、数据整合及集成等技术的发展现状和未来趋势,结合智能化露天矿建设的整体需求,基础支撑智能化系统作为智能化露天矿建设的基础层,应以各业务系统长远建设为目标,为露天矿时空演化、设备与工艺、生产计划与工程管理、综合管理等系统的智能化建设做好有力保障。

9.5.1 智能化露天矿基础支撑系统风险评估

对智能化露天矿基础支撑系统建设进行一定的风险评估识别,有利于智能矿山各业务系统建设的顺利开展,见表 9-7。因为基础支撑智能化系统大部分建设内容采用成熟的技术和经验,所以在矿山领域较为成熟或者相对稳定,有一定的参考和借鉴经验。一期建设风险低,但是作为二期建设的部分内容,因为技术应用不成熟,存在一定的风险性。不管是从政策层面、技术层面,还是管理层面,风险都可以把控。

表 9-7 智能化露天矿基础支撑系统风险评估

系统名称	一期							二期（以科学技术等的持续发展为前提）						
	子系统名称	国外		国内			风险评估	子系统名称	国外		国内			风险评估
		成熟应用阶段	探索应用阶段	成熟应用阶段	探索应用阶段	领域空白			成熟应用阶段	探索应用阶段	成熟应用阶段	探索应用阶段	领域空白	
数据通信	企业主干网升级	√		√			低	5G 网络升级		√		√		中
	5G 网络部署	√		√			中							
网络与信息安全	内外网隔离	√		√			低							
	出口路由器配置	√		√			低							
	防火墙	√		√			低							
	防病毒软件	√		√			低							
	入侵检测系统	√		√			低							
	上网行为管理系统	√		√			低							
	准入控制系统	√		√			低							
数据中心	数据定义规范	√		√			低							
	数据接口规范	√		√			底							
	数据标准规范体系	√			√		中							
	机房建设	√		√			低							
	数据资源管理	√		√			低							
	信息交换共享系统	√		√			低							
管控指挥中心	调度中心	√		√			低							
	大屏幕显示系统	√		√			低							

表 9-7(续)

系统名称	一期						二期(以科学技术等的持续发展为前提)					
	子系统名称	国外		国内		风险评估	子系统名称	国外		国内		风险评估
		成熟应用阶段	探索应用阶段	成熟应用阶段	探索应用阶段	领域空白		成熟应用阶段	探索应用阶段	成熟应用阶段	探索应用阶段	领域空白
办公环境智能化	办公设备信息化管理与维护系统	√		√			低	集散型控制系统	√		√			低
	安全防范系统	√		√			低	智能化的室内办公环境	√			√		中
	多重功能一卡通	√		√			低	变频节能系统	√			√		中
大型专家知识库和数据仓库	主要生产环节基础专家知识库	√		√			低	所有生产环节高级专家知识库	√		√			低
	主要生产环节基础数据集市	√		√			低	所有生产环节高级数据仓库	√		√			低
大数据分析平台	体系架构	√		√			低							
	前置系统	√		√			低							
	ETL 平台	√		√			低							
	大数据应用基础支撑子平台	√		√			低							
	大数据资源分析处理子平台	√		√			低							

9.5.2 智能化露天矿时空演化系统风险评估

智能化露天矿时空演化系统分期建设主要内容的风险评估情况列于表 9-8。

9.5.3 智能化露天矿设备及工艺系统风险评估

智能化露天矿设备及工艺系统建设的风险评估如表 9-9 所列。

9.5.4 智能化露天矿生产计划与工程管理系统风险评估

智能化露天矿生产计划与工程管理系统的各个功能子系统建设的风险评估结果见表 9-10。

露天矿生产计划系统初级版在 3DMine 软件的基础上新建,具有一定的建设条件,但存在一定的风险,且风险较高;露天矿生产计划系统高级版需要在露天矿基础支撑智能化系统、露天矿综合管理与服务支撑系统、露天矿时空演化智能系统和露天矿设备及工艺系统的基础上建立,存在不确定性,风险较大;岗位标准作业系统和班组管理系统属于基础的数字化系统,风险较小;施工质量管理系统需要基于设备之间的物联网的建设,存在一定风险,风险较高;矿山工程智能管理系统是在矿山设备智能化、矿山可视化支撑平台、物联网大数据平台以及综合管理与服务支撑系统的基础上建设,存在不确定性,风险较大。

9.5.5 智能化露天矿综合管理系统风险评估

根据现有数据集成、大数据、专家知识库、机器学习等技术的发展现状及前景,结合智能化露天矿建设的整体需求以及露天矿的实际情况和发展规划,智能化露天矿综合管理系统的建设以智能化露天矿基础支撑系统、大型专家知识库、数据仓库、大数据分析系统、时空演化模型为基础,以绿色、安全、高效三方面为主要目标对整个矿山企业的安全生产运营进行综合管理,一期主要以新建项目为主,二期主要是进行升级改造,目前国内外现有智能矿山已经有相关成熟的技术应用及经验借鉴,整体项目建设不管从政策层面、技术层面及管理层面均可把控。智能化露天矿综合管理系统的各个功能子系统建设的风险评估结果见表 9-11。

表 9-8 智能化露天矿时空演化系统风险评估

系统名称	一期							二期（以科学技术等的持续发展为前提）						
	子系统名称	国外		国内			风险评估	子系统名称	国外		国内			风险评估
		成熟应用阶段	探索应用阶段	成熟应用阶段	探索应用阶段	领域空白			成熟应用阶段	探索应用阶段	成熟应用阶段	探索应用阶段	领域空白	
时空信息管理系统	地测信息管理系统	√		√			低							
	生产技术信息管理系统	√		√			低							
	生产设备信息管理系统	√		√			低							
	基础设施管理系统	√		√			低							
	资源储量管理系统	√		√			低							
可视化支撑平台	矿区地图服务管理平台	√		√			低							
	基于 3D GIS 的矿山管理平台	√		√			低							
时空演化模型动态构建与更新	时空数据库		√		√		中低	时空演化模型的构建与更新平台（高级版）		√		√		低
	时空演化模型的构建与更新平台（基础版）		√		√		中低							
时空演化模型应用平台	时空演化模型应用平台（基础版）		√		√		中低	时空演化模型应用平台（高级版）		√		√		低
基于时空演化模型的智能管控	基于时空演化模型的分析应用系统	√		√			低	基于时空演化模型的智能管控系统		√		√		低

表 9-8(续)

系统名称	一期						二期(以科学技术等的持续发展为前提)					
	子系统名称	国外		国内		风险评估	子系统名称	国外		国内		风险评估
		成熟应用阶段	探索应用阶段	成熟应用阶段	探索应用阶段	领域空白			成熟应用阶段	探索应用阶段	成熟应用阶段	探索应用阶段	领域空白	

系统名称	一期子系统名称	一期国外成熟应用阶段	一期国外探索应用阶段	一期国内成熟应用阶段	一期国内探索应用阶段	一期国内领域空白	一期风险评估	二期子系统名称	二期国外成熟应用阶段	二期国外探索应用阶段	二期国内成熟应用阶段	二期国内探索应用阶段	二期国内领域空白	二期风险评估
勘探技术智能化	勘探内业管理系统	√		√			低	遥感技术(招标)	√			√		低
	勘探外业等同管理系统	√		√			低	勘探设计智能化系统	√		√			低
	地质雷达勘察技术	√		√			低	勘探作业智能化(招标)		√		√		低
	勘探作业数据采集及监控系统	√		√			低	勘探成图系统		√		√		低
测量技术智能化	测量内业管理系统	√		√			低							
	测量外业管理系统	√		√			低							
	无人机搭载三维激光扫描系统	√		√			低							
	无人机搭载倾斜摄影测量技术	√		√			低							
	边坡监测技术智能化改造	√		√			低							
	边坡监测智能预警系统	√		√			低							

表 9-9 智能化露天矿设备及工艺系统风险评估

系统名称	一期							二期(以科学技术等的持续发展为前提)						
	子系统名称	国外		国内			风险评估	子系统名称	国外		国内			风险评估
		成熟应用阶段	探索应用阶段	成熟应用阶段	探索应用阶段	领域空白			成熟应用阶段	探索应用阶段	成熟应用阶段	探索应用阶段	领域空白	
穿孔环节	钻机监测数字化系统	√			√		中	地层岩性识别数字化系统	√				√	中
	爆破孔导航数字化系统	√		√			低	钻机智能作业系统		√			√	高
爆破环节								装药车智能作业系统		√		√		中
								装药车工艺控制系统	√		√			低
采装环节	电铲作业数字化系统	√		√			低	爆堆质量评价数字化系统	√			√		中
	电铲在线动态称重数字化系统	√			√		中	电铲智能作业系统		√			√	高
运输环节								卡车安全数字化管理系统	√			√		中
								卡车燃油监测数字化形态	√			√		中
								卡车轮胎监测数字化系统	√			√		中
								卡车调度管理系统	√			√		中
								卡车辅助节油智能驾驶系统	√			√		高
								卡车智能作业系统		√			√	高
排土环节	推土机自动化作业系统	√		√			低	推土机智能化作业系统	√				√	中

表 9-9(续)

系统名称	一期							二期(以科学技术等的持续发展为前提)						
	子系统名称	国外		国内			风险评估	子系统名称	国外		国内			风险评估
		成熟应用阶段	探索应用阶段	成熟应用阶段	探索应用阶段	领域空白			成熟应用阶段	探索应用阶段	成熟应用阶段	探索应用阶段	领域空白	
露天矿生产工艺智能化	大型装备智能快速准确自动对接系统	√			√		中	电铲—卡车装载自动化系统	√				√	高
设备故障实时诊断	故障诊断系统	√			√		中	故障诊断(卡车)	√			√		中
大型设备电力驱动								架线辅助双动力卡车运输	√			√		中
辅助环节	维修系统	√		√			低							
	供电系统	√		√			低							
	疏干排水系统	√		√			低							
原煤地面生产系统	破碎站无人值守系统	√			√		中							
	带式输送机集控系统	√		√			低							
	带式输送机巡检机器人	√			√		中							
	堆取料机远程控制系统	√		√			低							
	料场储量系统	√		√			低							

表 9-10　智能化露天矿生产计划与工程管理系统风险评估

系统名称	一期							二期（以科学技术等的持续发展为前提）						
	子系统名称	国外		国内			风险评估	子系统名称	国外		国内			风险评估
		成熟应用阶段	探索应用阶段	成熟应用阶段	探索应用阶段	领域空白			成熟应用阶段	探索应用阶段	成熟应用阶段	探索应用阶段	领域空白	
生产计划与工程管理	露天矿生产计划系统（初级版）	√			√		中	露天矿生产计划系统（高级版）	√				√	高
	岗位标准作业流程系统	√		√			低	矿山工程智能管理系统		√			√	高
	班组管理系统	√		√			低							
	施工质量管理系统	√		√			中							

表 9-11　智能化露天矿综合管理系统风险评估

系统名称	一期							二期（以科学技术等的持续发展为前提）						
	子系统名称	国外		国内			风险评估	子系统名称	国外		国内			风险评估
		成熟应用阶段	探索应用阶段	成熟应用阶段	探索应用阶段	领域空白			成熟应用阶段	探索应用阶段	成熟应用阶段	探索应用阶段	领域空白	
露天矿绿色生产智能化	粉尘智能化管控系统		√		√		中低	生态恢复智能化管理系统		√		√		低
	有毒有害物质智能化管控系统		√		√		中低	生态恢复效益评价系统		√		√		低
	疏干水再利用智能化管控系统		√		√		中低							
	清洁能源利用系统	√		√			低							
	生态恢复管理系统	√		√			低							

表 9-11（续）

系统名称	一期						二期（以科学技术等的持续发展为前提）					
	子系统名称	国外		国内			风险评估	子系统名称	国外		国内			风险评估
		成熟应用阶段	探索应用阶段	成熟应用阶段	探索应用阶段	领域空白			成熟应用阶段	探索应用阶段	成熟应用阶段	探索应用阶段	领域空白	
露天矿安全生产智能化	安全综合管理	√		√			低	智能风险预警		√		√		低
	安全隐患闭环管理	√		√			低	智能诊断及预控系统		√		√		低
	安全风险动态评估	√		√			低	虚拟培训演练系统	√		√			低
	安全风险量化分析	√		√			低							
	生产流程状态管理	√		√			低							
	外包管理系统	√		√			低							
	爆破安全管理	√		√			低							
	移动安全巡查	√		√			低							
	应急救援管理	√		√			低							
	职工远程教育培训系统	√		√			低							
	在线学习系统	√		√			低							
露天矿高效生产智能化	生产效能智能管控系统（基础版）	√		√			低	生产效能智能管控系统（高级版）	√		√			低
	生产成本基础管理系统	√		√			低	生产成本智能管控系统		√		√		低
	生产成本分析系统	√		√			低	吨煤效率智能管控系统		√		√		中低
	煤炭运销信息管理系统	√		√			低	人员绩效智能考核系统（高级版）		√		√		中低
	煤炭运销智能预测系统	√		√			低	可视化智能决策系统		√		√		中低
	吨煤效率管理系统	√		√			低							
	人员绩效智能考核系统（基础版）	√		√			低							

参考文献

[1] 朱训. 发展节约型矿业是建设节约型社会的一项重要任务[J]. 科技导报，2006，24(2)：94-95.

[2] 李仲学. 面向知识经济与可持续发展的矿业观[J]. 中国矿业，1999，8(6)：10-13.

[3] 孙健东，张瑞新，周科平，等. 论智能化露天矿建设的问题、目的与途径[J]. 智能矿山，2022，3(12)：2-10.

[4] 张昌华. 基于大数据分析时代对矿山安全生产信息化建设的探讨[J]. 世界有色金属，2017(23)：169，171.

[5] 孙健东，张瑞新，贾宏军，等. 我国露天煤矿智能化发展现状及重点问题分析[J]. 煤炭工程，2020，52(11)：16-22.

[6] 张海波，邹继兴. 矿业开发的安全隐患与环境问题研究[J]. 矿业快报，2007，4(4)：61-62，69.

[7] 马小平，胡延军，缪燕子. 物联网、大数据及云计算技术在煤矿安全生产中的应用研究[J]. 工矿自动化，2014，40(4)：5-9.

[8] 朱未，赵廷严，王洋. 基于 Surpac 软件的地质数据库研究[J]. 矿物学报，2013，33(增刊2)：997-998.

[9] 陈兴海，贺云. 三维矿业软件在我国应用情况综述[C]//中国冶金矿山企业协会. 中国采选技术十年回顾与展望. 北京：冶金工业出版社，2012：143-149，157.

[10] 王崇倡，宋伟东，白润才. 露天煤矿数字地质模型的建立及在虚拟开采中的应用研究[J]. 测绘科学，2009，34(6)：68-69，14.

[11] 王李管. 可视化三维露天矿模拟开采技术[J]. 中国有色金属学报，1997，7(3)：26-30.

[12] 刘光伟. 数字化露天矿虚拟开采模型构建技术及应用研究[D]. 阜新：辽宁工程技术大学，2010.

[13] 李知桂. 我国金属矿山主要采矿装备现状及展望[J]. 采矿技术，2002，2(2)：35-37.

[14] 人工智能将在 10 年内改变卡车驾驶模式[J]. 中国机电工业，2017(5)：20.

[15] 矿业巨头力拓将在 2021 年开建第一个智能矿山[J]. 黄金科学技术，2018，26(1)：97.

[16] 叶森森. CATERPILLAR 优化 MINESTAR 系统[J]. 工程机械，2017，48(4)：66.

[17] 周耀东，赵怡晴，李仲学，等. 基于仿真的矿山生产计划优化研究与工程应用[J]. 矿业研究与开发，2011，31(6)：79-82.

[18] 王国法，张良，李首滨，等. 煤矿无人化智能开采系统理论与技术研发进展[J/OL]. 煤炭学报，2022：1-20(2022-12-19)[2023-02-16]. https://kns. cnki. net/kcms/detail//11. 2190. td. 20221215. 1340. 002. html. DOI：10. 13225/j. cnki. jccs. 2022. 1536.

[19] 王国法，庞义辉，任怀伟，等. 矿山智能化建设的挑战与思考[J]. 智能矿山，2022，3(10)：2-15.

[20] 王国法,王世雅.煤矿智能化愿景一定能实现[N].中国煤炭报,2022-05-21(3).
[21] 王国法.煤矿智能化最新技术进展与问题探讨[J].煤炭科学技术,2022,50(1):1-27.
[22] 孙效玉,张维国,高登来.伊敏露天矿数字化建设方案与应用[J].矿业装备,2011(7):38-40.
[23] 丁新启.继续当好创新发展先行者 打造行业智能化建设标杆:中煤平朔集团东露天煤矿智能化建设经验及成果分享[J].智能矿山,2022,3(6):21-27.
[24] 王渊,韩安,晁晓菲.煤炭集团公司生产安全调度指挥管理平台的建设构思[J].工矿自动化,2012,38(3):26-28.
[25] 韩建国,杨汉宏,王继生,等.神华集团数字矿山建设研究[J].工矿自动化,2012,38(3):11-14.
[26] 郭金刚.基于物联网技术的"智慧矿山":建设探讨[J].世界有色金属,2018(12):194-195.
[27] 吴立新,汪云甲,丁恩杰,等.三论数字矿山:借力物联网保障矿山安全与智能采矿[J].煤炭学报,2012,37(3):357-365.
[28] 孙效玉,冯建宏,杨宏贤,等.我国数字露天煤矿的实施对策与总体技术方案[J].露天采矿技术,2005(3):31-35.
[29] 何敏.智慧矿山定义探讨[J].工矿自动化,2017,43(9):12-16.
[30] 吕鹏飞,何敏,陈晓晶,等.智慧矿山发展与展望[J].工矿自动化,2018,44(9):84-88.
[31] 李梅,杨帅伟,孙振明,等.智慧矿山框架与发展前景研究[J].煤炭科学技术,2017,45(1):121-128,134.
[32] 王国法,王虹,任怀伟,等.智慧煤矿 2025 情景目标和发展路径[J].煤炭学报,2018,43(2):295-305.
[33] 张瑞新,赵红泽.中国露天矿山信息化现状及发展趋势[J].露天采矿技术,2014,29(9):1-4.
[34] 王忠鑫,孙鑫,曾祥玉,等.我国露天煤矿智能化建设现状及困境与发展路径[J].露天采矿技术,2022,37(3):1-7.
[35] 王建.露天矿开采工艺发展趋势与信息化现状[J].山西冶金,2018,41(2):126-128.
[36] 毛善君,夏良,陈华州.基于安全生产的智能煤矿管控系统[J].煤矿安全,2018,49(12):102-107.
[37] 武强.煤矿企业信息管理系统的设计与实现[J].决策与信息,2015(29):245.
[38] 高帆,王玉军,杨露霞.基于物联网和运行大数据的设备状态监测诊断[J].自动化仪表,2018,39(6):5-8.
[39] 郭文馨.4G 无线通信系统在露天矿山中的应用[J].电脑编程技巧与维护,2017(8):76-79.
[40] 张伦.4G eLTE 技术在西湾露天煤矿的应用[J].陕西煤炭,2016,35(5):94-96,108.
[41] 董伟.计算机网络信息安全和防护策略[J].电子技术与软件工程,2019(6):197.
[42] 阙建立.智能矿山平台建设与实现[J].工矿自动化,2018,44(4):90-94.
[43] 韩海华,李子龙,单延健.基于矿山数据集成的数据中心在东部某铜矿的设计与应用[J].山东工业技术,2018(23):100-102.

[44] 毛善君,杨乃时,高彦清,等.煤矿分布式协同“一张图”系统的设计和关键技术[J].煤炭学报,2018,43(1):280-286.
[45] 张磊.网络安全态势感知平台数据采集规范研究与应用[J].网络安全技术与应用,2019(3):37-39.
[46] 刘馨蕊.矿山生产数据集成系统构建与应用研究[D].沈阳:东北大学,2013.
[47] 陈子博.运用计算机网络信息技术实现校园一卡通多功能服务初探[J].内蒙古科技与经济,2015(22):69-70.
[48] 孙婷.深入推进长江中游航道办公信息化应用的思考与建议[J].中国水运,2018(8):35-36.
[49] 许多.煤矿安全诊断专家知识库研究与实现[D].徐州:中国矿业大学,2015.
[50] 王进,姜新超,孙佳伟.数据仓库在网络安全态势感知中的设计与实现[J].网络安全技术与应用,2019(4):54-56.
[51] 崔亚仲,白明亮,李波.智能矿山大数据关键技术与发展研究[J].煤炭科学技术,2019,47(3):66-74.
[52] 毛善君,刘孝孔,雷小锋,等.智能矿井安全生产大数据集成分析平台及其应用[J].煤炭科学技术,2018,46(12):169-176.
[53] 朱瑞环,刘修成,邹芳伟.大数据背景下矿山企业的信息化建设[J].中国有色金属,2018(21):66-67.
[54] 荣维俊,崔开岩.煤矿安全生产大数据与管理平台设计分析[J].内蒙古煤炭经济,2018(1):97-98.
[55] 欧阳斯达.时空数据的三维动态可视化技术研究[D].北京:中国测绘科学研究院,2011.
[56] 宋伟东,李兰勇,隋心,等.露天矿采场时空数据库的构建与应用研究[C]//《测绘通报》编辑部.《测绘通报》测绘科学前沿技术论坛摘要集.北京:中国地图出版社,2008:1659-1664.
[57] 刘京.综合地质数据库应用系统开发关键技术研究[D].长沙:中南大学,2012.
[58] 刘灿娟.综合地质数据库管理系统的研究与开发[D].长沙:中南大学,2011.
[59] 郭甲腾.地矿三维集成建模与空间分析方法及其应用[D].沈阳:东北大学,2013.
[60] 张平.基于GIS的空间信息多级网格数据协同更新管理系统研究[J].测绘地理信息,2018,43(4):95-100.
[61] 李圣文.面向空间信息的Web协同关键技术研究[D].武汉:中国地质大学(武汉),2010.
[62] 黄亮.多源地理数据二三维可视化集成研究[J].电脑知识与技术,2017,13(27):9-12.
[63] 李建榕.基于规则的二三维一体化空间数据库模式研究[J].测绘与空间地理信息,2015,38(12):181-184.
[64] 马兄.基于4D技术的露天矿进度模拟关键技术研究[D].西安:西安建筑科技大学,2014.
[65] 周辉.露天矿时空数据模型理论研究[D].阜新:辽宁工程技术大学,2012.
[66] 李皎,李瑞,杨豪.煤田地质勘探及主要技术手段分析[J].技术与市场,2018,25

(9):164.
[67] 王长安.地质岩心钻探六项指标项目质量管理探析[J].世界有色金属,2017(24):188-189.
[68] 李莲英,薛俊杰,赵煊煊,等.应用综合物探方法探查煤层采空区[J].物探与化探,2017,41(2):377-380.
[69] 李娟娟,潘冬明,胡明顺,等.煤矿采空区探测的几种工程物探方法的应用[J].工程地球物理学报,2009,6(6):728-732.
[70] 金萍.测绘工程测量中测绘新技术的应用[J].居舍,2018(34):57.
[71] 马国超,王立娟,马松,等.基于激光扫描和无人机倾斜摄影的露天采场安全监测应用[J].中国安全生产科学技术,2017,13(5):73-78.
[72] 田勇强,姚建华,贺广德.三维激光扫描仪在黑岱沟露天煤矿的应用[J].神华科技,2016,14(3):42-44,48.
[73] 邹进贵,孟丽媛.近景摄影测量控制点快速自动识别与定位[J].测绘地理信息,2018,43(6):70-73.
[74] 朱海斌,王妍,李亚梅.基于无人机的露天矿区测绘研究[J].煤炭工程,2018,50(10):162-166.
[75] 张玉侠,兰鹏涛,金元春,等.无人机三维倾斜摄影技术在露天矿山监测中的实践与探索[J].测绘通报,2017(增刊1):114-116.
[76] 王磊,张琦,于诗深.浅谈RTK技术与全站仪在露天矿山中的联合作业[J].露天采矿技术,2011(6):78-80.
[77] 王相人.IBIS-M边坡监测预警系统在哈尔乌素露天煤矿的应用[J].露天采矿技术,2018,33(4):71-74.
[78] 吴星辉,璩世杰,马海涛,等.边坡雷达系统在露天矿边坡监测中的应用[J].金属矿山,2018(2):188-191.
[79] 孙灿.边坡稳定性预警系统设计[D].长沙:湖南大学,2017.
[80] 鲍光明.基于数值计算和空间数据库的露天矿边坡安全预警系统研究[D].武汉:武汉理工大学,2014.
[81] 徐兴华,尚岳全,孙红月.边坡综合信息管理与防灾决策机制的系统设计与应用[J].山地学报,2010,28(2):161-170.
[82] 李旭.GPS钻机导航系统在黑岱沟露天矿的应用[J].露天采矿技术,2014(6):37-39.
[83] 东青.新型天鹰(Aquila)牙轮钻机数字化辅助穿孔爆破系统[J].矿业装备,2011(5):54-58.
[84] 侯治宇.基于岩性智能识别的牙轮钻机智能控制系统研究[J].矿业工程,2012,10(3):35-37.
[85] 萧其林.国外牙轮钻机的技术特点与新发展(一)[J].矿业装备,2014(3):82-84.
[86] 萧其林.国外牙轮钻机的技术特点与新发展(二)[J].矿业装备,2014(4):102-106.
[87] 张志文.现场混装车动态监控信息系统在准东煤矿的应用[J].科研,2015(8):12-13.
[88] 佟彦军,冯夏庭,孙伟博,等.现场混装重铵油炸药车自动控制系统设计[J].金属矿山,2012(7):126-129.

[89] 迟洪鹏，龚兵，王明钊，等. 地下矿用智能炸药装药车关键技术研究[J]. 中国矿业，2017，26(增刊 2)：423-427.

[90] 王劲松，詹杰，张浩. 基于 GPRS 的矿用电铲远程监控系统设计[J]. 矿业工程研究，2015，30(4)：56-62.

[91] 周小凤，肖俊生，李玉军. 上下位机用于矿用电铲动态称重系统的设计[J]. 金属矿山，2008(12)：105-108.

[92] 贾华，周小凤. 矿用电铲动态称重计量系统[J]. 起重运输机械，2007(5)：38-41.

[93] 王云横. 采用爆堆块度分布模型改进矿山爆破设计降低爆破成本[J]. 价值工程，2016，35(2)：108-110.

[94] 何爱睿，惠振亮. 机械设备的智能化设计[J]. 山东工业技术，2018(24)：142.

[95] 张宝卫，刘小杰，付建国，等. 多功能防撞预警系统在黑岱沟露天煤矿的应用[J]. 煤矿安全，2015，46(增刊 1)：51-54.

[96] 王晓光. 油耗监测技术在矿用自卸卡车上的应用[J]. 机电信息，2017(27)：75-76.

[97] 郭铕君. 黑岱沟露天煤矿 GPS 智能调度系统的设计与应用[D]. 北京：华北电力大学，2016.

[98] 奥利维里 F R. DISPATCH 监控系统及智能化矿山是提高露天矿生产能力的新工具[J]. 国外金属矿山，1997(5)：58-63.

[99] 袁瑜. 矿用卡车的无人驾驶技术[J]. 矿业装备，2013(10)：72-74.

[100] 闫建伟，高士强，王兆峻，等. 排土机技术现状与发展趋势[J]. 露天采矿技术，2014(1)：42-43，45.

[101] 孙魁元. 雷达料位监测技术在神宝能源公司一级破碎站的应用[J]. 露天采矿技术，2018，33(5)：86-88，91.

[102] 张晓宇. 矿用胶带输送机集中控制监控系统的应用探析[J]. 能源与节能，2019(3)：10-11，90.

[103] 刘琦. 单轨悬挂式胶带输送机巡检机器人研究与设计[J]. 煤，2018，27(7)：62-63.

[104] 李峰，张子平，靳华峰，等. 基于激光三维成像的圆形煤仓堆取料机无人值守[C]//中国电机工程学会. 2013 年中国电机工程学会年会论文集. 北京：[出版者不详]，2013：839-842.

[105] 张瑞连，吴志坚. 国内外堆取料机现状及智能化发展趋势分析[J]. 矿山机械，2013，41(6)：5-8.

[106] 蔡智生，张鸣江. 大型露天煤矿连续与半连续开采工艺设备的集中控制系统[J]. 电气传动，1997(6)：22-25，48.

[107] 欧阳文华. 基于物联网技术的装备自动对接系统研究与应用[D]. 大连：大连海事大学，2016.

[108] 杨勇，王阳. YZ-35D 牙轮钻机数字故障诊断系统[J]. 长春工业大学学报(自然科学版)，2013，34(6)：627-630.

[109] 苗根蝉，刘晓星. WK-35 电铲的电气故障类型与自诊断系统[J]. 机械工程与自动化，2010(6)：125-127.

[110] 王润芹. 破碎设备网络化在线状态监测与故障诊断系统[J]. 中国测试技术，2006，32

(3):110-112,125.
[111] 武懋,刘长源.安太堡露天矿电动轮卡车架线辅助系统技术研究[J].露天采矿技术,2018,33(1):63-65,69.
[112] 钟志波,徐振东,田志伟.宝日希勒露天矿应用卡车架线辅助供电系统的探讨[J].露天采矿技术,2008(3):42-44.
[113] 任占营.露天矿爆破智能设计与模拟优化系统研发与应用研究[D].北京:中国矿业大学(北京),2016.
[114] 韩新平,吴崇,王明君.基于物联网的露天矿智能爆破系统设计研究[J].金属矿山,2015(4):250-254.
[115] 王晓璇,赵真一,金欣.基于实体自主决策的多分支方案推演方法[C]//中国指挥与控制学会.第六届中国指挥控制大会论文集(下册).北京:电子工业出版社,2018:818-823.
[116] 张欣.兵棋推演系统全球地理环境建模方法研究[D].郑州:解放军信息工程大学,2011.
[117] 杰拉塔诺,莱利.专家系统原理与编程[M].印鉴,刘星成,汤庸,译.北京:机械工业出版社,2000.
[118] 叶利民,龚立,刘忠.兵棋推演系统设计与建模研究[J].计算机与数字工程,2011,39(12):58-61.
[119] 张寅宝,张欣.浅析泛在网络下的地图制作与使用[J].地理空间信息,2017,15(2):65-68.
[120] 庄庆太.矿山露天开采工程竣工环境验收方法研究:以舒兰吉辉矿业有限公司为例[D].长春:东北师范大学,2011.
[121] 任星.露天矿山开采总承包模式与应用的安全问题[D].绵阳:西南科技大学,2016.
[122] 刘洪.大型露天矿山现场施工管理制度探究[J].世界有色金属,2018(14):142-143.
[123] 王世栋,任建举,杨晓超,等.标准化作业流程在锦界煤矿的应用[J].陕西煤炭,2017,36(4):133-136.
[124] 高永涛,吴顺川.露天采矿学[M].长沙:中南大学出版社,2010.
[125] 刘辉.供电企业岗位评价标准化体系研究[J].商情(财经研究),2008(5):66-67.
[126] 任富强,杨庆华,付耀杰,等.煤矿全员班组化管理信息系统的设计与实现[J].煤矿机械,2017,38(10):157-159.
[127] 孙利斌.选煤厂班组信息化管理系统的开发与应用[J].煤炭加工与综合利用,2019(2):95-97.
[128] 余鹏.基层班组绩效管理系统的设计与实现[J].数字通信世界,2019(1):169.
[129] 杨萧梅,王雪,董丽华.班组绩效管理系统在炼化企业生产经营中的应用[J].化工管理,2019(5):2-3.
[130] 张晓雅.基于BIM的公路施工质量管理系统[D].重庆:重庆交通大学,2018.
[131] 徐飞,马琦.基于系统层级的建筑能耗监测平台数据质量管理优化[J].中外建筑,2018(9):236-237.
[132] 利剑清.基于物联网的数字化工厂中质量管理信息采集[J].电子制作,2018(24):

70-72.
[133] 刘道伟,李柏青,邵广惠,等.基于大数据及人工智能的大电网智能调控系统框架[J].电力信息与通信技术,2019,17(3):14-21.
[134] 全向军.GPS矿山智能管理信息系统在黑岱沟露天煤矿的应用[J].露天采矿技术,2014(1):71-74.
[135] 王川.煤矿井下运输智能管理系统设计[J].煤矿现代化,2019(3):153-155.
[136] 丁永禄,吕兆海,杨洋,等.智慧矿山综合监控系统构建及数据处理[J].神华科技,2018,16(6):3-7.
[137] 甄宗来.浅谈对矿山生产的实时监控与智能管理[J].世界有色金属,2006(7):31,35.
[138] 余建华.计算机网络技术实现矿山生产的实时监控与智能管理[J].中国金属通报,2017(1):84,83.
[139] 刘春光,刘冬,马锐.GPS远程数字化调度系统在露天矿山中的应用[J].现代工业经济和信息化,2018,8(13):58-59,71.
[140] 董佳伟.露天采矿场粉尘污染及其防治[J].内蒙古煤炭经济,2017(24):8-9.
[141] 端木天望,刘志鸽.露天采矿粉尘污染及其治理对策措施[J].环境与发展,2017,29(6):92-93.
[142] 汤万钧.露天煤矿粉尘分布和运移机理研究[D].徐州:中国矿业大学,2018.
[143] 张春明.露天煤炭堆场智能化环保监测控制系统研究[J].港口装卸,2018(3):44-46.
[144] 由文辉.多用途有毒有害气体智能巡检机器人设计[D].哈尔滨:哈尔滨理工大学,2018.
[145] 刘鹏.黑岱沟露天煤矿职业病危害因素综合评价[J].露天采矿技术,2016,31(增刊1):69-71.
[146] 李晓萍.露天矿山开采职业危害因素辨识与防范措施[J].资源环境与工程,2014,28(6):881-883.
[147] 高波,李惠发,冯萍.抚顺西露天矿疏干水综合利用分析与研究[J].露天采矿技术,2017,32(11):79-81.
[148] 刘海龙.五林油页岩矿地下水疏干方案优化及疏干水利用研究[D].长春:吉林大学,2016.
[149] 朱卫东,任志远,向成兵.清洁能源开发利用对于实现可持续发展的研究[J].中国战略新兴产业,2018(44):29.
[150] 李明哲.大型光伏电站并网特性及其低碳运行与控制技术研究[J].科技经济导刊,2018(27):121.
[151] 宋子岭,范军富,赵东洋,等.露天煤矿生态恢复环节作业方式与参数确定方法[J].煤炭学报,2018,43(增刊1):104-111.
[152] 范军富,胡铁男.绿色开采条件下露天煤矿土地动态演化规律研究[J].安全与环境学报,2018,18(2):814-819.
[153] 崔柳.露天煤矿土地复垦系统分析及考核评价方法[D].北京:北京科技大学,2018.
[154] 张根,闫杰.露天矿建设对生态环境影响评价及生态恢复研究[J].露天采矿技术,2017,32(9):80-83,86.

[155] 宁芳.露天煤矿污染源分布特征及生态文明评价指标体系构建[D].徐州:中国矿业大学,2016.

[156] 张寅玲,白中科,陈晓辉,等.基于遥感技术的露天矿区土地复垦效益评价[J].中国矿业,2014,23(6):71-75,82.

[157] 张耀.平朔露天煤矿复垦植被监测与覆盖度反演[D].北京:中国地质大学(北京),2017.

[158] 高飞.煤矿安全隐患动态分级闭环管理方法及应用分析[J].智库时代,2018(32):275,287.

[159] 赵盾.煤矿安全隐患动态分级闭环管理方法及应用[J].科技创新导报,2018,15(11):188-189.

[160] 刘干,周亚博,张晓敏.露天煤矿综合评价中安全类指标权重的确定[J].露天采矿技术,2019,34(1):68-71.

[161] 文家朝,杨鸿章.基于数值模拟的网络安全风险量化参数优化分析[J].科学技术与工程,2019,19(7):183-188.

[162] 曹允钦.基于云计算和物联网的煤矿安全动态诊断系统研究[J].煤炭科学技术,2016,44(7):135-139.

[163] 郄若冰.煤炭运销集中管理信息化的优势[J].内蒙古煤炭经济,2018(14):60-61.

[164] 张婷婷,王剑光,刘玉朋.煤矿企业运销管理信息系统研究与设计[J].中国煤炭,2017,43(11):74-79.